PROGRAMMER'S
RECIPE
JN231934

JavaScript 逆引きレシピ

第2版

山田 祥寛 著

本書内容に関するお問い合わせについて

このたびは翔泳社の書籍をお買い上げいただき、誠にありがとうございます。弊社では、読者の皆様からのお問い合わせに適切に対応させていただくため、以下のガイドラインへのご協力をお願い致しております。下記項目をお読みいただき、手順に従ってお問い合わせください。

●ご質問される前に

弊社Webサイトの「正誤表」をご参照ください。これまでに判明した正誤や追加情報を掲載しています。

正誤表　https://www.shoeisha.co.jp/book/errata/

●ご質問方法

弊社Webサイトの「刊行物Q&A」をご利用ください。

刊行物Q&A　https://www.shoeisha.co.jp/book/qa/

インターネットをご利用でない場合は、FAXまたは郵便にて、下記"翔泳社 愛読者サービスセンター"までお問い合わせください。
電話でのご質問は、お受けしておりません。

●回答について

回答は、ご質問いただいた手段によってご返事申し上げます。ご質問の内容によっては、回答に数日ないしはそれ以上の期間を要する場合があります。

●ご質問に際してのご注意

本書の対象を越えるもの、記述個所を特定されないもの、また読者固有の環境に起因するご質問等にはお答えできませんので、予めご了承ください。

●郵便物送付先およびFAX番号

送付先住所　〒160-0006　東京都新宿区舟町5
FAX番号　03-5362-3818
宛先　（株）翔泳社 愛読者サービスセンター

はじめに

本書は、JavaScriptでWebアプリを開発する際に、利用できる知識とテクニックを目的別にまとめたものです。実際にコードを書いていく中で、やりたいことから具体的な実現方法を見つけることができます。個別の項では、初心者が陥りやすいポイントについても触れているので、これまで曖昧になっていた（なんとなく理解したつもりになっていた）テーマを重点的に読んで再入門しても良いでしょう。JavaScriptでWebアプリを実装する初心者から中級者まで、幅広い層の皆さんにとって、本書が役立つレシピとなることを祈っています。

本書の構成と各章の目的を以下にまとめます。

●**第1章** 基本構文～**第4章** 組み込みオブジェクト［Array／Set／Map編］

JavaScriptのコードを.htmlファイルに組み込む方法に始まり、JavaScriptの基本文法、データ型、演算子、制御構文など、JavaScriptの初歩的なテーマをまとめています。組み込みオブジェクトはES2015以降で大幅に強化されているので、大まかにでも全体を見渡し、自分の使える引き出しを増やしてください。

●**第5章** 関数～**第6章** オブジェクト指向構文

関数／オブジェクト指向構文は、JavaScriptの中でも特に癖の強い――ハマりやすい箇所です。ES2015で大きく変化しているので、新旧の構文を双方まとめています（旧構文は各章共に「ES2015より前の～」節を参照してください）。執筆時点では、新構文だけで対処できる環境はまだ限られるはずなので、双方の構文を対比させながら確認することをお勧めします（旧構文の理解は新構文の理解も深めてくれるはずです）。

●**第7章** DOM［基本編］～**第10章** ブラウザーオブジェクト［通信編］

ブラウザー環境で利用できる膨大なオブジェクト群の中でも、特にフロントエンド開発でよく利用すると思われるものを取り上げています。いずれも重要な話題ばかりですが、特に文書ツリー操作に利用するDOMは確実に理解しておきたいテーマです。

●**第11章** 開発に役立つツール類

Node.jsをはじめ、Babel、webpack、ESLint、JSDocなど、本格的なアプリ開発には欠かせないツール類について扱っています。より高度なステップに進むための足掛かりとしてお役立てください。

★ ★ ★

なお、本書に関するサポートサイトを著者サイト（https://wings.msn.to/）のURLで公開しています。Q＆A掲示板はじめ、サンプルのダウンロードサービス、本書に関するFAQ情報、オンライン公開記事などの情報を掲載しているので、あわせてご利用ください。

最後になりましたが、タイトなスケジュールの中で筆者の無理を調整いただいた翔泳社の編集諸氏、そして、傍らで原稿管理／校正作業などの制作をアシストしてくれた妻の奈美、両親、関係者ご一同に心から感謝いたします。

山田 祥寛

PREFACE

本書の読み方

紙面の構成

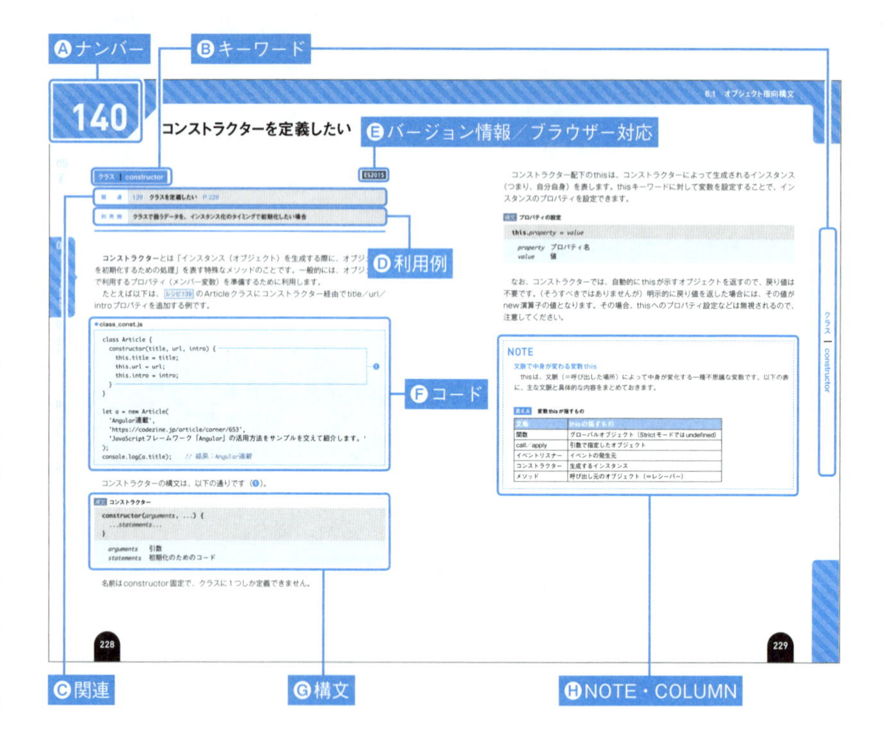

Ⓐ目的のレシピをすぐに引けるように、見出しには通し番号が付いています。
Ⓑレシピ内で解説する、重要なキーワード（機能や関数名など）が一目でわかります。
Ⓒ関連するレシピとページがわかります。
Ⓓこのレシピを利用する場面の一例を紹介します。
ⒺES2015以降で追加されたものはそのバージョンを、また、本書の検証環境＋Babelで動作しないものを示します（詳しくは、次ページを参照してください）。
Ⓕサンプルや設定ファイルのコードを記載しています。
Ⓖ構文を記載しています。
ⒽNOTEやCOLUMNの囲みでは補足情報や関連する内容を紹介します。

本書の表記

- ECMAScript 2015以降で追加された機能については、ES2015 ES2016 ES2017 ES2018 のアイコンを付与しています。
- ECMAScript 2015以降で追加された機能で、Babelで変換しても動作しないものについては、IE× Edge× FF× Safari× アイコンを付与しています。実行にBabelでの変換が必要なものは、配布サンプル付属のPDF（support.pdf）をご確認ください。
- 紙面の都合によりコードを途中で折り返す場合があります。その場合には、⏎を行末に付けて示します。
- 構文は、次の規則で掲載しています。[...]で囲んだ引数は、省略可能であることを表します。

```
str.indexOf(search [,from])
```

引数

- サンプルコードは、一部省略して記載しています。完全なコードについては、配布サンプルを参照してください。

動作確認環境

本書内の記述／サンプルプログラムは、次の動作環境で確認しています。

- Windows 10 Pro（64bit）
  - Chrome 68
  - Internet Explorer 11
  - Firefox 60
- macOS 10.13.6
  - Safari 11.1.2

本書内の操作手順／結果は、Windows 10 Pro（64bit）／Chrome 68でのものを示しています。環境によっては、操作手順／結果が異なる場合がありますので、注意してください。

配布サンプル（本書のサンプルプログラム）について

- 配布サンプルは、以下のページから入手できます。

URL https://wings.msn.to/index.php/-/A-03/978-4-7981-5757-3/

- サンプルコードはじめ、その他のファイルの文字コードはUTF-8です。エディターで編集する際には、文字コードを変更しないように注意してください。

- サンプルファイルは、以下のルールで章単位にまとめています。

- 紙面上、.jsファイルのサンプルコードのみを載せている箇所は、同名の.htmlファイルから起動してサンプルを実行してください。

- ECMAScript 2015以降の構文で書かれたサンプルでは、/scriptsフォルダーに本来のソースコードを、/babel_scriptsフォルダーにBabel レシピ286 でトランスコンパイルしたソースコードを格納しています（既定ではトランスコンパイル**前**のコードを有効にしています）。各ブラウザーの対応状況を配布サンプル同梱のPDF（support.pdf）へ記載しています。ご使用のブラウザーの対応状況を確認のうえ、必要に応じてトランスコンパイルしたソースコードを有効にしてご利用ください。

- 第11章のサンプルをそのまま使用する場合は、/chap11/*<プロジェクト名>*フォルダーに移動したうえで、以下のコマンドを実行してください（各項で利用しているプロジェクト名については、ファイル名の横に併記しています）。

```
> npm install
```

これで、package.jsonで記録されたパッケージがまとめてインストールされます。

CONTENTS

CONTENTS

CONTENTS

COLUMN

PROGRAMMER'S RECIPE

第 01 章

基本構文

001 HTMLページにJavaScriptのコードを組み込みたい

<script>

関　連	002　JavaScriptのコードを非同期にロードしたい　P.004
利用例	ブラウザー上でJavaScriptを実行したい場合

JavaScriptのコードをHTMLページに組み込むには、<script>要素を利用します。

●basic.html

```
<!DOCTYPE html>
<html>
<head>
<meta charset="UTF-8" />
<title>JavaScript逆引きレシピ</title>
</head>
<body>
...ページ本文...
<script type="text/javascript">
console.log('JavaScriptです。');
</script>
</body>
</html>
```

type属性は、スクリプトの種類を表します。ただし、HTML5での既定値は「text/javascript」なので、省略してもかまいません。

NOTE

language属性

昔のコードでは「language="JavaScript"」のような指定をしているものもありますが、現在は非推奨です。以前は、古いブラウザーとの互換性のために、language／type属性を併記するようなケースもありましたが、現存するブラウザーのほとんどはtype属性に対応しているので、あえてそのようにする意味はないでしょう。

<script>要素そのものは、<body>閉じタグの直前に記述することをお勧めします。というのも、一般的なブラウザーではスクリプトの読み込み&実行が完了するまで、以降

の描画をブロックします。そのため、巨大なスクリプトがページの最初（たとえば<head>要素の配下）にあることは、そのまま描画速度が劣化する一因ともなるのです。

<body>閉じタグの直前に<script>要素を記述することで、そのような遅延を解消できます。一般的に、JavaScriptによる処理はページの読み込みを完了してから行うため、末尾に記述することによる弊害もありません（特殊な例外がある場合も、そのコードだけをページの先頭に記述すると良いでしょう）。

外部スクリプトをインポートする

先ほどのbasic.htmlでは、HTMLファイルの中にJavaScriptを埋め込む例を示しましたが、HTML（レイアウト）とJavaScript（ロジック）を明確に分離するという意味では、外部ファイルとして分離するのが、よりあるべき姿です。

●basic2.html

```
<!-- 外部スクリプト（jQueryライブラリ）をインポート -->
<script src="https://code.jquery.com/jquery-3.3.1.min.js"></script>
<!-- インラインスクリプト -->
<script>
$(function() {
  $('#mem').css('background-color', '#ff6');
});
</script>
```

src属性で、インポートすべき.jsファイルのパスを指定します。

src属性を指定した場合、<script>要素の配下は無視される点に注意してください（コメントの記述は可能）。そのため、外部スクリプトとインラインスクリプトを併用する場合には、それぞれ異なる<script>要素として表さなければなりません。

NOTE

文字コードはUTF-8を推奨

本書では、.htmlファイル、.jsファイル、.cssファイルをはじめ、一連のファイルにおいて、文字コードをUTF-8で統一しています。UTF-8は国際化対応にも優れ、HTML5をはじめ、さまざまな技術において推奨されている文字コードです。

他の文字コードを利用することもできますが、特に非同期通信などで外部データと連携する際には、思わぬ不具合の原因となる場合もあります。特別な理由がなければ、また、文字コードについてきちんと理解していないうちは、すべてのファイルをUTF-8で統一しておくのが安全です。

002 JavaScriptのコードを非同期にロードしたい

async | defer

関連	001 HTMLページにJavaScriptのコードを組み込みたい P.002
利用例	ページ表示までの体感速度を改善したい場合

async／defer属性を指定することで、JavaScriptのコードを非同期にロード――.jsファイルのダウンロードをページの解析／描画と並行できるようになるので、ユーザーの体感速度が改善します。

スクリプトを非同期にロードする ―― async属性

まずは、async属性の例からです。

```
<script src="main.js" async></script>
```

これによって、main.jsを非同期にロードし、読み込みが完了し次第、実行するようになります。

ただし、その性質上、複数の.jsファイルを非同期ロードした場合、その**実行順序は保証されません**。そのため、たとえば以下のコードで、main.jsがmylib.jsに依存しているような状況では、コードが正しく動作しない可能性があります（mylib.jsがロードされる前にmain.jsが実行される可能性があるからです）。

```
<script src="mylib.js" async></script>
<script src="main.js" async></script>
```

スクリプトをあとから実行する ―― defer属性

上のような問題は、defer属性を利用することで解決します。defer属性はasync属性と同じく、.jsファイルを非同期にロードしますが、ページの解析が終了するまで待機した後、記述された順序で実行します（正しくは、DOMContentLoadedイベント レシピ205 の前に実行します）。

```
<script src="mylib.js" defer></script>
<script src="main.js" defer></script>
```

async／defer属性の実行フローを図示しておきます（図1.1）。

図1.1 async／defer属性の挙動

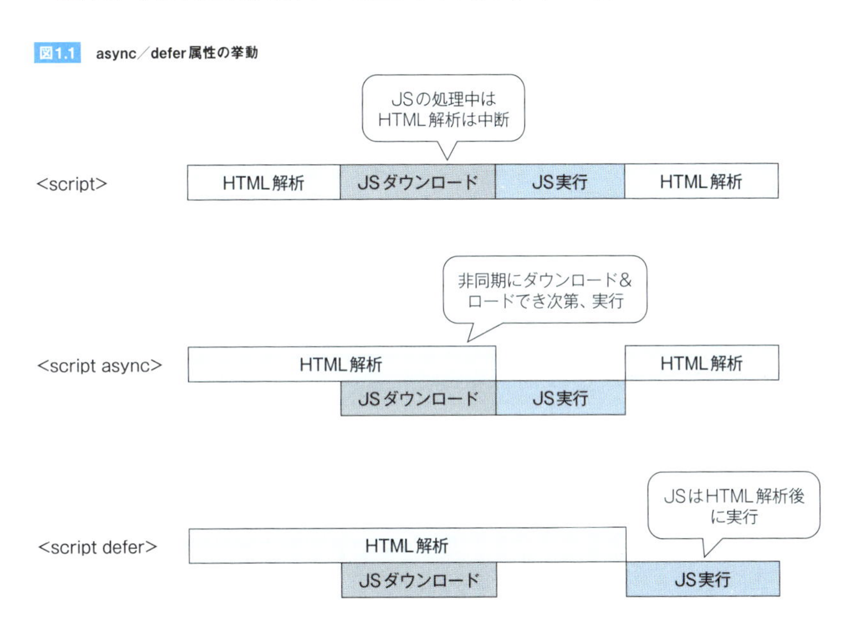

async／defer属性は比較的新しい属性ですが、対象がモダンブラウザー（＝本書がサポートしているブラウザー）に限定できるならば、積極的に利用していくことをお勧めします。

003 外部スクリプトを安全にロードしたい

integrity

関連	001 HTMLページにJavaScriptのコードを組み込みたい P.002
利用例	外部サーバーのリソースが改ざんされていないことを確認したい場合

アプリを開発する際、CDN（Content Delivery Network）経由でライブラリ（リソース）を取得する状況はよくあります。しかし、対象のリソースが悪意ある第三者によって改ざんされていたらどうでしょう。リソースの取り込みが、そのままセキュリティリスクになる恐れがあります。

そこで、リソースの改ざんがないことを検証するのがintegrity属性の役割です。以下は、jQuery（https://jquery.com/）をインポートするための<script>要素です。

```
<script src="https://code.jquery.com/jquery-3.3.1.slim.min.js" integrity=⏎
"sha384-q8i/X+965DzO0rT7abK41JStQIAqVgRVzpbzo5smXKp4YfRvH+8abtTE1Pi6jizo" ⏎
crossorigin="anonymous"></script>
```

integrity属性には、インポート対象のコードをもとに生成したハッシュ値を「接頭辞-ハッシュ値」の形式で指定します。利用できる接頭辞はハッシュの種類（sha256、sha384、sha512）です。ブラウザーは、integrity属性でもって、インポートしたコードとハッシュ値とを比較し、正しく対応している場合にのみ実行します。これによって、不正に改ざんされたコードを排除できるわけです。

以下は、integrity属性で指定されたハッシュ値が、リソース本体と一致しなかった場合のエラーです（デベロッパーツールのコンソールから確認できます）。

```
Failed to find a valid digest in the 'integrity' attribute for resource ⏎
'https://code.jquery.com/jquery-3.3.1.slim.min.js' with computed SHA-256 ⏎
integrity '3edrmyu...='. The resource has been blocked.
```

なお、crossorigin属性はリクエスト時に認証情報を渡すかどうかを表します。具体的には「anonymous」を指定した場合に、クッキー、クライアントサイドのSSL証明書、HTTP認証などの情報が送信されなくなります。認証情報が不要な状況では（大概は不要なはずです）、原則としてcrossorigin属性を明示しておくことをお勧めします。

ハッシュ値を作成する

integrity属性は、「SRI Hash Generator」(https://www.srihash.org/)というページを利用することで、手軽に生成できます(図1.2)。

図1.2 SRI Hash Generator

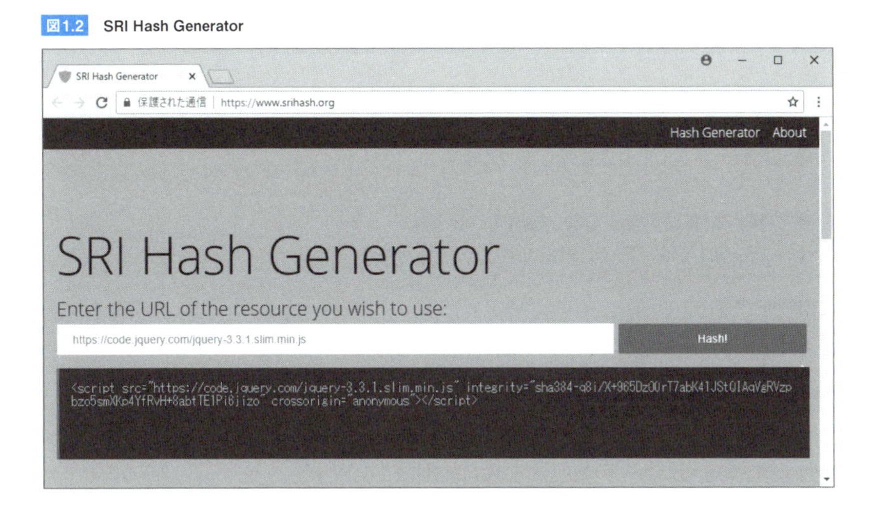

テキストボックスにリソースのURLを入力し、[Hash!] ボタンをクリックすると、下部のテキストエリアにintegrity属性付きの<script>要素が表示されます。

004 JavaScriptのコードを構成する要素を学びたい

文（Statement）

関連	117 ユーザー定義関数を定義したい P.188
利用例	JavaScriptの文法ルールを知りたい場合

JavaScriptのコードは、一般的に1つ以上の文（Statement）から構成されます。以下に、文を表すうえでの注意点をまとめます。

セミコロンは省略可能、しかし省略すべきでない

JavaScriptでは、文（statement）の末尾をセミコロン（;）で終えるべきです。

●statement.js

```
console.log('JavaScriptの文は、');
console.log('「;」で終えるべきです');
```

「べき」とは、「省略することも可能だが、そうすべきではない」ということです。たとえば、以下のようなコードは正しく動作しません。

●statement.js

```
let myFnc = function () { /* 任意のコード */ } ← セミコロンを省略
                        ❶
(function () { /* 任意のコード */ })();
              ❷                   ❸
```

結果は「(intermediate value)(...) is not a function」となります。これはJavaScriptが❷を匿名関数（❶）の引数と見なして実行した結果です。❶の関数は戻り値がないので、後続（❸）の関数呼び出しで、「未定義値は関数でないから実行できないよ」と怒られているわけです。

上のコードは一例にすぎませんが、セミコロンの欠落が文の切れ目を曖昧にしてしまうことを実感するには十分でしょう。

文は複数の行にまたがってもかまわない

1つの文が長い場合には、意味ある単語（キーワード）の区切り目で改行を加えてもかまいません。たとえば以下は、（あまり意味はありませんが）正しいJavaScriptのコードです。

●statement2.js

```
console
.
log
(
'こんにちは、世界！'
);
```

ただし、以下のように改行によって正しく動作しなくなるコードもあります。

●statement3.js

```
function square(height, width) {
  return
  height * width;
}

console.log(square(2, 3));
```

square関数は、与えられた引数に対して四角形の面積を返すことを期待した関数です。しかし、実際に呼び出してみればわかるように、意図したような結果は得られません。引数の内容にかかわらず、square関数はundefined（未定義値）を返すはずです。

これは、JavaScriptがセミコロンを自動的に補完した結果です。太字部分は、JavaScriptからは以下のように見えているのです。

```
return; ←セミコロンを補完
height * width;
```

結果、square関数は戻り値として既定のundefinedを返し、後続の式「height * width;」は無視されているのです。意図した動作をさせるには、以下のようにreturn命令の途中の改行を除去します。

```
return height * width;
```

以上をまとめると、JavaScriptでは文の途中で改行することは可能ですが、無制限に改行すべきではありません。改行を含める際には、左カッコ、演算子、カンマの直後など、文の継続が明確である場合に限定するのが安全です。

NOTE

break、continue、throwなども注意

return命令と同じ理由から、以下のような文についても、途中で改行を含めてはいけません。

- ラベル付きのbreak/continue
- throw
- ++、--演算子（後置）

複数の文を1つの行に含める

逆に、1行に複数の文を含めてもかまいません。たとえば以下も、正しいJavaScriptのコードです。

●statement4.js

```
console.log('hoge'); console.log('foo');
```

ただし、これは望ましいコードではありません。というのも、デバッガーによるコードの追跡が困難となるためです。一般的なデバッガー（ブラウザーの開発者ツールなど）では、**ステップ実行**という機能が備わっています。しかし、これらの実行単位は一般的に行です。つまり、1行に複数の文が含まれていると、文単位の追跡ができません。文の長短に関わらず、複数の文を1行にまとめない、が鉄則です。

005 JavaScriptのコードにコメントを書きたい

コメント

関連	296 コメントから手軽に仕様書を作成したい P.539
利用例	あとからコードを読みやすいようにメモ書きを残しておく場合

コメントは、表1.1のような構文で表すことができます。

表1.1 JavaScriptで利用できるコメント

コメント	概要
//	単一行コメント（「//」から行末までがコメント）
/*～*/	複数行コメント（「/*」から「*/」までがコメント）
/**～*/	ドキュメンテーションコメント レシピ296

特殊な役割を持つドキュメンテーションコメントは脇に置いておいて、残る「//」と「/*～*/」と、いずれを利用すべきでしょうか。

●comment.js

```
// 単一行コメント

/*
複数行にまたがるコメント
*/
```

結論から言うと、原則として単一行「//」を優先して利用すべきです。

というのも、/*～*/は入れ子にできません。このため、/*～*/を含んでいるコードをさらに/*～*/でコメントアウトした場合、構文エラーの原因となります。また、「*/」は正規表現リテラルの中で発生する可能性もあります。たとえば、以下のコードは典型的な構文エラーの例です。網掛けの範囲で複数行コメントが終了してしまうためです。

```
/*
let reg = /[0-9]*/.match(str);
*/
```

006 JavaScriptの危険な構文を取り除きたい

Strictモード

関連	007 変数を利用したい P.014 013 数値型の値を表現したい P.025
利用例	JavaScriptの利用すべきでない構文を、確実に除去したい場合

Strictモードを利用します。Strictモードとは、「構文としては存在するが、安全性／効率性の観点から利用すべきでないもの」を検出して、エラーを発生させるモードです（表1.2)。本書でも、さまざまな「べからず（してはいけない）」を紹介していますが、Strictモードを利用することで、「べからず」を確実に、かつ、自動でチェックできます。これから新規に開発するならば、Strictモードは積極的に採用することをお勧めします。

表1.2 Strictモードの主な制限

分類	制限内容
変数	var／let命令は省略できない
	引数／プロパティ名の重複を禁止
	undefined、NaNへの代入を禁止
命令	with命令は利用できない
	arguments.calleeプロパティにアクセスできない
	削除できないプロパティの削除はエラー
	eval命令で宣言された変数を、周囲のスコープに拡散しない
その他	関数配下のthisはGlobalオブジェクトを示さない（undefinedとなる）
	「0〜」（古い8進数表記）は不可

Strictモードを有効にする方法

Strictモードを有効にするには、スクリプトの先頭、もしくは、関数本体の先頭に「'use strict';」という文を追加します（「"use strict";」でも可)。❶では以降のすべてのコードで、❷では関数配下でのみ、Strictモードが有効になります。

●strict.js

```
'use strict'; ——————————— ❶
// 任意のコード

function sample() {
  'use strict'; ——————————— ❷
  // 任意のコード
}
```

原則として、❶のパターンは利用すべきではありません。というのも、❶は、その性質上、複数のコードを連結した場合、以降すべてのコードに影響を及ぼすためです。非Strictモードのコードが混在している場合、正しく動作できる保証はありません。

すべてのコードがStrictモードで動作していることが確認できる場合を除いて、Strictモードは、❷のパターンで有効化してください（即時関数を利用すれば、自前のコード全体に対してStrictモードを有効にできます）。

NOTE

暗黙的なStrictモード

ちなみに、ES2015のモジュール、classブロックの中では、暗黙的にStrictモードが適用されます。明示的にuse strict宣言の必要はありません。環境が許すのであれば、モジュール＋クラスベースでアプリを開発していくのがモダンです。

007 変数を利用したい

変数 | let

ES2015

関　連	009　文字列を出力したい　P.020
利用例	処理の途中経過を変数に格納しておきたい場合

変数を利用するには、まずlet命令で変数を宣言しておく必要があります。

構文 **let命令**

```
let name [= value] [, ...];
```

name　変数名
value　初期値

●let.js

```
let msg = 'こんにちは、世界！';    // 変数msgを宣言（初期値あり） ❶
let j;    // △ 変数jを宣言（初期値なし） ❷
i = 3;    // △ let命令そのものを省略 ❸
let name1 = 'Rio', name2= 'Nami';    // △ 変数name1、name2をまとめて宣言 ❹
```

上のように、let命令の記法にはいくつかのパターンがありますが、❷〜❹は「べからず（してはいけない）」です。

変数の宣言と初期化はまとめる癖を付けることで、初期化忘れを防ぐ効果があります（❷）。❸の理由については、レシピ131で後述するので、まずはlet命令なしで変数を利用すべきでない、と覚えておいてください。❹はデバッグ時のステップ実行を阻害するためです。1行は必ず1つの文を表すようにします（レシピ004でも触れた点です）。

変数の命名規則

変数の命名規則は、以下の通りです。

1. 1文字目はアルファベット、アンダースコア（_）、ドル記号（$）のいずれか
2. 2文字目以降は、1文字目で利用できる文字か、数字のいずれか
3. 大文字／小文字は区別
4. JavaScriptで意味を持つ予約語でないこと

JavaScriptでの予約語は、表1.3の通りです。

表1.3 JavaScriptの予約語（※はStrictモードの場合だけ）

break	case	catch	const	continue	debugger
default	delete	do	else	enum	export
extends	false	finally	for	function	if
implements※	import	in	instanceof	interface※	let
new	null	package※	private※	protected※	public※
return	static※	super	switch	this	throw
true	try	typeof	var	void	while
with	yield				

また、将来的に予約語として採用される可能性のあるキーワード、また、JavaScriptですでに利用されているグローバル変数／関数／組み込みオブジェクトについても利用すべきではありません（エラーではありませんが、特に後者では、もともとの機能が利用できなくなります）。

表1.4 将来的に予約語となる可能性があるキーワード

abstract	boolean	byte	char	double	final
float	goto	int	long	native	short
synchronized	throws	transient	volatile		

以上のルールから、str、_tmp、$、F1、formedのような名前はOKですが、以下のような名前はエラーとなります。

- if ………… 予約語
- _@_ …… 許可されない記号
- 1F ……… 数字で始まる名前

NOTE

識別子

変数をはじめ、クラスや関数、ラベルなど、コードの中で扱うモノに付けられた名前のことを**識別子**と言います。本文で扱った変数の命名規則は、正確には識別子の命名規則です。

補足　読みやすいコードのために

命名規則ではありませんが、可読性の観点からは、以下の点にも留意しておくことをお勧めします。

1. 値の意味を名前から類推できる

　○：price、isbn、△：a、b

2. 長すぎない、短すぎない

　○：password、△：pw、password_sha1_for_this_app

3. 紛らわしい名前を混在しない

　△：user／usr、name／namae、keyword／keywd

4. 1文字目のアンダースコアは特別な意味を類推されるので使わない

　△：_name

5. ローマ字表記は避ける

　○：name、count、△：namae、kaisu

6. 記法は統一する

　△：EmailAddress／emailAddress／email_address

2. の「短すぎない」は、むやみに単語を省略しない、という意味です。passwordをpasswdとすることは3. の原因にもなりますし、pwともなればそもそもの理解が困難になります。ただし、temporary（temp、tmp）、exception（e、ex）、message（msg）のように、一般的に通用する略語は、その限りではありません。

6. の記法には、表1.5のようなものがあります。JavaScriptの場合、クラス（コンストラクター関数）はPascal記法で、変数／関数（メソッド）はcamelCase記法で表すのが通例です。

表1.5　識別子の主な記法

記法	概要	表記例
camelCase記法	単語の区切りは大文字で表記（ただし、先頭のみ小文字）	myApp
Pascal記法	単語の区切りは大文字で表記（先頭も大文字）	MyApp
アンダースコア記法	すべての単語を小文字で表記、区切り目は「_」	my_app

NOTE

var命令

JavaScriptではもう1つ、変数を宣言するためにvarという命令を利用できます。構文はletと同じですが、挙動が異なります。

- 同名の変数を許容（letではエラー）
- ブロックスコープ レシピ132 を認識できない

以上の性質から、ES2015を利用できる環境では（本書の検証環境であれば問題ありません）、できるだけlet命令を優先して利用することをお勧めします。

MEMO

008 定数を利用したい

定数 | const

ES2015

関　連	007 変数を利用したい P.014
利用例	あとから変化しない値を格納しておきたい場合

定数を利用するには、const命令で宣言します。

構文 const命令

```
const name = value
```

name　変数名
value　値

たとえば以下は、消費税を定数taxとして宣言する例です。

●const.js

```
const tax = 1.08;
let price = 500;
console.log(price * tax);     // 結果：540
```

このような例では、単に消費税を1.08として表すのではなく、taxと名前付けすることで、値の意味が明確になります。一方、名前が付けられていない裸の値のことを**マジックナンバー**と言います。コードが複雑になった場合、マジックナンバーはコードの意図を曖昧にする原因ともなるので、避けるようにしてください。

また、値を定数としておくことで、値を変更する場合にもconst宣言の一か所だけを変更すれば良いので、変更が簡単になります（定数を使わずに、1.08という値がコードのそこちこちに散在していたら —— 想像してみましょう）。

NOTE

constの制限

constは、より厳密には「再代入できない変数」です。再代入については、レシピ027を合わせて参照してください。

var、let、constの使い分け

レシピ007 でも触れたように、var命令には機能的な制限があるので、モダンなブラウザー環境では利用する理由はありませんし、利用すべきではありません。

で、let／const命令いずれを利用すべきかですが、結論から言ってしまうと、constを優先して利用すべきです。というのも、コードを書いていくうえで、再代入しなければならない状況はあまりありません。演算／加工の結果、値の意味が変わってしまったら、それは別な変数（名前）に格納すべきだからです（同じ変数に書き戻してもかまいませんが、コードの意図は不明瞭になります）。

再代入されない変数をletで宣言することは、「（変化しないにもかかわらず）どこかで値が変わるかもしれない」可能性を意識しながらコードを読まなければならないという意味で、可読性を落とします。そのため、値が変化することを想定していないならば、まずはconstを優先して利用すべきなのです（ただし、本書サンプルでは説明の都合上、letで統一しています）。

ちなみに、値が変化する前提となる状況とは、forループでのカウンター変数／仮変数 レシピ039 です。

MEMO

009 文字列を出力したい

リテラル ｜ エスケープシーケンス

関　連	010　文字列の中で改行やタブを含ませたい　P.022
利 用 例	ブラウザーに文字列を表示する場合／スクリプトの途中経過を確認する場合

文字列リテラル（string型の値）は、シングルクォート（'）、またはダブルクォート（"）でくくる必要があります。

●上：string.html／下：string.js

```
<div id="result"></div>
```

```
let str1 = 'こんにちは、文字列！';
let str2 = "こんにちは、文字列！";

// ダイアログを表示
window.alert(str1);  ❶

// コンソール（開発者ツール）に表示
console.log(str2);  ❷

// ページ上（id="result"）である要素に表示
document.getElementById('result').textContent = str2;  ❸

// ページ上に出力
document.write(str1);  ❹
```

文字列を出力するには、❶～❹のような方法があります。
まず、❶はダイアログボックスに文字列をポップアップします。

▼結果　文字列をダイアログ表示

アプリの中で利用する場合には、jQuery UI（https://jqueryui.com/）などでよりリッチなダイアログを実装するため、主にデバッグ用途で、コードの途中経過を確認するのによく利用します。ただし、複数の文字列を確認する場合には、いちいちダイアログを閉じなければならないのが面倒です。

そのような場合は、❷のconsole.logメソッドを利用すると良いでしょう。logメソッドはブラウザー付属の開発者ツールに文字列を出力します（図1.3）。詳細はレシピ225も参照してください。

図1.3 文字列を開発者ツールに表示（Chromeの場合。F12キーで起動）

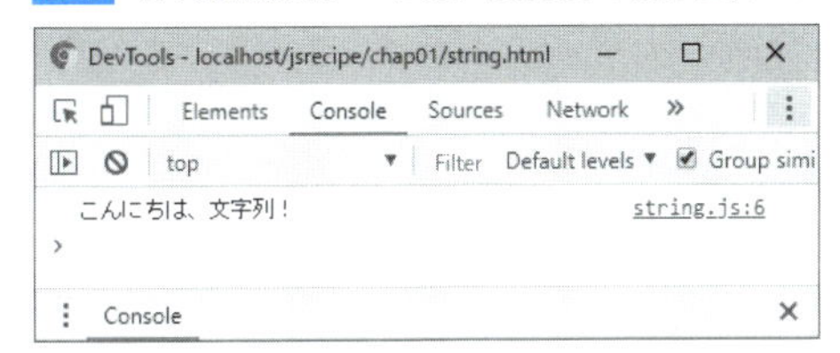

アプリの中で文字列をページに反映するならば、textContentプロパティが便利です（❸）。詳しくはレシピ176で解説します。同じくページに文字列を表示するdocument.writeメソッドもありますが（❹）、こちらは表示場所を選択できない（=その場に表示する）ことから使い勝手も悪く、現在、使われることはほとんどありません。

シングルクォート／ダブルクォートのいずれを利用するか

文法的には、前後の対応関係が取れていれば、いずれを利用しても問題ありません。ただし、JavaScriptでは文字列にタグ（の属性）を含むケースがあります。そして、属性はダブルクォートでくくることが多いことを考えると、文字列はシングルクォートでくくるのが望ましい、と著者は考えます。

```
let tag = '<img src="hoge.png" />';
```

もしもダブルクォートでくくっていた場合、文字列の終端を正しく識別できないので、エラーとなります。「\"」のようにエスケープすることもできますが、数が増えた場合には文字列そのものが読みづらくなることから、望ましくありません。

×
```
let tag = "<img src="hoge.png" />";
```

△
```
let tag = "<img src=\"hoge.png\" />";
```

010 文字列の中で改行やタブを含ませたい

エスケープシーケンス

関　連	009 文字列を出力したい P.020
利用例	改行含みの文字列を出力する場合

文字列リテラルでは、「"」「'」のように特別な意味（この場合はリテラルの終了）を表す文字や、キーボードから直接表せない文字を、「\ ＋ 文字」の形式で表現できます。これを**エスケープシーケンス**と言います。

●escape.js

```
console.log('こんにちは\nJavaScript！');
```

▼結果　文字列が改行される

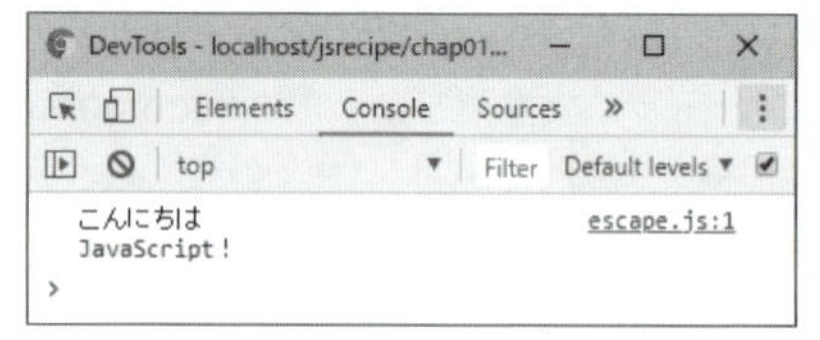

「\n」で改行文字を表すわけです。その他、JavaScriptで利用できるエスケープシーケンスには、表1.6のようなものがあります。

表1.6　主なエスケープシーケンス

エスケープシーケンス	説明
\b	バックスペース
\t	タブ
\n	改行
\f	改ページ
\r	復帰
\'	シングルクォート
\"	ダブルクォート
\\	バックスラッシュ
\x*XX*	*XX*（2桁の16進数）で表すLatin-1文字。例：\x41（A）
\u*XXXX*	*XXXX*（4桁の16進数）で表すUnicode文字。例：\u30A2（ア）
\u{*XXXXX*}	0xffff（4桁の16進数）を越えるUnicode文字。例：\u{2000B}（𠀋） ES2015

011 複数行にまたがる文字列を表現したい

テンプレート文字列 ES2015

関連	009 文字列を出力したい P.020
利用例	改行含みの文字列を出力する場合

テンプレート文字列を利用することで、複数行にまたがる（＝改行文字を含んだ）文字列を表現できます。

構文 テンプレート文字列

```
`string`
```

string 文字列

テンプレート文字列では、文字列を「'」「"」ではなく、「`」（バッククォート）でくくります。

●string_template.js

```
let message = `こんにちは
JavaScript ！`;
console.log(message);
    // 結果：こんにちは、［改行］JavaScript ！
```

「'」「"」でくくった文字列では改行文字は「\n」で表現しなければならなかったところですが、テンプレート文字列では直接の改行として表せる点に注目です。

012 文字列に変数を埋め込みたい

テンプレート文字列

ES2015

関連	009 文字列を出力したい P.020
利用例	変数／式の値から文字列を組み立てたい場合

テンプレート文字列では、${...}の形式で文字列に変数（式）を埋め込むこともできます。

●string_template2.js

```
let name = '山田太郎';
console.log(`こんにちは、${name}さん!`);
    // 結果：こんにちは、山田太郎さん!
```

なお、テンプレート文字列の中で、ただの文字列として「${}」を表したい場合には、以下のように「\${}」、または「$\{}」のようにしてください。

```
console.log(`逆引きレシピ\${hoge}JavaScript`);
    // 結果：逆引きレシピ${hoge}JavaScript
```

013 数値型の値を表現したい

リテラル | 数値

関　連	007 変数を利用したい P.014 009 文字列を出力したい P.020
利 用 例	コードの中で整数／小数点値を表す場合

数値リテラルは、大きく整数リテラル／浮動小数点リテラルに分類できます。

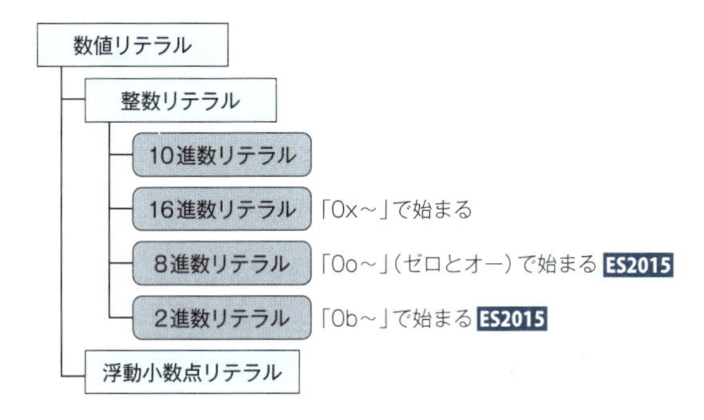

整数リテラル

まずは、整数リテラルの例から見ていきます。

●number_int.js

```
// 10進数リテラル
let num = -10;
console.log(num);      // 結果：-10
// 16進数リテラル
let num2 = 0xFF;
console.log(num2);     // 結果：255
// 8進数リテラル
let num3 = 0o500;
console.log(num3);     // 結果：320
// 2進数リテラル
let num4 = 0b111;
console.log(num4);     // 結果：7
```

8進数リテラルについては、ES2015より前にも「0666」（頭にゼロのみ）のような表記がありましたが、標準化された表記でないため、環境によっては認識が異なるという問題があります。また、そもそも0パディングされた10進数と見分けが付きにくいことからも利用すべきではありません。Strictモードでも旧式の8進数表記はエラーとして扱われます。

浮動小数点リテラル

浮動小数点リテラルでは、一般的な小数点数だけでなく、指数表現をとることもできます。

●number_float.js

```
// 一般的な小数点数
let num = 1.2345;
console.log(num);      // 結果：1.2345
// 指数表現
let num2 = 0.12345e-10;
console.log(num2);     // 結果：1.2345e-11
```

指数表現は「*＜仮数部＞*e*＜符号＞＜指数部＞*」形式で表し、

＜仮数部＞×10の*＜符号＞＜指数部＞*乗

によって本来の値に変換できます。一般的には、非常に大きな（小さな）値を表すために利用します（12000000000よりは1.2e10のほうが明快です）。

指数を表す「e」は大文字／小文字を区別しないので、0.12345e-10は0.12345E-10としても同じ意味です。

NOTE

指数表現の正規化

指数表現では、同じ12345を

- 1234.5e1
- 12.345e3
- 1.2345e4

のように複数のパターンで表記できます。しかし、可読性の観点から、これはあまり望ましい状態ではないので、一般的には仮数部を「0.」＋「0以外の数値」で始まるように表すことで、表記を統一します。この例であれば、0.12345e5です。

先頭のゼロは省略できるので、「.12345e5」としても同じ意味です。

なお、いずれの表記を利用した場合にも、内部的な扱いが変化するわけではありません。数値リテラルは、その時どきの目的で可読性に優れたものを選択してください。

014 真偽値を表現したい

リテラル | true | false

関　連	007 変数を利用したい P.014 036 条件によって処理を分岐したい P.064
利 用 例	コードの中で真／偽を表す場合

JavaScriptでは真偽型（boolean型）が用意されており、true／falseというリテラルで表現できます。

真偽型は、Booleanコンストラクターで生成することもできますが、こちらは冗長であるだけでなく、挙動に誤解を招きやすいことから利用すべきではありません。

●bool.js

```
// let flag = false; (本来あるべき記法)
let flag = new Boolean(false);

if (flag) {
  console.log('表示されない...はず');
}    // 結果：表示されない...はず
```

false値であるにもかかわらず、Booleanコンストラクターで生成されたオブジェクトはtrueと見なされているのです。これは、JavaScriptでは**null以外のオブジェクトはtrueと見なされる**という性質があるからです。当然、これは直感的な挙動ではなく、ゆえにコンストラクター構文を利用すべきではありません。

太字を単に「false」とした場合には、こうした問題はありません。

NOTE

ラッパーオブジェクトのコンストラクターは利用しない

JavaScriptが標準で提供する組み込みオブジェクトの中でも、特に文字列（String）、数値（Number）、論理値（Boolean）を扱うためのオブジェクトのことを、**ラッパーオブジェクト**と言います。ラッパーオブジェクトとは、単なる値にすぎない基本型のデータを包んで（＝ラップして）、オブジェクトとしての振る舞いを提供するためのオブジェクトです。

ただし、JavaScriptでは基本型⇔ラッパーオブジェクト間の変換を自動的に行うため、開発者がこれを意識することはありません。あえてコンストラクターを利用することは冗長ですし、本文のような問題を引き起こすこともあるため、避けてください。

015 配列を作成したい

配列 | Array

関連	007 変数を利用したい P.014 016 連想配列を作成したい P.030
利用例	複数の関連する値を1つの変数で管理する場合

数値型／文字列型／真偽型が、単一の値を格納するための型であったのに対して、**配列**とは複数の値をまとめて管理するための型です。複数の関連した情報を1つの変数でまとめて管理したい場合に利用します。

配列を作成

配列は、Arrayコンストラクター、リテラル表現のいずれかで作成できます。以下のコードは、いずれも意味的に等価です。

●array.js

```
// Arrayコンストラクター
let data1 = new Array('JavaScript', 'CoffeeScript', 'TypeScript');
// リテラル表現
let data2 = ['JavaScript', 'CoffeeScript', 'TypeScript'];
```

ただし、原則として、Arrayコンストラクターは利用すべきではありません。リテラル表現のほうがシンプルに表現できるという理由もありますが、それ以上にバグの混入を防ぐという意味があります。以下のコードを見てみましょう。

```
let data = new Array(5);
```

一見すると、「5という要素を持った配列」を定義しているようにも見えます。しかし、Arrayコンストラクターは引数として単一の数値を受け取った場合、それを配列サイズと見なします。上の例であれば、サイズ5の配列を生成します。

その性質上、以下のようなコードはエラーとなります。サイズ-5の配列を作成することはできないからです（-5という要素を持った配列を作るわけではありません）。

```
let data = new Array(-5);
```

このように、Arrayコンストラクターは意味的に曖昧になりやすいことから、利用すべきではありません。空の配列は、以下のように空のブラケットで表現できます。

```
var data = [ ];
```

入れ子の配列を生成

配列の要素として配列を指定することで、入れ子の配列を作成することもできます。複雑な配列では、以下の例のように、要素単位に改行を入れることで、構造を把握しやすくなります。

●array2.js

```
let data = [
  'C#',
  'Java',
  ['MySQL', 'PostgreSQL', 'SQLite'],
];
```

上の例のように、末尾の要素はカンマで終えてもかまいません。特に改行区切りで要素を列記しているような状況では、後から要素を追加する場合にもカンマの追加漏れを防げます。

配列の参照

作成した配列は、ブラケット構文で参照できます。

```
console.log(data[1]);       // 結果：Java
console.log(data[2][2]);    // 結果：SQLite
```

ブラケット（[...]）には、取得したい配列のインデックス番号（添え字）を指定します。先頭の要素は（1ではなく）0なので注意してください。

入れ子の配列を参照する場合は、ブラケットも複数列記します。

016 連想配列を作成したい

連想配列 | ハッシュ | オブジェクト

関連	015 配列を作成したい P.028
利用例	キー／値の組み合わせで複数の情報を管理する場合

インデックス番号でアクセスできる配列（通常配列）に対して、**連想配列**とは名前をキーにアクセスできる配列です。**ハッシュ**とも言います。辞書のように、意味あるキーで値を引けるので、データの視認性が高いという特長があります。

NOTE

オブジェクトと連想配列

JavaScriptの世界では、連想配列はオブジェクトです。正確に言えば、Objectオブジェクトを連想配列として利用しています。他の言語を利用している人にとっては、違和感を覚えるところかもしれませんが、JavaScriptでは、文脈（用途）によって、同じものをオブジェクト、連想配列／ハッシュと異なる呼び方をするのです。

同じ理由から、連想配列のキーのことも、文脈では**プロパティ**と呼ぶこともあります。さらに、値として関数リテラルを持つプロパティのことを**メソッド**と呼ぶ場合もあります。

連想配列は、Objectコンストラクター、リテラル表現のいずれかで作成できます。リテラルでは（配列の[...]ではなく）{...}を利用する点に注意してください。

●hash.js

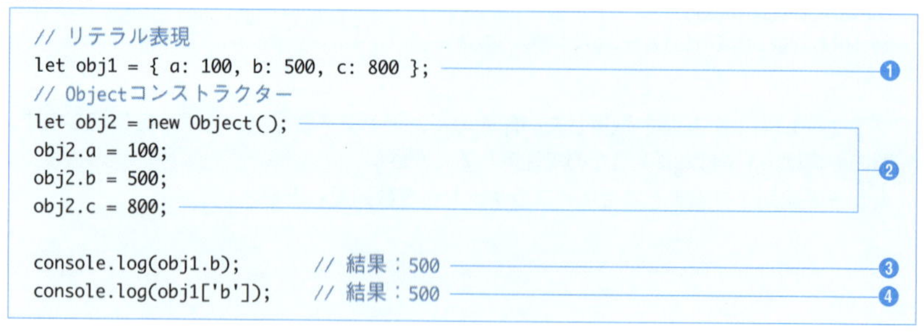

```
// リテラル表現
let obj1 = { a: 100, b: 500, c: 800 };        ❶
// Objectコンストラクター
let obj2 = new Object();                      ┐
obj2.a = 100;                                 │
obj2.b = 500;                                 ├ ❷
obj2.c = 800;                                 ┘

console.log(obj1.b);      // 結果：500        ❸
console.log(obj1['b']);   // 結果：500        ❹
```

上のコードで❶、❷は、いずれも意味的に等価です。ただし、冗長であるコンストラクター構文を利用する意味はないため、原則として、リテラル表現を優先して利用してください。

値を参照するには、ドット演算子（❸）、ブラケット構文（❹）のいずれかを利用します。そして、こちらは微妙に意味が異なります。

というのも、ドット演算子では利用できるキーは識別子のみです。つまり、「obj.987」のような表記はエラーです（識別子の1文字目を数字にすることはできないからです）。しかし、ブラケット構文ではキーを文字列として指定するので、「obj['987']」のような表記も正しく認識できます。

NOTE

専用の連想配列

ES2015以降では、連想配列を扱うための専用の仕組みとして、Mapオブジェクトが提供されています。オブジェクトリテラルとの相違点については、レシピ106も参照してください。

MEMO

017 シンボルを定義したい

シンボル | Symbol

ES2015

関連	147 外部からアクセスできないプロパティ/メソッドを定義したい P.240 152 イテレーターをより簡単に実装したい P.251
利用例	名前の識別だけに意味がある情報を表現したい場合

シンボル（symbol）は、シンボル（モノの名前）を表すための型です。文字列にも似ていますが、文字列ではありません。

シンボルの基本

まずは、シンボルを作成し、その内容を確認してみましょう。

●symbol.js

```
let s = Symbol('hoge');                                    ❶
let s2 = Symbol('hoge');

console.log(typeof s);          // 結果：symbol
console.log(s.toString());      // 結果：Symbol (hoge)
console.log(s === s2);          // 結果：false             ❷
console.log(s + '');
          // 結果：エラー（Cannot convert a Symbol value to a string)
console.log(s - 0);                                        ❸
          // 結果：エラー（Cannot convert a Symbol value to a number)
console.log(typeof !!s);        // 結果：boolean
```

シンボルはSymbol命令によって生成できます（❶）。インスタンスを生成するという意味で、コンストラクターにも似ていますが、new演算子は使いません（使えません）。

引数はシンボルの説明であり、同じ値でも別々に作成されたシンボルは別ものと見なされる点に注意してください（❷）。

また、シンボルでは文字列/数値への暗黙的な変換も許していません。boolean型への変換だけが可能です（❸）。

シンボルの利用例

シンボルは、たとえば列挙定数を表す状況で利用できます。たとえばSPRING、SUMMER、AUTUMN、WINTERのように、名前による識別だけに関心があるような状況です。

●symbol_enum.js

```
const SPRING = Symbol();
const SUMMER = Symbol();
const AUTUMN = Symbol();
const WINTER = Symbol();
```

シンボルを利用することで、0、1...のような便宜的な値を割り当てる必要がなくなりますし、SPRINGはSPRINGとしてしか表現できなくなるので、コードに曖昧さがなくなります。

「曖昧さとは？」と思った人は、シンボルを使わなかった場合の例と比較しておきましょう。

```
const SPRING = 0;
const SUMMER = 1;
const AUTUMN = 2;
const WINTER = 3;
```

このような定数を比較するには、定数名／数値リテラルいずれを利用してもかまいません。

```
let season = SPRING;
if (season === SPRING) { ... } ←本来あるべきコード ❶
if (season === 0)      { ... } ←でも、リテラルとも比較できてしまう ❷
```

コードの可読性を鑑みればリテラルと比較できる状態は好ましくありませんし、なにより「const MONDAY = 0;」のような（値は等しいが）別の意味を持った定数が現れた場合には、以下のようなコードも許容してしまう可能性があります。

```
if (season === MONDAY) { ... } ←季節は月曜日？？？ ❸
```

このような状況はシンボル定数によって解決します。SPRINGはSPRINGとしか等しくないので、条件式がtrueとなるのは❶だけです。これが「曖昧さがなくなる」と述べた理由です。

018 undefinedとnullの違いを理解したい

undefined | null

関連	117 ユーザー定義関数を定義したい P.188
利用例	undefinedとnullと、いずれを利用したら良いかに迷った場合

JavaScriptには、値がないことを表す値としてundefined（未定義値）とnull（ヌル）とがあります。時として、区別が曖昧になることがあるので、ここで用途の違いをまとめておきます。

undefined（未定義値）とは?

undefinedは、ある変数の値がまだ定義されていないことを表す値で、主に、以下のような状況で返されます。

- ある変数が宣言されているが、初期化されていない
- 未定義のプロパティを参照した
- 関数 レシピ117 で戻り値がなかった

具体的な例は、以下の通りです。

●undefined.js

```
let data;
console.log(data);          // 結果：undefined（初期化されていない変数）
let obj = { hoge: 123, piyo: 456 };
console.log(obj.data);      // 結果：undefined（存在しないプロパティ）
let fn = function () { };
console.log(fn());          // 結果：undefined（戻り値のない関数）
```

nullとは?

nullは、該当する値が存在しない（＝空である）ことを表す値です。undefined（未定義）と区別しにくいのですが、以下のような使い分けをします。

まず、文字列を表示するoutputのような関数があった場合、関数はあくまで出力を目的としたもので、結果を期待しているわけではないので、戻り値はundefined（未定義）です。

一方、テキストからURL文字列を抽出するgetUrlのような関数があったとします。その際、URLが見つからなかった場合、undefined（未定義）を返すのは不自然です。値がない（見つからなかった）という意図を明確にするならば、null（空）を返すべきでしょう。

また、変数に格納したオブジェクトを明示的に破棄する場合にも、nullを利用します。変数の中身を空にする、というわけですね。

```
let obj = new Hoge();
obj = null;    // オブジェクトを破棄
```

以上がundefinedとnullとの大まかな違いですが、実際のアプリでは（残念ながら）区別が曖昧な状況もあります。まずは、意図した空値はnullで、値そのものを期待していない場合はundefinedで、という基本的な区別を理解しておきましょう。

MEMO

019 文字列を数値に変換したい

データ型 | Number | parseInt | parseFloat

関連	013 数値型の値を表現したい P.025 014 真偽値を表現したい P.027
利用例	比較、演算の前に値を意図した型にそろえておく場合

Number関数、Number.parseInt／parseFloatメソッドを利用します。Number関数は引数を数値として、parseInt／parseFloatメソッドは整数／浮動小数点数として、それぞれ解釈します。いずれも「数値への変換」という意味では同じ役割を提供しますが、細かな挙動が異なります。

以下は、それぞれの値を変換関数に渡したときの結果の違いです。**NaN**は非数値（Not a Number）を表します。

●parse.js

```
let data1 = '888abc';
console.log(Number.parseInt(data1));      // 結果：888
console.log(Number.parseFloat(data1));    // 結果：888
console.log(Number(data1));               // 結果：NaN
                                                          ❶
let data2 = '0x10';
console.log(Number.parseInt(data2));      // 結果：16
console.log(Number.parseFloat(data2));    // 結果：0
console.log(Number(data2));               // 結果：16
                                                          ❷
let data3 = '1.414E3';
console.log(Number.parseInt(data3));      // 結果：1
console.log(Number.parseFloat(data3));    // 結果：1414
console.log(Number(data3));               // 結果：1414
                                                          ❸
let data4 = '0b100';
console.log(Number.parseInt(data4));      // 結果：0
console.log(Number.parseFloat(data4));    // 結果：0
console.log(Number(data4));               // 結果：4
                                                          ❹
let data5 = new Date();
console.log(Number.parseInt(data5));      // 結果：NaN
console.log(Number.parseFloat(data5));    // 結果：NaN
console.log(Number(data5));               // 結果：1528609686322
                                                          ❺
```

まず、parse*Xxxxx*メソッドは「888abc」のような文字列混在の数値も、数字として解析できる部分を先頭から取り出して変換しようとしますが、Number関数は解析できずにNaNを返します（❶）。

❷、❸は16進数、指数表現の変換例です。parseFloatメソッドは16進数表現を認識できずに、❶の規則で数字を取り出した結果、0を返します。逆に、parseInt関数は指数表現を認識できず、同じく❶の規則で数字を取り出し、整数に変換した結果を返しています。

なお、ES2015で導入された2、8進数表現は、Number関数以外では正しく解析できません（❹）。parseIntメソッドでも解析できずに「0b～」の前の0を返すだけです。

❺は、オブジェクトを渡した例です。parse*Xxxxx*メソッドは解析を諦めて単純に非数値を返します。しかし、Number関数だけはオブジェクトを数値表現したものを返します（この例であれば、現在時刻のタイムスタンプ値を返します）。

NOTE

parseInt／parseFloat関数

Number.parseInt／parseFloatは、ES2015で導入されたメソッドです。ES2015より前では同名のグローバル関数parseInt／parseFloatを利用してください。

いずれも挙動は同じですが、数値関連の機能はNumberオブジェクトにまとまっていたほうがわかりやすいことから、そのように改められています。

020 値を文字列型／論理型に変換したい

データ型 | String | Boolean

関　連	019 文字列を数値に変換したい P.036
利用例	比較、演算の前に値を意図した型にそろえておく場合

値を文字列型／論理型に変換するには、それぞれString／Boolean関数を利用します。

●trans.js

```
console.log(typeof String(123));     // 結果：string
console.log(typeof Boolean(-1));     // 結果：boolean
```

Boolean関数は、空文字列、ゼロ、NaN、null、undefinedをfalse、それ以外をtrueと見なします。たとえば「'false'」のような文字列も、Boolean関数の戻り値はtrueなので注意してください（空でない文字列はすべてtrueです）。

NOTE

Number／String／Boolean関数の正体

Number／String／Boolean関数の実体は、いずれも組み込みオブジェクトであるNumber／String／Booleanオブジェクトのコンストラクターです。ただし、new演算子で呼ばれるかどうかによって、その意味は微妙に異なりますので、注意してください。

レシピ014などでも触れたように、原則としてコンストラクター（new演算子付きの呼び出し）は利用すべきではありません。

●trans2.js

```
console.log(typeof String(123));         // 結果：string
console.log(typeof new String(123));     // 結果：object
```

021 データ型をより簡易に変換したい

データ型 | +／-演算子 | !演算子

関連	019 文字列を数値に変換したい P.036 020 値を文字列型／論理型に変換したい P.038
利用例	比較、演算の前に値を意図した型にそろえておく場合

演算子を利用した型変換の方法もあります。

数値⇒文字列の変換 ――「+」演算子

数値を文字列に変換するには「+」演算子を利用します。

```
typeof(15 + '') ← string
```

「+」演算子は特殊な演算子で、オペランドに文字列が含まれる場合に（加算ではなく）文字列連結として機能します。ここではその性質を利用して、空文字列を加えることで、数値を文字列として変換しているわけです。

文字列⇒数値の変換 ――「-」演算子

文字列から数値への変換には「-」演算子を利用します。

```
typeof('15' - 0) ← number
```

ここでは、「-」演算子がオペランドを必ず数値として処理することを利用して、文字列「15」を強制的に数値に変換しています。ちなみに、「'15' + 0」は不可です。先ほど述べたように、「+」演算子はオペランドの片方が文字列の場合、文字列連結として機能するからです。

論理型への変換 ――「!」演算子

「!」演算子（否定）を利用することで、任意の値を強制的に論理型に変換できます。

```
typeof(!!value) ← boolean
```

「!」演算子がオペランドとして論理型を要求することを利用して、「!!」で二重に値を反転させているわけです。

022 変数のデータ型を判定したい

データ型 | is*Xxxxx* | typeof

関　連	021 データ型をより簡易に変換したい P.039
利用例	渡された値の型に応じて、以降の処理を切り替える場合

データ型を判定するために、表1.7のようなメソッドが用意されています。

表1.7 データ型を判定するためのメソッド

メソッド	概要	例
Number.isInteger	整数値であるか	Number.isInteger(1)　// 結果：true
Number.isNaN	NaN（Not a Number）であるか	Number.isNaN(undefined)　// 結果：false
Number.isFinite	有限値であるか	Number.isFinite(0)　// 結果：true
Array.isArray	配列であるか	Array.isArray([ ])　// 結果：true

ES2015より前では、グローバル関数として同名のisNaN／isFiniteも存在しましたが、Number.isNaN／isFiniteメソッドと挙動が異なるので注意してください。

●is_nan.js

```
console.log(Number.isNaN('xyz'));     // 結果：false
console.log(isNaN('xyz'));            // 結果：true
```

isNaN関数が引数を数値に変換してから判定するのに対して、Number.isNaNメソッドは引数が数値型で、かつ、NaNである場合にだけtrueを返します。つまり、Number.isNaNメソッドのほうがより確実にNaN値を判定できるということです。

この関係は、isFiniteメソッドも同様です。

NOTE

NaNとは？

NaN（Not a Number）は、たとえば「ゼロをゼロで除算した」など、不正な演算が行われた場合に、数値として表現できない結果を表すために利用します。

NaNは一種独特な値で、自分自身を含むすべての値と等しくない、という性質を持ちます。つまり、「NaN === NaN」はfalseです。

NaN値を判定するには、Number.isNaNメソッドを利用しなければなりません。

データ型を文字列で取得する

typeof演算子を利用することで、与えられた変数／リテラルのデータ型を文字列として取得することもできます。

●typeof.js

```
let num = 100;
console.log(typeof num);        // 結果：number
let str = 'はじめまして';
console.log(typeof str);        // 結果：string
let flag = false;
console.log(typeof flag);       // 結果：boolean
let flag2 = new Boolean(false);                      ─┐
console.log(typeof flag2);      // 結果：object      ─┴─❷
let ary = ['Vue.js', 'TypeScript', 'ECMAScript']     ─┐
console.log(typeof ary);        // 結果：object        │
let obj = { a: 100, b: 200 };                          ├─❶
console.log(typeof obj);        // 結果：object        │
let ex = /^[A-Za-z]{1,}/;                              │
console.log(typeof ex);         // 結果：object      ─┘
```

ただし、typeof演算子で識別できるのは文字列／数値／真偽型のような基本データ型に限定されます。配列や日付、正規表現、null／undefinedなどは一様に「object」と見なされる点に注意してください（❶）。

また、文字列／数値／真偽型についてもラッパーオブジェクトとして宣言した場合には、同じく「object」と見なされます（❷）。レシピ014でも触れたように、ラッパーオブジェクトは原則として利用すべきではありません。

オブジェクトの種類を判別したい場合には、instanceof演算子、constructorプロパティレシピ150などを利用してください。

COLUMN　ECMAScriptとは？

ECMAScriptとは、標準化団体Ecma Internationalによって標準化されたJavaScriptです。ブラウザー上で動作するJavaScriptは、基本的に、このECMAScriptの仕様をもとに実装されています。ECMAScript＝標準JavaScript、と言っても良いでしょう。

ECMAScriptは、1997年の初版から20年以上にわたって改訂が重ねられていますが、特にECMAScript 2015（ES2015）以降は、年次で更新が加えられており、これまで不便だった点が急速に改善されています。

気になるブラウザー対応は、図Aのページから確認するのが便利です。

図A　ECMAScript compatibility table（http://kangax.github.io/compat-table/es6/）

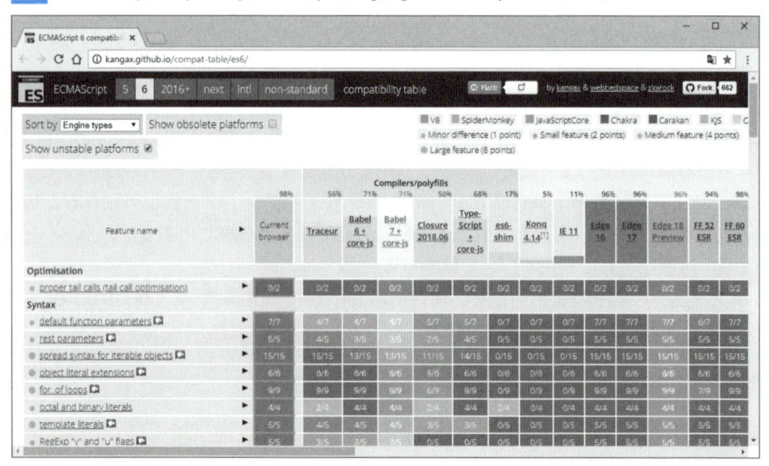

すでに開発が終了したInternet Explorerを除けば、どのブラウザーも日々標準への対応を進めており、執筆時点では、ES2015レベルが主要なブラウザーでほぼサポートされている状況です。

今後、Internet Explorerの国内シェアが落ちていけば、ES2015レベルをネイティブに利用できるのも、さほど遠くはない未来でしょう（もちろん、現時点でもBabelを利用すれば、ES2015は問題なく利用できます）。

PROGRAMMER'S RECIPE

第 02 章

演算子／制御構文

023 四則演算を行いたい

算術演算子

関　連	021 データ型をより簡易に変換したい P.039
利 用 例	数値の加減乗除を行いたい場合

021 データ型をより簡易に変換したい P.039

算術演算子を利用します（表2.1）。**代数演算子**とも言います。

表2.1 主な算術演算子

演算子	概要	例
+	加算	4 + 6　// 結果：10
-	減算	10 - 5　// 結果：5
*	乗算	6 * 5　// 結果：30
/	除算	15 / 5　// 結果：3
%	剰余	10 % 3　// 結果：1
**	累乗 ES2016	2 ** 3　// 結果：8

ただし、加算演算子（+）は、オペランド（被演算子）の型によって挙動が変化する点に要注意です。具体的には、オペランドのいずれかが文字列である場合、これを連結します。

●plus.js

```
console.log('YAMADA.' + 'Yoshihiro');     // 結果：YAMADA.Yoshihiro
console.log('10' + '11');                 // 結果：1011 ――― ❶
console.log(8 + '5');                     // 結果：85 ――― ❷
let today = new Date();
console.log(100 + today);
    // 結果：100Tue Jun 12 2018 15:00:12 GMT+0900 (日本標準時) ――― ❸
```

❶のように、見た目が数値であっても暗黙的に数値とは見なされません。オペランドの片方が数値であっても同様です（❷）。

❸のようにオブジェクトが渡された場合には、オブジェクトを文字列形式に変換したうえで連結します（どんな文字列が生成されるかは、オブジェクトによって異なります）。

024 i++と++iの違いを知りたい

インクリメント演算子 | デクリメント演算子

関　連	039 指定の回数だけ処理を繰り返したい P.072
利用例	変数の値を1ずつ増やす／減らす場合

++演算子は**インクリメント演算子**とも呼ばれ、オペランドに対して1を加算した結果を返します。つまり、以下の結果はいずれも同じ意味です。

```
i++;
++i;
i = i + 1;
```

ただし、「i++」「++i」は、その結果を他の変数に代入する場合に結果が変化するので、注意してください。

●increment.js

```
let i = 10;
let j = i++;
console.log(i);    // 結果：11
console.log(j);    // 結果：10

let i = 10;
let j = ++i;
console.log(i);    // 結果：11
console.log(j);    // 結果：11
```

「i++」では変数jに代入してから加算する（**後置演算**）のに対して、「++i」では加算してから変数jに代入する（**前置演算**）わけです。

「i--」「--i」――変数の値を1減算する**デクリメント演算子**でも、同じ関係が成り立ちます。

025 「0.1 * 3」が0.30000000000000004になる理由を知りたい

小数点数

関連	013 数値型の値を表現したい P.025
利用例	小数点の演算を正しく求めたい場合

小数点を含んだ演算は、時として意図した結果を得られない場合があります。

●float.js

```
console.log(0.1 * 3);     // 結果：0.30000000000000004
```

これは、JavaScriptが内部的には数値を（10進数ではなく）2進数で演算しているがために発生する誤差です。10進数ではごく単純に表せる0.1という数値も、2進数では0.00011001100...と無限循環小数になってしまうのです。結果、「0.1 * 3」のような一見単純な演算ですら、正しい結果を得ることができません。

このような問題を避けるためには、値をいったん整数にしたうえで演算することです。たとえば上の例であれば、以下のようにすることで正しい結果を得られます。

```
console.log(((0.1 * 10) * 3) / 10);     // 結果：0.3
```

(0.1 * 10) ← 整数にしてから演算

値を何倍するかは、有効桁数によって判断します。たとえば0.1234という値で小数点以下2桁までを保証したいならば、値を100倍したうえで、演算結果について小数点以下で四捨五入します。

026 値を演算した結果を変数に代入したい

代入演算子

関　連	007 変数を利用したい P.014
利用例	変数自身の対する演算の結果を、元の変数に書き戻したい場合

複合代入演算子を利用します。**複合代入演算子**とは、左辺と右辺の値を演算した結果を左辺に代入するための演算子で、以下のコードは意味的に等価となります（●は複合代入演算子として利用できる、任意の算術／ビット演算子）。

```
a ●= b    ⇔    a = a ● b
```

複合代入演算子には、表2.2のようなものがあります。

表2.2 主な複合代入演算子

演算子	概要	例
+=	左辺の値に右辺の値を加算した結果を代入	x=5; x += 2　　// 結果：7
-=	左辺の値から右辺の値を減算した結果を代入	x=5; x -= 2　　// 結果：3
*=	左辺の値に右辺の値を乗算した結果を代入	x=5; x *= 2　　// 結果：10
/=	左辺の値を右辺の値で除算した結果を代入	x=5; x /= 2　　// 結果：2.5
%=	左辺の値を右辺の値で除算した余りを代入	x=5; x %= 2　　// 結果：1
<<=	左辺の値を右辺の値だけ左シフトした結果を代入	x=100; x <<= 1　　// 結果：200
>>=	左辺の値を右辺の値だけ右シフトした結果を代入	x=100; x >>= 1　　// 結果：50
>>>=	左辺の値を右辺の値だけ右シフトした結果を代入	x=100; x >>>= 2　　// 結果：25

インクリメント／デクリメント演算子も、複合代入演算子を使って「i += 1」「i -= 1」のように書き換えることが可能です。

027 基本型と参照型の違いを知りたい（代入と比較）

基本型 | 参照型

関　連	007　変数を利用したい　P.014 036　条件によって処理を分岐したい　P.064
利 用 例	配列やオブジェクトを代入／比較する場合

JavaScriptのデータ型は、表2.3のように基本型と参照型とに分類できます。

表2.3 JavaScriptのデータ型

分類	データ型	概要
基本型	数値型（number）	$\pm 4.94065645841246544 \times 10^{-324}$ $\sim\pm 1.79769313486231570 \times 10^{308}$
	文字列型（string）	クォートで囲まれた0個以上の文字
	真偽型（boolean）	true（真）／false（偽）
	シンボル型（symbol） ES2015	シンボルを表す レシピ017
	特殊型（null／ undefined）	値が定義されていない、存在しないことを表す
参照型	配列（array）	データの集合（各要素はインデックス番号で取得）
	オブジェクト（object）	データの集合（各要素は名前で取得）
	関数（function）	連なった処理のかたまり

両者の違いは「値を変数に格納する方法」です（図2.1）。まず、基本型は値そのものを変数に格納します。対して、参照型では、値を実際に格納しているメモリ上のアドレス（＝参照値）を変数に格納します。

図2.1 基本型と参照型

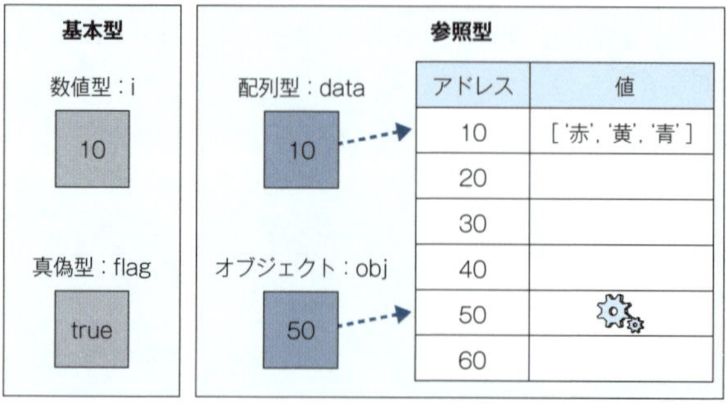

基本型
数値型：i
10
真偽型：flag
true

参照型
配列型：data
10
オブジェクト：obj
50

アドレス	値
10	['赤', '黄', '青']
20	
30	
40	
50	
60	

その特性上、基本型と参照型とでは、以下のような違いが発生します。

「=」演算子による代入の挙動

以下は、基本型／参照型の変数を「=」演算子で、別の変数に代入する例です。

●refer_set.js

```
let i = 10;
let j = i;                                                   ❶
i = 15;
console.log(j);     // 結果：10

let m = ['赤', '黄', '青'];
let n = m;                                                   ❷
m[2] = '緑';
console.log(n);     // 結果：["赤", "黄", "緑"]
```

まず、基本型の代入は直感的です（❶）。基本型の値は変数にそのまま格納されるので、変数iからjに代入する際にも、値がコピーされるだけです（このような値の渡し方を**値による代入**と言います）。よって、コピー元の値が変更されたとしても（この場合は変数i）、コピー先となる変数jに影響が及ぶことはありません。

一方、参照型では変数に格納されているのはアドレスです（❷）。そのため、代入によってもコピーされるのはアドレス（格納先）の情報だけで、参照している値そのものがコピーされるわけではありません。代入元と代入先とで、結果的に同じ値を参照するということです。結果、代入元の変数mを変更すると、代入先の変数nにも影響が及ぶことになります。このような値の渡し方を**参照による代入**と言います。

「==」演算子による比較の挙動

以下は、基本型／参照型の変数を「==」演算子で、互いに比較する例です。

●refer_compare.js

```
let i = 10;
let j = 10;
console.log(i == j);     // 結果：true                        ❶

let m = ['赤', '黄', '青'];
let n = ['赤', '黄', '青'];
console.log(m == n);     // 結果：false                       ❷
```

考え方は先ほどと同じです。基本型（❶）では、値同士を単純に比較するのに対して、参照型（❷）では参照値（メモリー上のアドレス）を比較します。そのため、見かけ上等しいように見えても、それぞれが異なるオブジェクトであれば「==」演算子はfalseを返します。

参照型を定数に代入すると……

定数を「変更できない」と理解していると、思わぬ落とし穴にはまることがあります。なぜなら、定数の本質は「再代入できない」だからです。

まず、基本型の例から見てみます。

●const_assign.js

```
const tax = 1.08;
tax = 1.1;     // エラー
```

こちらはなんら問題ありません。基本型では、値を変更することは、すなわち再代入することだからです。const制約によって、上のコードはエラーとなります。

しかし、参照型の場合は事情が変化します。

●const_assign.js

```
const data = ['JavaScript', 'CoffeeScript', 'TypeScript'];
data = ['Vue.js', 'TypeScript', 'ECMAScript']; ――❶
data[0] = 'JS'; ――❷
```

❶は配列そのものの再代入なのでエラーですが、❷はそのまま動作します。元の配列はそのままに、その内容だけを書き換えているからです（図2.2）。変数の内容（参照）は変化していないので、const違反とは見なされないのです。

参照型の定数は必ずしも変更できないわけではないことを理解しておきましょう。

図2.2 参照型の定数

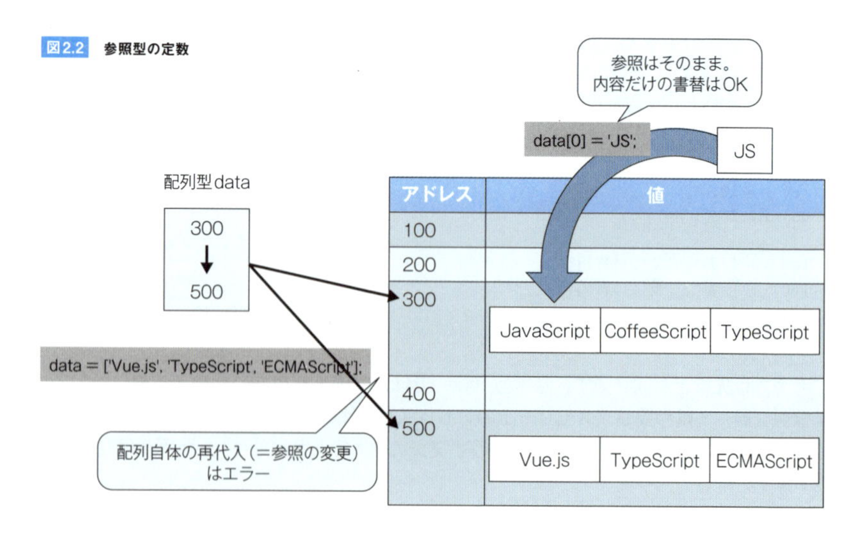

028 配列の内容を別々の変数に代入したい

分割代入 ES2015

関連	126 関数から複数の値を返したい P.204
利用例	戻り値から渡された配列を個々の変数に分割したい場合

分割代入構文を利用することで、配列を分解し、配下の要素を個々の変数に分解することが可能です。

●destruct.js

```
let data = [85, 625, 124, 830, 227];
let [x0, x1, x2, x3, x4] = data;
console.log(x0);     // 結果：85
...中略...
console.log(x4);     // 結果：227
```

これで配列要素が個々のx0、x1...に割り当てられます。代入先の変数もまた、ブラケットでくくっている点に注目です。

配列要素と、代入先の変数は1：1でなくともかまいません。

●destruct2.js

```
let data = [85, 625, 124, 830, 227];
let [x0, x1, x2] = data;                    ❶
let [y0, y1, y2, y3, y4, y5] = data;        ❷

console.log(x0);     // 結果：85
console.log(x1);     // 結果：625
console.log(x2);     // 結果：124
console.log(y0);     // 結果：85
...中略...
console.log(y4);     // 結果：227
console.log(y5);     // 結果：undefined
```

配列サイズよりも変数の個数が少ない場合（❶）は、残りの要素は無視されますし、変数の個数が多い場合（❷）、値の割り当てられない変数はundefinedとなります。

「...」演算子で残りの要素をまとめる

「...」演算子を利用することで、分割しきれなかった残りの要素をまとめて部分配列として切り出すこともできます。

●destruct_rest.js

```
let data = [85, 625, 124, 830, 227];
let [x0, x1, x2, ...last] = data;
console.log(x0);      // 結果：85
console.log(x1);      // 結果：625
console.log(x2);      // 結果：124
console.log(last);    // 結果：[830, 227]
```

「...」（太字）を省いた場合、変数lastには「830」だけがセットされ、以降の要素（227）は無視されます。

変数のスワップ

分割代入を利用すれば、2個の変数の内容を入れ替える（スワップする）ことも簡単に表現できます。

●destruct_swap.js

```
let x = 111;
let y = 999;
[x, y] = [y, x];
console.log(x, y);    // 結果：999 111
```

ちなみに、ES2015より前では、以下のように値を一時変数に退避させなければなりません。

```
var x = 111;
var y = 999;
var tmp = x;
x = y;
y = tmp;
console.log(x, y);    // 結果：999 111
```

分割代入を利用することで、その他にも、名前付き引数 レシピ121、関数の複数戻り値 レシピ126 なども表現できます。

029 オブジェクトの内容を別々の変数に分割代入したい

分割代入

ES2015

関連	121 名前付き引数を受け取りたい P.196 122 引数のオブジェクトから特定のプロパティだけを取り出したい P.198

利用例	引数／戻り値から渡された配列を個々の変数に分割したい場合

分割代入は、オブジェクトでも利用できます。

●destruct_obj.js

```
let member = { mid: 'y001', name: '山田太郎', age: 40 };
let { age, name, birth } = member;

console.log(name);      // 結果：山田太郎
console.log(age);       // 結果：40
console.log(birth);     // 結果：undefined
```

オブジェクトでは、代入先の変数も（ブラケットではなく）{...}でくくります。変数の並び順は、プロパティの定義順と違っていてもかまいませんが、名前そのものは一致していなければなりません。

配列の分割代入と同じく、変数とプロパティは1：1でなくてもかまいません（変数に対応するプロパティがなければ、undefinedになるだけです）。

既定値を準備する

目的のプロパティが存在しなかった場合に備えて、「*変数* = *既定値*」の形式で既定値を用意しておくこともできます。以下の例であれば、nicknameプロパティが存在しないので、対応する変数nicknameには既定値「やまちゃん」がセットされます。

●destruct_default.js

```
let member = { mid: 'y001', name: '山田太郎', age: 40 };
let { age, name, nickname = 'やまちゃん' } = member;

console.log(nickname);     // 結果：やまちゃん
```

「...」演算子で残りの要素をまとめる ES2018 IE× Edge×

配列と同じく、「...」演算子を利用することで、分割しきれなかった残りの要素をまとめて部分オブジェクトとして切り出すこともできます。

●destruct_rest_obj.js

```
let member = { mid: 'y001', name: '山田太郎', age: 40 };
let { mid, ...other } = member;
console.log(mid);       // 結果：y001
console.log(other);     // 結果：{name: "山田太郎", age: 40}
```

「...」（太字）を省いた場合、変数otherは（対応するプロパティがないので）undefinedとなります。

変数に別名を付ける

「*変数名: 別名*」の形式で、元のプロパティと異なる名前の変数に値を割り当てることもできます。以下であれば、name／ageプロパティは、それぞれ変数author／oldに代入されます。

●destruct_alias.js

```
let member = { mid: 'y001', name: '山田太郎', age: 40 };
let { name: author, age: old } = member;

console.log(author);     // 結果：山田太郎
console.log(old);        // 結果：40
```

入れ子となったオブジェクトを展開する

入れ子のオブジェクトから値を取り出すこともできます。これには、入れ子関係がわかるように、代入先の変数も{...}で入れ子を表すようにします。

●destruct_nest.js

```
let member = {
  mid: 'y001', name: '山田太郎', age: 40,
  other: { company: 'WINGS', photo: 'y001.jpg' }
};
let { name, other, other: { company } } = member;

console.log(name);        // 結果：山田太郎
console.log(other);       // 結果：{company: "WINGS", photo: "y001.jpg"}
console.log(company);     // 結果：WINGS
```

NOTE

宣言と代入を分離した場合に注意

本文では、変数宣言と分割代入とをまとめて表していますが、双方を切り離してもかまいません。

```
let mid, name, age;
({ mid, name, age = 40 } = member);
```

ただし、オブジェクトの場合には、代入文全体を丸カッコでくくらなければならない点に注意してください。というのも、そのままでは左辺の{...}がブロックと誤認識されてしまうからです。

MEMO

030 左辺と右辺の値を比較したい

比較演算子

関　連	031 ==、===の違いを知りたい P.057 036 条件によって処理を分岐したい P.064
利用例	2つの値の大小、等価を確認したい場合

比較演算子を利用します（表2.4）。比較演算子は、左辺と右辺を所定のルールで比較し、その結果をtrue／falseとして返します。

表2.4 主な比較演算子

演算子	概要	例
==	左辺と右辺の値が等しい場合はtrue	`3 == 3　// 結果：true`
!=	左辺と右辺の値が等しくない場合はtrue	`3 != 4　// 結果：true`
<	左辺が右辺より小さい場合はtrue	`3 < 5　// 結果：true`
<=	左辺が右辺以下の場合はtrue	`3 <= 3　// 結果：true`
>	左辺が右辺より大きい場合はtrue	`6 > 3　// 結果：true`
>=	左辺が右辺以上の場合はtrue	`7 >= 3　// 結果：true`
===	左辺と右辺の値が等しくてデータ型も同じ場合はtrue	`3 === 3　// 結果：true`
!==	左辺と右辺の値が等しくない場合、もしくはデータ型が異なる場合はtrue	`3 !== 3　// 結果：false`
?:	「条件式 ? 式1 : 式2」。条件式がtrueの場合は式1を、falseの場合は式2を返す	`(1===1) ? true : false　// 結果：true`

条件分岐、繰り返し構文などと合わせて利用するのが一般的です。

031 ==、===の違いを知りたい

比較演算子

関　連	036 条件によって処理を分岐したい P.064
利用例	値の一致／不一致を確認する場合

大ざっぱに言うならば、「==」演算子は比較する値同士を「なんとか等しいと見なせないか」、JavaScriptがあれこれ世話を焼いてくれる演算子です。具体的には、オペランドが（たとえば）文字列と数値である場合にも、内部的にデータ型を変換して比較してくれます。よって、以下の比較式はいずれもtrueとなります。

●equal.js

```
console.log(true == 1); ―――― ❶
console.log('1.414E3' == 1414); ―――― ❷
console.log('0x10' == 16); ―――― ❸
```

論理型／文字列型／数値型が混在している場合は、それぞれが数値に変換されたうえで比較されます。true／falseであれば1／0に（❶）、1.414E3、0x10のような文字列はそれぞれ指数表現、16進数表現として数値に（❷❸）、それぞれ変換されるのです。

ただし、このような自動変換が余計なお世話になる場合があります。先ほどの❷❸にせよ、E、xが意味を持たないアルファベットであったとしたら、「==」演算子が勝手に変換してしまうのは不都合です。一般的なアプリでは、「==」演算子の寛容さはかえって「余計なお世話」になる場合が多いので、原則として「==」演算子は**利用してはいけません**。

代わりに利用するのが「===」演算子です。「===」演算子はデータ型を勝手に変換しないという他は、「==」演算子と同じく動作します。そのため、以下の結果はいずれもfalseとなります。

●equal_strict.js

```
console.log(true === 1);
console.log('1.414E3' === 1414);
console.log('0x10' === 16);
```

ただし、「===」演算子では「'100'」と「100」のように、人間の目には一見して同じに見える値も異なるものと見なされてしまうので注意してください。「===」演算子で

の比較に際しては、オペランドを意図したデータ型に明示的に変換する必要があります。

```
console.log('100' === 100);          // 結果：false（型が不揃い）
console.log(Number('100') === 100);  // 結果：true（型が一致）
```

同じく、「!=」演算子に対応した「!==」演算子もあります。

NOTE

falsyな値

if／whileなど条件式を要求する制御構文においては「if (flag == true)」とする代わりに「if (flag)」、「if (flag == false)」とする代わりに「if (!flag)」とする書き方がよく用いられます。条件式の文脈では、変数（ここではflag）が暗黙的にboolean値に変換されるため、true／falseとさらに比較するのは無駄なことです。

以下に、暗黙的な型変換でfalseと見なされる値をまとめます。

- 空文字列（''）
- 数値0、NaN
- null／undefined

それ以外の値はすべてtrueと見なされます。

032 条件によって値が変化する式を表現したい

条件演算子

関連	030 左辺と右辺の値を比較したい P.056 036 条件によって処理を分岐したい P.064
利用例	条件に応じて値を切り替えたい場合

条件演算子（?:）を利用することで、条件式のtrue／falseに応じて値を切り替えることができます。

構文 条件演算子

```
cond ? t_exp : f_exp
```

cond 条件式
t_exp 条件式がtrueの時の値
f_exp 条件式がfalseの時の値

たとえば以下は、変数pointが70以上の場合に「Clear！」、さもなければ「Failed...」というメッセージを表示する例です。

●condition.js

```
let point = 75;
console.log((point >= 70) ? 'Clear！' : 'Failed...');    // 結果：Clear！
```

同じことはif命令 レシピ036 でも表現できますが、単に条件式に応じて値を振り分けたいという場合には、条件演算子のほうがシンプルにコードを記述できます。

NOTE

三項演算子

演算子は、オペランドの個数によって**単項演算子**、**二項演算子**、**三項演算子**と分類できます。ほとんどの演算子は、「2 + 3」のように演算子の前後にオペランドを指定する二項演算子です。逆に、三項演算子は条件演算子だけです。

単項演算子は「++」「--」「!」などです。「-」のように用途によって単項／二項演算子となるものもあります（「-1」は単項演算子ですが、「2 - 1」は二項演算子です）。

033 論理演算を行いたい

論理演算子

関　連	036 条件によって処理を分岐したい P.064
利用例	より複雑な条件を組み立てたい場合

論理演算子を利用します（表2.5）。

表2.5 主な論理演算子

<table>
<tr><th>演算子</th><th>概要</th><th>例</th></tr>
<tr><td>&&</td><td>左右の式が共にtrueの場合はtrue</td><td><code>50 === 50 && 100 === 100　// 結果：true</code></td></tr>
<tr><td>||</td><td>左右の式のどちらかがtrueの場合はtrue</td><td><code>50 === 50 || 100 === 500　// 結果：true</code></td></tr>
<tr><td>!</td><td>式がfalseの場合はtrue</td><td><code>!(50 > 100)　// 結果：true</code></td></tr>
</table>

論理演算子の結果は、左式／右式の論理値によって変化します。表2.6に対応関係をまとめておきます。

表2.6 論理演算子の結果

<table>
<tr><th>左式</th><th>右式</th><th>&&</th><th>||</th></tr>
<tr><td>true</td><td>true</td><td>true</td><td>true</td></tr>
<tr><td>true</td><td>false</td><td>false</td><td>true</td></tr>
<tr><td>false</td><td>true</td><td>false</td><td>true</td></tr>
<tr><td>false</td><td>false</td><td>false</td><td>false</td></tr>
</table>

左式／右式は必ずしもboolean型の値（true／false）でなくてもかまいません。非boolean型の場合、論理演算子は値をboolean型に変換したうえで判定するからです。falsyな値（＝falseのような値）については、レシピ031も参照してください。

034 論理演算で式が無視される場合を知りたい

論理演算子 | ショートカット演算

関 連	007 変数を利用したい P.014 036 条件によって処理を分岐したい P.064
利用例	値の既定値をセットする場合

&&／||演算子を利用する場合、「左式だけが評価されて、右式が評価されない」場合があります。たとえば||演算子であれば、左式がtrueであれば、右式がtrue／falseであるとに関わらず、式全体はtrueとなります。よって、左式がtrueである時点で、右式は評価されません（&&演算子も同様で、左式がfalseの場合は右式は評価されません）。これを**ショートカット演算**と言います（図2.3）。

図2.3 ショートカット演算

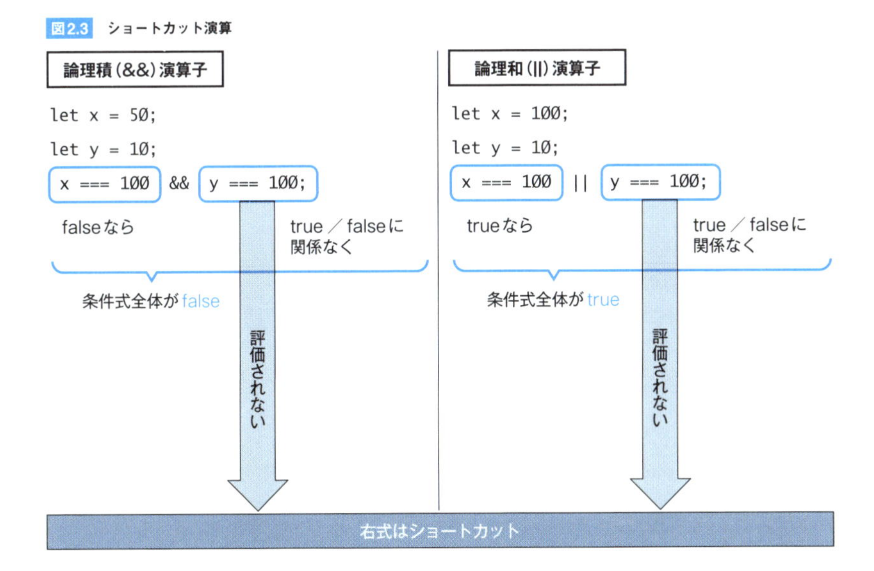

ショートカット演算を利用することで、たとえば以下のようなコードが可能になります。

●logic.js

```
let name = '';
name = name || '権兵衛';
console.log(name);     // 結果：権兵衛
```

変数nameがundefined（未定義）、0、空文字列などの場合（正確にはfalsyな値のとき）に、既定値として「権兵衛」をセットします。

NOTE

0、空文字列に意味がある場合に注意

ただし、0、空文字列などfalsyな値に意味がある場合には、上のイディオムは利用できません。0、空文字列が既定値（ここでは「権兵衛」）によって上書きされてしまうからです。

そのようなケースでは条件演算子を利用してください。

```
name = (name === undefined ? '権兵衛' : name);
```

これによって、変数nameがundefined（未定義）である場合にのみ、変数nameに既定値「権兵衛」をセットします。

ショートカット演算の利用は限定すべき

ただし、ショートカット演算の利用は、主にコードの意図が不明瞭になりやすいという点から、濫用すべきではありません。たとえば以下のコードは、意味的には等価ですが、分岐の趣旨が不明瞭という意味で、後者はお勧めしません。

●shortcut.js

```
if (i === 1) { console.log('変数iは1です。'); }    // ○ 分岐の意図が明瞭
-------------------------------------------------------------------
i === 1 && console.log('変数iは1です。');          // △ 分岐の意図が不明瞭
```

035 ビット演算を行いたい

ビット演算子

関連	026 値を演算した結果を変数に代入したい P.047
利用例	ビット単位に論理演算を行いたい場合

ビット演算子を利用します（表2.7）。

表2.7 主なビット演算子

演算子	概要	例
&	左式と右式の両方にセットされているビット	10 & 13 ➡ 1010 & 1101 ➡ 1000 ➡ 8
|	左式と右式のどちらかにセットされているビット	10 | 13 ➡ 1010 | 1101 ➡ 1111 ➡ 15
^	左式と右式のどちらかにセットされていて、かつ、両方にセットされていないビット	10 ^ 13 ➡ 1010 ^ 1101 ➡ 0111 ➡ 7
~	ビットを反転	~10 ➡ ~1010 ➡ 0101 ➡ -11
<<	ビットを左にシフト	10 << 2 ➡ 1010 << 2 ➡ 101000 ➡ 40
>>	ビットを右にシフト（符号を維持）	10 >> 1 ➡ 1010 >> 1 ➡ 0101 ➡ 5
>>>	ビットを右にシフト、かつ、左端を0で埋める	10 >>> 2 ➡ 1010 >>> 2 ➡ 0010 ➡ 2

「>>」「>>>」の違いは、最上位のビット（符号ビット）を維持するかどうかです。その性質上、前者は演算の前後で符号は変化しませんが、後者は常に正数を返します。「>>」を**算術シフト**、「>>>」を**論理シフト**とも呼びます

```
-5 (11111111111111111111111111111011)
-5 >> 2    ← -2 (11111111111111111111111111111110)
-5 >>> 2   ← 1073741822 (00111111111111111111111111111110)
```

NOTE

符号付き32ビット整数

ビット演算では、オペランドは符号付きの32ビット整数として処理されます（表内は先頭の連続する0を省略して表記しています）。また、負数は2の補数で表されます。**2の補数**では、「ビットを反転させて1を加えたものが、その絶対値となる」というルールがあります。最上位のビットは符号ビットです（1であれば負数）。

たとえば、「11111111111111111111111111111011」であれば、反転した「00000000000000000000000000000100」に1を加えたものが5（10進数）なので、元の値は-5ということになります。

036 条件によって処理を分岐したい

if...else if...else

関　連	037　変数の値によって処理を振り分けたい　P.067
利用例	入力値やその他の環境によって処理を分岐する場合

if...else if...else命令を利用します。与えられた条件式の真偽に応じて、実行すべき処理を分岐します。「もし～ならば、...しなさい」という意味です。

構文 **if...else if...else命令**

```
if (condition1) {
  ...statements1...
} else if (condition2) {
  ...statements2...
}
...
} else {
  ...statementsN...
}
```

condition1、2	条件式
statements1、2	条件式1、2がtrueの場合に実行する処理
statementsN	いずれの条件式もfalseの場合に実行する処理

たとえば以下は、変数point（点数）の値が80点以上、60～80点、60点未満である場合のそれぞれで、表示するメッセージを分岐する例です。

● **if.js**

```
let point = 85;

if (point >= 80) {
  console.log('合格です！');
} else if (point >= 60) {
  console.log('あともう少し');
} else {
  console.log('出直しましょう');
}    // 結果：「合格です！」
```

条件式は上から順に評価されます。よって、太字の条件式に到達するには「point < 80」

であることが前提となります。条件式を「point >= 60 && point < 80」のようにしなくて良いのは、そのためです。

その性質上、if命令で複数の条件式を列挙する場合は、範囲の狭いものから順に列挙するようにしてください（たとえば「point >= 60」→「point >= 80」の順にした場合、サンプルは正しく動作しません）。

else if、else句は省略可能

不要であれば、else if、else句は省略してもかまいません。

●if2.js

```
if (point >= 80) {
  console.log('合格です！');
}
```

中カッコは省略可能（でも、すべきではない）

ブロック配下の文が1つである場合、{...}は省略可能です。たとえば、先ほどのif.jsは以下のように書き換えても間違いではありません。

●if_ex.js

```
if (point >= 80)
  console.log('合格です！');
else if (point >= 60)
  console.log('あともう少し');
else
  console.log('出直しましょう');
```

ただし、このような記法はブロックの範囲が不明確になることから、お勧めしません。たとえば、以下のようなコードはバグの温床となります。

●if_bug.js

```
let math = 100;
let science = 90;

if (math === 100)
  if (science === 100) console.log('どちらも100点です！');
else
  console.log('数学は100点ではありません。');
```

インデントからは「変数math、scienceがどちらも100である場合」「変数mathが100でない場合」いずれかの条件に合致する際に、メッセージを表示するという意図のコードに見えます。よって、この場合であれば「何も表示しない」が期待の結果です。が、結果は「数学は100点ではありません。」。elseブロックが条件式「math === 100」ではなく、直近の条件式「science === 100」に対応しているのです。

結論を言ってしまうと、JavaScriptでは、

中カッコを省略した場合、elseブロックは直近のifブロックに対応している

と見なします。もっとも、これは一見してわかりにくい挙動であり、望ましい状態ではありませんので、避けるべきです。

以下に、意図したように改めたコードも示しておきます。

●if_bugfix.js

```
let math = 100;
let science = 90;

if (math === 100) {
  if (science === 100) {
    console.log('どちらも100点です！');
  }
} else {
  console.log('数学は100点ではありません。');
}
```

037 変数の値によって処理を振り分けたい

switch

関連	036 条件によって処理を分岐したい P.064
利用例	処理の分岐がなんらかの式の値によって決まる場合

switch命令を利用します。switch命令では、まず先頭の式を評価し、その値に合致するcase句へと処理を移動します。合致するcase句が見つからなかった場合には、default句に移動します。

構文 switch命令

```
switch (expression) {
  case value1:
    ...statements1...
  case value2:
    ...statements2...
  ...
  case valueN:
    ...statementsN...
  default:
    ...def_statements...
}
```

expression	式
value1、2...N	値
statements1、2...N	「式 = 値1、2...N」のときに実行する命令
def_statements	式が値1〜Nのいずれでもない場合に実行する命令

if命令でelse ifブロックを連ねても同じ分岐を表せますが、同一の変数に対する等価比較式を連綿と記述しなければならないのは冗長です。そのようなケースでは、switch命令で置き換えることを検討してください。

●switch.js

```
let blood = 'O';

switch (blood) {
  case 'A':                                   ❸
    console.log('A型です。');
    break;                                    ❷
  case 'B':
    console.log('B型です。');
    break;
```

switch

```
    case 'O':
      console.log('O型です。');
      break;
    case 'AB':
      console.log('AB型です。');
      break;
    default: ——————————————————— ❶
      console.log('不明です。');
      break;
  }    // 結果：O型です。
```

switch命令を利用する際には、以下の点に注意してください。

❶default句は省略しない

構文上はdefault句は省略可能ですが、そうすべきではありません。default句を明記することで、どのcase句にも合致しなかった場合の挙動を明確にできます。

❷case／default句の最後はbreak命令で終わる

if命令と異なり、switch命令では条件に合致したcase／default句に処理を移動する

図2.4 switch命令にはbreak命令が必須

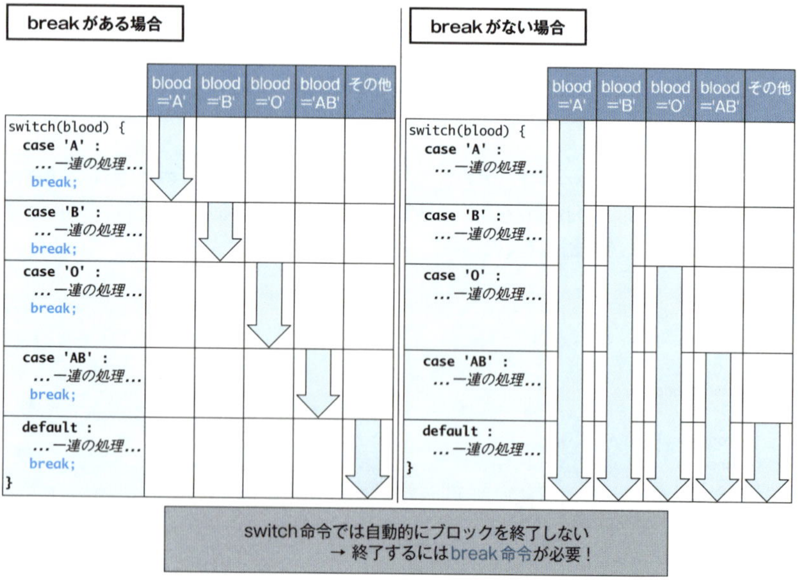

breakがある場合

blood='A' / blood='B' / blood='O' / blood='AB' / その他

```
switch(blood) {
  case 'A' :
    ...一連の処理...
    break;
  case 'B' :
    ...一連の処理...
    break;
  case 'O' :
    ...一連の処理...
    break;
  case 'AB' :
    ...一連の処理...
    break;
  default :
    ...一連の処理...
    break;
}
```

breakがない場合

blood='A' / blood='B' / blood='O' / blood='AB' / その他

```
switch(blood) {
  case 'A' :
    ...一連の処理...
  case 'B' :
    ...一連の処理...
  case 'O' :
    ...一連の処理...
  case 'AB' :
    ...一連の処理...
  default :
    ...一連の処理...
}
```

switch命令では自動的にブロックを終了しない
→ 終了するにはbreak命令が必要！

だけで、その句を抜けた後も、自動的にswitchブロックを終了しません（＝以降のcase句をそのまま継続して実行します)。そのため、句の最後では必ず、ブロックを抜けるためのbreak命令を明示的に呼び出さなければいけません（図2.4)。

❸式とcase値は「===」演算子で比較

switch命令の先頭の式と、caseブロックの値は、「===」演算子で比較されます（「==」演算子ではありません！)。よって、以下の例では「case 1」句は実行されません。

```
let i = '1';

switch(i) {
  case 1 :
    // この句は実行されない（'1'と1は異なるので）
  ...中略...
}
```

フォールスルーを認める例

break命令を省略して、複数のcase句を続けて実行することを**フォールスルー**と言います。フォールスルーはコードを読みにくくし、バグの温床となることから、原則として避けるべきです。ただし、空のcase句を連ねる、以下のようなケースは例外です。

● switch_fall.js

```
let grade = '1級';

switch (grade) {
  case '特級':
  case '1級':
  case '2級':
    console.log('上級者です。');
    break;
  case '3級':
  case '4級':
  case '5級':
    console.log('上級者ではありません。');
    break;
}   // 結果：上級者です。
```

これで「a、b、cいずれかの値に合致するcase句」を表現しているわけです。この例であれば、変数gradeが特級、1級、2級である場合は「上級者です。」を、3級、4級、5級である場合は「上級者ではありません。」を、それぞれ表示します。

038 条件によって処理を繰り返し実行したい

while | do...while

関連	039 指定の回数だけ処理を繰り返したい P.072
利用例	戻り値としてtrue／falseを返すメソッドがfalseになるまで処理を繰り返す場合

while／do...while命令を利用します。

構文 while命令／do...while命令

```
while(condition) {
  ...statements...
}
do {
  ...statements...
} while(condition);
```

condition 条件式
statements 条件式がtrueの間、繰り返す命令

いずれも条件式がtrueの間だけ、ブロックの内容を繰り返し処理します。

●while.js

```
let i = 2;

while (i < 5) {
  console.log('iは' + i);
  i++;
}    // 結果：「iは2」「iは3」「iは4」を順に出力
```

●do_while.js

```
let i = 2;

do {
  console.log('iは' + i);
  i++;
} while (i < 5);
    // 結果：「iは2」「iは3」「iは4」を順に出力
```

一見して、いずれも同じ挙動を示すように見えますが、条件式が最初からfalseの場合の結果が異なります。上の例であれば、太字部分を「let i = 5;」とした場合に、while命令は空の結果を返しますが、do...while命令は「iは5」を出力します。

これは、while命令が条件式を最初に評価するのに対して（**前置判定**）、do...while命令はブロックの最後で評価するためです（**後置判定**）。つまり、do...while命令は条件式の真偽に関わらず、必ず1回はブロックを実行する、ということです（図2.5）。

図2.5 whileとdo...whileの違い

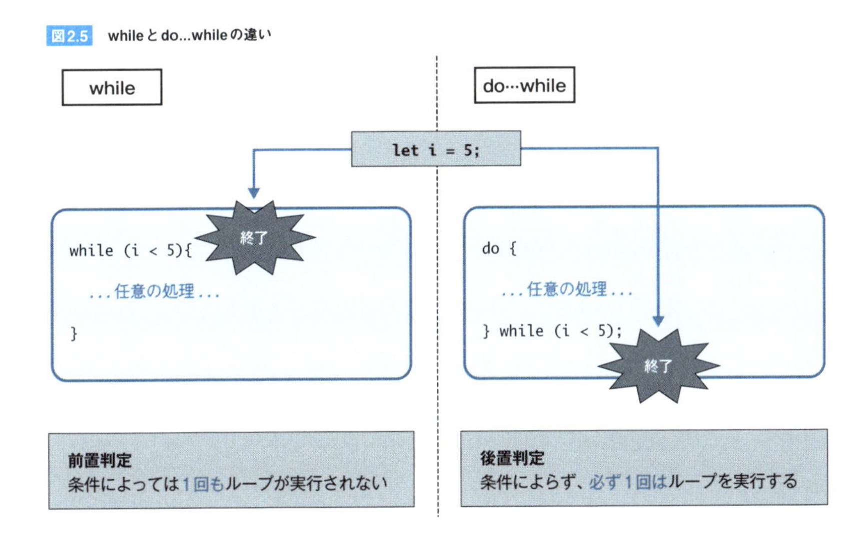

NOTE

無限ループ

永遠に終了条件がtrueにならない（=終了しない）ループのことを、**無限ループ**と言います。たとえば、while.jsから「i++;」を除去した場合、あるいは、「i--;」と書き換えた場合、いずれも条件式がfalseにならず、ループは無限に繰り返されます。

無限ループはブラウザーに負荷を与え、時として、フリーズさせる原因にもなります。ループを記述する際には、まず、終了条件を満たせるのかを確認してください。

039 指定の回数だけ処理を繰り返したい

for

関連	038 条件によって処理を繰り返し実行したい P.070 040 オブジェクトのプロパティを順に列挙したい P.073
利用例	配列の内容を順番に取り出し、処理する場合

for命令を利用します。

構文 **for命令**

```
for (initial; condition; expression) {
  ...statements...
}
```

initial	初期化式
condition	終了条件
expression	増減式
statements	繰り返すべき処理

レシピ038のように、変数をループごとにインクリメントするようなケースでは、変数の初期化、インクリメント、終了条件をまとめて管理できるので、よりコードがシンプルになります。以下は、レシピ038のwhile.jsをfor命令で書き換えた例です。

●**for.js**

```
for (let i = 2; i < 5; i++) {
  console.log('iは' + i);
}    // 結果：「iは2」「iは3」「iは4」を順に出力
```

初期化式は、forブロックに入る最初の1回だけ実行されます。一般的には、この例のように、ループで使用する変数を初期化します（このような変数を**カウンター変数**と言います）。

終了条件式はループの先頭で都度、評価されます。この式がfalseとなったところで、for命令はループを脱出します。

増減式は、ループが一度実行されるたびに実行され、一般的には、カウンター変数をインクリメント／デクリメントします。ここでは「i++」としているため、変数iは1ずつ増えていきますが、「i += 2」（2ずつ増やす）、「i--」（減らす）のような式も可能です。

040 オブジェクトのプロパティを順に列挙したい

for...in

関　連	039 指定の回数だけ処理を繰り返したい P.072
利用例	オブジェクト（ハッシュ）のキーを順番に取り出し、処理する場合

for...in命令を利用します。仮変数には、オブジェクトのプロパティ（キー）が順に格納され、for...inループの中で参照できます。

構文 for...in命令

```
for(variable in object) {
  ...statements...
}
```

variable	仮変数
object	オブジェクト
statements	ループで実行する命令

たとえば以下は、変数objのプロパティを順に出力する例です。

●for_in.js

```
let obj = { name: 'ソメイヨシノ', type: 'さくら', price: 2500 };

for (let i in obj) {
  console.log(i + 'は、' + obj[i]);
}
```

▼結果

```
nameは、ソメイヨシノ
typeは、さくら
priceは、2500
```

配列でfor...in命令は利用しない

以下は、配列の内容をfor...in命令で出力する例です。

●for_in_array.js

```
let data = ['JavaScript', 'CoffeeScript', 'TypeScript'];

for (let i in data) {
  console.log(data[i]);
}    // 結果：JavaScript、CoffeeScript、TypeScript
```

同じ結果を得られ、一見、正しく動作しているように見えます。しかし、以下のようなコードではどうでしょう。

●for_in_array_bug.js

```
let data = ['JavaScript', 'CoffeeScript', 'TypeScript'];
Array.prototype.hoge = function () { /* ... */ };

for (let i in data) {
  console.log(data[i]);
}    // 結果：JavaScript、CoffeeScript、TypeScript、function () { /* ... */ }を順に出力
```

プロトタイプで拡張されたメンバーまでもが列挙されてしまうのです。また、for...in命令では処理順も保証されません。

for...in命令を利用するのは、非配列のオブジェクトにとどめ、配列の列挙にはfor...of命令を利用してください。

041 配列などの内容を順に列挙したい

for...of　ES2015

関連	039 指定の回数だけ処理を繰り返したい P.072
利用例	配列など列挙可能なオブジェクトから値を取り出し、処理したい場合

for...of命令を利用します。

構文 for...of命令

```
for (variable of iterable) {
  ...statements...
}
```

variable　仮変数
iterable　列挙可能なオブジェクト
statements　ループで実行する命令

引数iterableの部分には、配列だけでなく、Arrayライクなオブジェクト（arguments／NodeListなど）、イテレーター／ジェネレーターも指定できます（これらを総称して**列挙可能なオブジェクト**とも言います）。

● for_of.js

```
let data = ['JavaScript', 'CoffeeScript', 'TypeScript'];
for (let value of data) {
  console.log(value);
}
```

▼結果

```
JavaScript
CoffeeScript
TypeScript
```

042 イテレーターの仕組みを理解したい

イテレーター　ES2015

関　連	041　配列などの内容を順に列挙したい　P.075 151　オブジェクトの内容をfor...of命令で列挙可能にしたい　P.249
利 用 例	for...of命令はオブジェクトをどのように処理しているのかを知りたい場合

イテレーターとは、自分自身の中身を列挙するための仕組みを備えたオブジェクトのことです。配列（Array）をはじめ、Set／Map、Stringなどのオブジェクトは、いずれも内部的にはイテレーターを備えているので、for...of命令で配下の要素を列挙できていたわけです（このようなオブジェクトのことを**列挙可能なオブジェクト**と呼びます）。

イテレーターの存在を意識するために、レシピ041 のfor_of.jsを原始的なコードで表現したのが以下です（本来、このようなコードを書く意味はないので、あくまでイテレーターの仕組みを理解するだけの例です）。

●for_iterator.js

```
let data = ['JavaScript', 'CoffeeScript', 'TypeScript'];
let itr = data[Symbol.iterator](); ―――――――――――――――――――― ❶
let d;
while (d = itr.next()) { ―――――――――――――――――――――――――― ❷
  if (d.done) { break; }
  console.log(d.done);     // 結果：false、false、false
  console.log(d.value)     // 結果：JavaScript、CoffeeScript、TypeScript
}
```

[Symbol.iterator]メソッドは、配列が保持するイテレーター（iteratorオブジェクト）を返します（❶）。イテレーターは、配列の次の要素を取得するためのnextメソッドを持ちます（❷）。ただし、nextメソッドの戻り値は要素値そのものではなく、表2.8のようなプロパティを備えたオブジェクトです。

表2.8　nextメソッドが返すオブジェクトのメンバー

プロパティ	概要
done	イテレーターの末尾に到達したか
value	要素の値

この例であれば、doneプロパティがtrueを返したところでループを抜けることで、配列の内容をすべて走査しているわけです。このように、for...of命令とは「イテレーターを取得し、doneプロパティで末尾を判定しながら、valueプロパティで値を取り出す」という操作をまとめて賄ってくれるシンタックスシュガーであったわけです。

NOTE

[Symbol.iterator]の意味

Symbol.iteratorはオブジェクト既定のイテレーターを特定するためのシンボルです。これを[...]でくくっているのはComputed property names レシピ161の構文で、Symbol.iteratorが表すシンボルをキーに、配列（Array）オブジェクトのメンバーにアクセスしなさい、という意味です。

いわゆる「data.Symbol.iterator」ではないので、混同しないようにしてください。

MEMO

043 ループを途中で中断／スキップしたい

break | continue

関連	038 条件によって処理を繰り返し実行したい P.070 039 指定の回数だけ処理を繰り返したい P.072
利用例	終了条件を満たす前にループを脱出する場合／特定の条件でループをスキップする場合

まず、現在のループを完全に脱出するには、break命令を利用します。たとえば以下は、配列dataの内容を順番に出力する例です。ただし、途中で空文字列を見つけたところで、ループを終了します。

●break.js

```
let data = ['計量', 'こねる', 'まるめる', '', 'ガス抜き', '成形', '', '焼く'];

for (let i = 0; i < data.length; i++) {
  if (data[i] === '') { break; }
  console.log(data[i]);
}    // 結果：「計量」「こねる」「まるめる」を順に出力
```

一方、ループを完全に抜けてしまうのではなく、現在のループだけをスキップするならばcontinue命令を利用します。たとえば以下は、配列dataの内容を順に出力する例です。ただし、空文字列はスキップします。

●continue.js

```
let data = ['計量', 'こねる', 'まるめる', '', 'ガス抜き', '成形', '', '焼く'];

for (let i = 0; i < data.length; i++) {
  if (data[i] === '') { continue; }
  console.log(data[i]);
}    // 結果：「計量」「こねる」「まるめる」「ガス抜き」「成形」「焼く」を順に出力
```

複数の階層をまとめて脱出／スキップする

break／continue命令は、既定で現在のループを脱出／スキップします。入れ子になったループをまとめて脱出／スキップしたいという場合には、ラベル構文を利用してください。

たとえば以下は、二次元配列の内容を出力する例です。途中で「からあげ」を含むキーワードが見つかったところで、ループを完全に脱出します。

●break_label.js

```
let data = [
  ['緑茶', 'コーヒー'],
  ['おにぎり', 'サンドイッチ'],
  ['肉じゃが', 'からあげ'],
  ['まんじゅう', 'ケーキ'],
];

nest:
for (let i = 0; i < data.length; i++) {
  for (let j = 0; j < data[i].length; j++) {
    if (data[i][j] === 'からあげ') { break nest; }
    console.log(data[i][j]);
  }
  console.log('---------------------');
}
```

▼結果

```
緑茶
コーヒー
---------------------
おにぎり
サンドイッチ
---------------------
肉じゃが
```

044 例外を処理したい

try | catch | finally

関　連	045 例外を投げたい P.082
利用例	例外が発生した場合にもアプリを停止しないよう、適切に処理したい場合

try...catch...finally命令を利用します。

構文 try...catch...finally命令

```
try {
  ...try_statements...
} catch(exception) {
  ...cacth_statements...
} finally {
  ...finally_statements...
}
```

try_statements	例外を起こすかもしれない命令（群）
exception	例外情報を受け取るための変数
cacth_statements	例外が発生した場合に実行する命令（群）
finally_statements	例外の有無に関わらず、最終的に実行される命令（群）

tryブロックで例外（エラー）が発生した場合、引数exceptionに例外情報が渡されたうえでcatchブロックが実行されます（図2.6）。もちろん、例外が発生しなかった場合にはcatchブロックは実行されません。finallyブロックは、例外の有無にかかわらず、try、（実行された場合には）catchのあとで実行される後処理を表します。

図2.6 例外処理

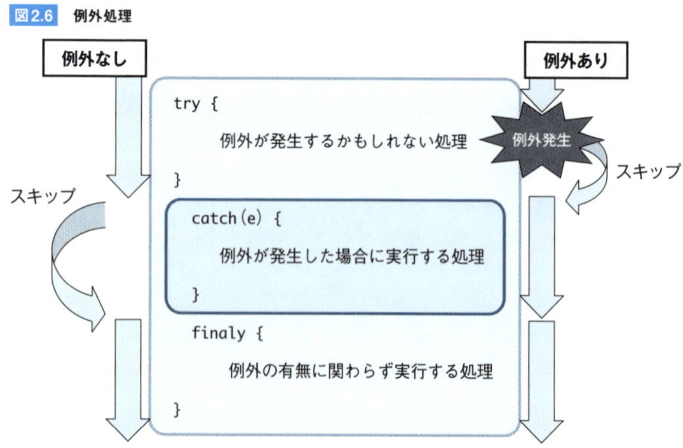

たとえば以下は、未宣言の変数を参照したときのエラーをtry...catchで処理する例です。

●try.js

```
try {
  console.log(data);     // 例外が発生する
} catch (ex) {
  console.log(ex.message);
} finally {
  console.log('コードが終了しました！');
}
```

▼結果

```
data is not defined
コードが終了しました！
```

catch／finallyは省略可能

catch／finally句はいずれかを省略可能で、以下のパターンで指定できます（tryだけ、という記述は意味もありませんし、構文的にも不可です）。

❶try...catch

❷try...finally

❸try...catch...finally

❶は後処理がないパターン、❷は処理すべき例外はないが、tryブロックでの処理の後始末だけは必要なパターンです。たとえば以下は、パターン❷の疑似コードです（以下の*xxxxx*Fileは、ファイルを操作することを想定した仮想的な関数です）。ファイルを読み書きしたら、finally句でファイルを閉じることで、例外の有無に関わらず、**確実に**ファイルを閉じることができます。

```
try {
  readFile(...);
  writeFile(...);
} finally {
  disposeFile(...);
}
```

045 例外を投げたい

throw

関　連	044　例外を処理したい　P.080
利用例	関数などで渡された引数が不正な値だったときに例外としたい場合

throw命令を利用します（throwで例外を発生させることを、例外を投げる、スローする、などと言います）。

構文 **throw命令**

```
throw exp
```

exp　投げるエラー情報

たとえば以下は、円の面積を求めるgetCircleArea関数で、引数radius（半径）に数値以外、または負数を渡した場合に、例外を投げる例です。

●throw.js

```
function getCircleArea(radius) {
  if (typeof (radius) !== 'number' || radius <= 0) {
    throw new TypeError('引数radiusは正の数値でなければいけません。');   ❶
  }
  return radius * radius * Math.PI;
}

try {
  console.log(getCircleArea(-3));
} catch (ex) {
  console.error(ex.message);
    // 結果：引数radiusは正の数値でなければいけません。   ❷
}
```

関数／メソッドで引数を受け取る場合には、最初に引数が意図した値であるかをチェックし、問題がある場合には例外を投げるのが基本です（❶）。ここではTypeErrorを投げていますが、その内容に応じて、表2.9の*Xxxxx*Errorオブジェクトも利用できます。

表2.9 主な*Xxxxx*Errorオブジェクト

オブジェクト	概要
Error	一般的なエラー
EvalError	eval関数に関連するエラー
RangeError	値が許容範囲外、値が配列内に存在しない場合のエラー
ReferenceError	未宣言の変数が参照された場合のエラー
SyntaxError	文法エラー
TypeError	値が期待した型でない場合のエラー
URIError	不正なURIである場合のエラー

もちろん、適切な*Xxxxx*Errorがない場合、Error（*Xxxxx*Error）を継承して新たなErrorオブジェクトを定義してもかまいません（たとえばファイルに関連するエラーであれば、FileErrorのようなオブジェクトを定義することになるでしょう）。

NOTE

throwは型を問わない

そもそもthrow命令で指定する値は、*Xxxxx*Errorオブジェクトでなくてもかまいません。たとえば文字列や数値など、任意の型を指定できます。ただし、エラーを型で明確に識別できるよう、まずはError、もしくはその派生オブジェクトを利用することをお勧めします。

スローした例外を捕捉しているのが、❷のcatchブロックです。*Xxxxx*Errorオブジェクトからは、表2.10のようなプロパティにアクセスできます。

表2.10 *Xxxxx*Errorオブジェクトの主なプロパティ

プロパティ	概要
name	エラー名
message	エラーメッセージ

例外によって処理を振り分ける

例外を*Xxxxx*Errorとして渡すようにすることで、例外の種類によって処理を振り分けることが可能になります。具体的には、以下のようにinstanceof演算子 レシピ150 を利用して、渡された例外の型を判別したうえで処理を行います。

```
} catch (ex) {
  if (ex instanceof TypeError) {
    // 例外がTypeErrorの場合にだけ処理
  }
}
```

COLUMN　ECMAScript仕様確定までの流れ

ECMAScriptでは、2015より前（ES5まで）と2015以降とで、大きく仕様確定までの流れが変化しています。

まずES2015より前は、すべての仕様がすべて合意されてからのリリースが基本でした。しかし、それでは特定の機能が合意されない場合、そのバージョン全体をリリースできなくなってしまいます。ES3からES5まで（ES4の放棄を経て）10年、ES5からES2015まで6年ものラグがあったのも、このためです。

そこでES2015以降では、Proposalsベースでの仕様策定プロセスを取り入れています。新しい機能は提案書（Proposals）としてまとめられ、議論も提案書単位で進みます。議論の進行具合を表すのが、Stageという概念です（表A）。

表A　仕様確定までのStage-*X*

Stage	概要
0	アイデア段階
1	提案段階。課題等を特定
2	ドラフト。構文などを具体化
3	仕様準拠。具体的な実装と、それに基づいたフィードバック
4	仕様確定

Stage-4に到った提案書はtc39/ecma262（https://tc39.github.io/ecma262/）としてまとめられ、毎年決まった時期（2015～18は6月でした）にリリースされます。このような仕組みによって、確定したものからリアルタイムに仕様を更新していけるわけです。

このような仕様のことを**Live Standard**と言います。ES20*XX*とは、実は、このLive Standardのスナップショットにすぎません。

PROGRAMMER'S RECIPE

第 03 章

組み込みオブジェクト［基本編］

046 小数点以下の数値を丸めたい

Math | ceil | floor | round | trunc

関連	047 任意の桁数で小数点数を丸めたい P.087
利用例	計算結果などを整数化する場合

Mathオブジェクトに、表3.1のようなメソッドが用意されています(図3.1)。

表3.1 数値丸めのためのメソッド

メソッド	概要
ceil(*num*)	小数点以下の切り上げ(引数num以上の最小の整数を取得)
floor(*num*)	小数点以下の切り捨て(引数num以下の最大の整数を取得)
round(*num*)	小数点以下の丸め(四捨五入)
trunc(*num*)	小数点部分の単純な切り捨て(整数部の切り出し) ES2015

図3.1 ceil/floor/truncの違い

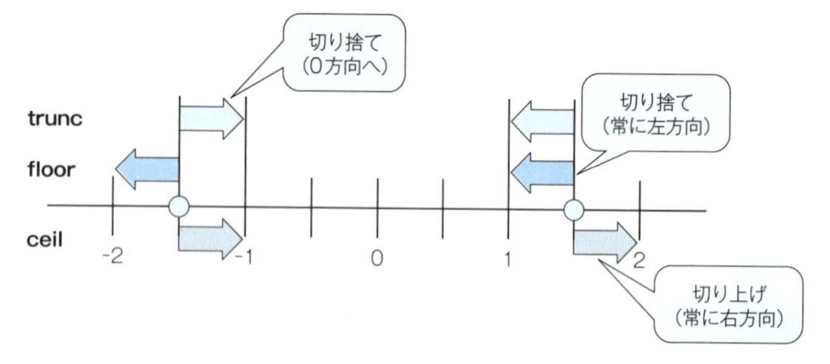

特に、負数の場合の結果に注目して、それぞれの例を確認してください。負数の処理では、ceil/floorよりもtruncの挙動が直観的となっていることがわかります。

●math_round.js

```
console.log(Math.ceil(4.56));     // 結果:5
console.log(Math.ceil(-4.56));    // 結果:-4
console.log(Math.floor(4.56));    // 結果:4
console.log(Math.floor(-4.56));   // 結果:-5
console.log(Math.round(4.56));    // 結果:5
console.log(Math.round(-4.56));   // 結果:-5
console.log(Math.trunc(4.56));    // 結果:4
console.log(Math.trunc(-4.56));   // 結果:-4
```

047 任意の桁数で小数点数を丸めたい

Number | toFixed | toPrecision

関　連	046 小数点以下の数値を丸めたい P.086
利用例	計算結果などを特定の桁数でそろえる場合

数値を整数にするのではなく、特定の桁位置を丸めたいという場合には、NumberオブジェクトのtoFixed／toPrecisionメソッドを利用します。toFixedメソッドは、小数点以下が指定された桁数になるように丸めを行うのに対して、toPrecisionメソッドは、数値全体が指定された桁数になるように丸めます。

また、toFixed／toPrecisionメソッドはいずれも、指定の桁数に満たない場合は不足分をゼロで補います。

● number_to.js

```
let num = 123.456;
console.log(num.toFixed(2));          // 結果：123.46
console.log(num.toFixed(5));          // 結果：123.45600
console.log(num.toPrecision(5));      // 結果：123.46
console.log(num.toPrecision(8));      // 結果：123.45600
```

048 n進数を求めたい

Number | toString

関　連	013　数値型の値を表現したい　P.025
利用例	10進数の値を2、16進数に変換する場合

Numberオブジェクトのto Stringメソッドを基数付きで呼び出します。基数には2~36を指定できます。10を超えた場合には、各桁はa~zで表します（36は0~9、a~zで表せる最大の基数です）。

●number_tostring.js

```
let num = 255;
console.log(num.toString(2));     // 結果：11111111
console.log(num.toString(16));    // 結果：ff
console.log(num.toString(36));    // 結果：73
```

MEMO

049 乱数を求めたい

Math | random

関　連	047 任意の桁数で小数点数を丸めたい P.087
利用例	ゲームなどでランダムな結果を得る場合

Mathオブジェクトのrandomメソッドを利用します。

randomメソッドは0以上1未満の乱数を返します。よって、たとえばmin~maxの範囲の乱数を取得したいならば、以下のようにしてください。

●math_random.js

```
let min = 100;
let max = 200;
console.log(Math.floor(Math.random() * (max - min + 1)) + min);
    // 結果：108（実行のたびに異なります）
```

よく利用する1~100の値であれば、より簡単に、以下のようにも表せます（上限を変えたいならば、太字の部分を変更してください）。

```
console.log(Math.floor(Math.random() * 100) + 1);
    // 結果：45（実行のたびに異なります）
```

得られる結果は乱数なので、当然、実行のたびに異なります。

050 べき乗、平方根／立方根を求めたい

Math

関　連	013　数値型の値を表現したい　P.025
利用例	基本的な数学演算を実行する場合

べき乗、平方根／立方根を計算するには、Mathオブジェクトの表3.2のメソッドを利用します。

表3.2　べき乗、平方根／立方根のためのメソッド

メソッド	概要
pow(*base*, *num*)	べき乗（baseのnum乗）
sqrt(*num*)	平方根
cbrt(*num*)	立方根 ES2015

べき乗については、ES2016以降では「**」演算子を利用してもかまいません。平方根も「**」演算子で「** 0.5」のように表現できます。

●math_pow.js

```
console.log(Math.pow(2, 3));     // 結果：8
console.log(2 ** 3);             // 結果：8
console.log(Math.sqrt(36));      // 結果：6
console.log(36 ** 0.5);          // 結果：6
console.log(Math.cbrt(64));      // 結果：4
```

051 絶対値／三角関数／対数などの数学演算を実行したい

Math

関連	013 数値型の値を表現したい P.025
利用例	基本的な数学演算を実行する場合

Mathオブジェクトでは、絶対値、三角関数、対数をはじめ、基本的な数学演算のためのメソッドを提供しています。表3.3に主なメソッドの構文と例をまとめます（配布サンプルでは、math_other.htmlからアクセスしてください）。

表3.3 Mathオブジェクトの主なメソッド（※は読み取り専用）

分類	メソッド	概要	利用例	結果
基本	abs(*num*)	絶対値	Math.abs(-10)	10
	min(*num1*, *num2*)	num1、num2のうち、小さいほうの値	Math.min(10, 20)	10
	max(*num1*, *num2*)	num1、num2のうち、大きいほうの値	Math.max(10, 20)	20
	sign(*num*)	指定された値が正数の場合は1、負数の場合は-1、0の場合は0 ES2015	Math.sign(10)	1
三角関数	PI※	円周率	Math.PI	3.141592653589793
	cos(*num*)	コサイン	Math.cos(1)	0.5403023058681398
	sin(*num*)	サイン	Math.sin(1)	0.8414709848078965
	tan(*num*)	タンジェント	Math.tan(1)	1.5574077246549023
	acos(*num*)	アークコサイン	Math.acos(1)	0
	asin(*num*)	アークサイン	Math.asin(1)	1.5707963267948966
	atan(*num*)	アークタンジェント	Math.atan(1)	0.7853981633974483
	atan2(*y*, *x*)	2変数のアークタンジェント	Math.atan2(1, 2)	0.4636476090008061
対数／指数関数	E※	自然対数の底	Math.E	2.718281828459045
	LN2※	2の自然対数	Math.LN2	0.6931471805599453
	LN10※	10の自然対数	Math.LN10	2.302585092994046
	LOG2E※	2を底としたeの対数	Math.LOG2E	1.4426950408889634
	LOG10E※	10を底としたeの対数	Math.LOG10E	0.4342944819032518
	log(*num*)	自然対数	Math.log(3)	1.0986122886681096
	exp(*num*)	指数関数（eの累乗）	Math.exp(2)	7.38905609893065
	expm1(*num*)	指数関数（e^{num}-1） ES2015	Math.expm1(2)	6.38905609893065

Math

052 文字列の長さを取得したい

String | length

関連	009 文字列を出力したい P.020
利用例	文字列の長さをカウントする場合

lengthプロパティを利用します。

● string_length.js

```
let song1 = 'ともだち賛歌';
let song2 = '叱られて';
console.log(song1.length);    // 結果：6
console.log(song2.length);    // 結果：5 ——— ❶
```

日本語（マルチバイト文字）も、基本的には1文字として認識されます。ただし、例外がある点に注意してください。

たとえば❶のようなケースです。見た目の文字数は4文字ですが、lengthプロパティの戻り値は5——1文字増えています。

これは「叱」という文字が**サロゲートペア**という特殊な文字であることから生じる問題です。Unicodeではほとんどの文字を1文字2byteで表現します。しかし、サロゲートペアは例外的に1文字4byteで表しており、これをJavaScriptでは2文字と見なしてしまうのです。

そこでサロゲートペアを含んだ文字列を正確にカウントするには、以下のようなコードを記述する必要があります。

● string_length2.js

```
let str = '叱られて';
let len = str.length;
let snum = str.split(\[\uD800-\uDBFF][\uDC00-\uDFFF]/g).length - 1;
console.log(len - snum);    // 結果：4
```

[\uD800-\uDBFF]、[\uDC00-\uDFFF]は、それぞれサロゲートペアを構成する上位／下位サロゲートを表します。これに合致する文字で文字列を区切ることで、サロゲートペアの個数を求めているのです。あとは、その値をlengthプロパティから引いてやることで、本来の文字数を求められます。

> **NOTE**
>
> **サロゲートペア**
>
> 2byteで表現できる文字数は65535文字です。しかし、Unicodeで扱う文字が増えるにつれて、これでは不足する状況が出てきました。そこで、一部の文字を4byteで表すことで、表現可能な文字数を拡張することになったのです。これがサロゲートペアの意味です。

スプレッド演算子 ES2015

ES2015以降の環境を前提とするならば、スプレッド演算子（...）を利用することもできます。

```
console.log([...'叱られて'].length);     // 結果：4
```

「...」演算子は、文字列を文字配列に分解します。この際、サロゲートペアも正しく1文字と認識してくれるので、あとはできた配列のlengthプロパティを参照することで文字数を求められます。

MEMO

053 大文字／小文字を変換したい

String | toLowerCase | toUpperCase

関　連	009　文字列を出力したい　P.020
利用例	アルファベットの比較に先立って、大文字／小文字をそろえる場合

toLowerCase／toUpperCaseメソッドを利用します。

●string_case.js

```
let str = 'WingsProject';
console.log(str.toLowerCase());    // 結果：wingsproject
console.log(str.toUpperCase());    // 結果：WINGSPROJECT
```

個別の地域にも対応したtoLocaleLowerCase／toLocaleUpperCaseメソッドもあります。

MEMO

054 文字列前後の空白を除去したい

String | trim

関連	009 文字列を出力したい P.020
利用例	文字列を比較する際に、不要な空白を除去する場合

009 文字列を出力したい P.020

trimメソッドを利用します。ここで言う空白には、半角スペースだけでなく、改行文字、タブ文字も含まれます。

●string_trim.js

```
let str = '\n□\tWings プロジェクトは、執筆コミュニティです。␣␣␣␣␣';
console.log('「' + str.trim() + '」');
    // 結果：「Wings プロジェクトは、執筆コミュニティです。」
```

※□／␣は、それぞれ全角／半角空白を表します。

全角空白については、本書の検証環境では除去されますが、ブラウザーの種類／バージョンによっては除去しないものもあるので、注意してください。

MEMO

055 文字列から部分文字列を取り出したい

String | substring | slice | substr | charAt

関連	056 特定の文字列を検索したい P.098
利用例	文字列から先頭の何文字かを取得する場合

Stringオブジェクトには、部分文字列を取り出すためのメソッドとして、表3.4のメソッドを用意しています。

表3.4 部分文字列を取得するためのメソッド（先頭文字を0文字目と数える）

メソッド	概要
substring(*start* [,*end*])	文字列からstart〜end-1文字目を取得
slice(*start* [,*end*])	文字列からstart〜end-1文字目を取得
substr(*start* [,*len*])	文字列のstart文字目からlen文字を取得
charAt(*n*)	文字列からn番目の文字を取得

図3.2 部分文字列を取得するメソッド

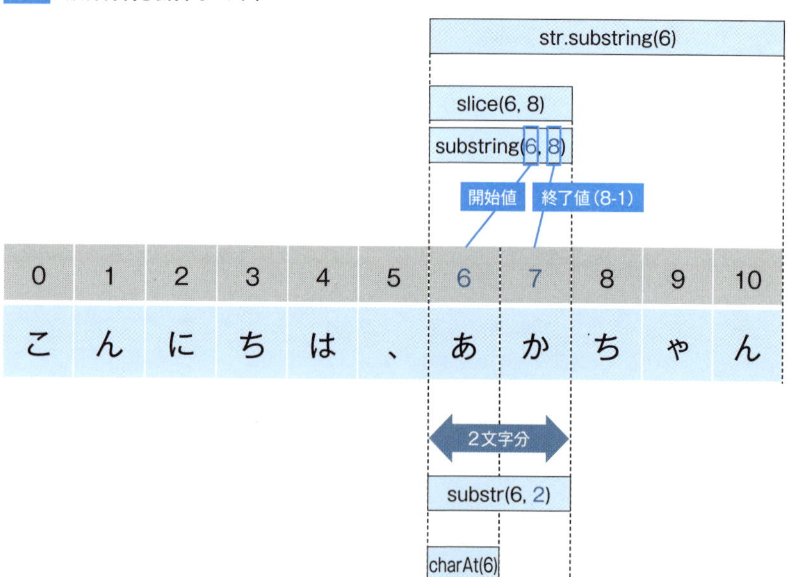

substring／sliceメソッドが文字列範囲（開始～終了）で部分文字列を抽出するのに対して、substrメソッドは開始位置＋文字数で抽出します（図3.2）。特定の1文字だけを取得したいならばcharAtメソッドを利用します。

●string_substr.js

```
let str = 'こんにちは、あかちゃん';
console.log(str.substring(6));       // 結果：あかちゃん
console.log(str.substring(6, 8));    // 結果：あか
console.log(str.slice(6, 8));        // 結果：あか
console.log(str.substr(6, 2));       // 結果：あか
console.log(str.charAt(6));          // 結果：あ
```

substring／sliceメソッドの違いについては、特殊な例を確認する必要があります。

(1) 引数start＞endである場合

この場合、substringメソッドは引数startとendの位置を入れ替えて、部分文字列の抽出を試みます。対して、sliceメソッドは入れ替えを行いませんので、結果は空文字列となります。

●string_substr2.js

```
let str = 'こんにちは、あかちゃん';
console.log(str.substring(8, 6));    // 結果：あか
console.log(str.slice(8, 6));        // 結果：(空文字列)
```

(2) 引数start／endが負数である

この場合、substringメソッドは無条件にゼロと見なすのに対して、sliceメソッドは文字列末尾からの文字数と見なします。

●string_substr3.js

```
let str = 'こんにちは、あかちゃん';
console.log(str.substring(6, -3));    // 結果：こんにちは、
console.log(str.slice(6, -3));        // 結果：あか
```

上の例であれば、substringメソッドは引数の-3を0に変換し、さらに(1)のルールにのっとって引数を逆転させた結果、「substring(0, 6)」と見なします。対して、sliceメソッドは引数の-3を後方からの文字数と見なしますので、サンプルのコードは「slice(6, 8)」と同じ意味です。

056 特定の文字列を検索したい

String | indexOf | lastIndexOf

関　連	055 文字列から部分文字列を取り出したい P.096
利用例	部分文字列が含まれるかを確認する場合／部分一致する文字列を検索する場合

indexOf／lastIndexOfメソッドを利用します。

構文 **indexOf／lastIndexOfメソッド**

```
str.indexOf(search [,from])
str.lastIndexOf(search [,from])
```

search	検索文字列
from	検索開始位置

indexOfメソッドは文字列の先頭から、lastIndexOfメソッドは後方から検索を開始するという違いがあります。引数fromは、いずれも先頭からの文字数で指定します。戻り値は見つかった文字位置（先頭文字は0）で、指定の文字列が見つからなかった場合には-1を返します。

●string_indexof.js

```
let str = 'もももすももも';
console.log(str.indexOf('もも'));          // 結果：0
console.log(str.lastIndexOf('もも'));      // 結果：5
console.log(str.indexOf('もも', 2));       // 結果：4
console.log(str.lastIndexOf('もも', 2));   // 結果：1
console.log(str.indexOf('ももかん'));      // 結果：-1
```

057 文字列に特定の部分文字列が含まれるかを判定したい

String | startsWith | endsWith | includes

ES2015

関連	056 特定の文字列を検索したい P.098
利用例	プロトコル／拡張子など、文字列の先頭／末尾部分を確認する場合

文字列に特定の文字列が含まれているかどうかを判定するには、表3.5のメソッドを利用します。

表3.5 部分文字列の有無を判定するためのメソッド（引数posは検索開始位置。lenは文字列長）

メソッド	概要
includes(*str* [,*pos*])	文字列が部分文字列strを含んでいるか
startsWith(*str* [,*pos*])	文字列が部分文字列strで始まるか
endsWith(*str* [,*len*])	文字列が部分文字列strで終わるか

いわゆるincludesが部分一致検索、startsWith／endsWithが前方／後方一致検索の役割を担います。引数posで検索開始位置を指定することも可能です。endsWithメソッドは、指定された引数lenを文字列長としたときの末尾を判定します。

●string_includes.js

```
let str = 'なまむぎなまごめなまたまご';
console.log(str.includes('なま'));          // 結果：true
console.log(str.startsWith('なま'));        // 結果：true
console.log(str.endsWith('なま'));          // 結果：false
console.log(str.includes('なま', 6));       // 結果：true
console.log(str.startsWith('なま', 2));     // 結果：false
console.log(str.endsWith('なま', 2));       // 結果：true
```

部分文字列の有無を判定するだけでなく、登場位置を知りたい場合には、indexOf／lastIndexOfメソッドを利用してください。

058 文字列をn回繰り返したものを生成したい

String | repeat

ES2015

関連	023 四則演算を行いたい P.044
利用例	同じ文字列を繰り返し出力したい場合

repeatメソッドを利用します。

構文 repeatメソッド

```
str.repeat(count)
```

count 回数

引数countには、0以上の値を指定できます。0の場合は空文字列を返しますし、2.5のような小数では整数に丸めた結果（ここでは2）を使って処理します。

● string_repeat.js

```
let str = 'じゅげむ';
console.log(str.repeat(3));      // 結果：じゅげむじゅげむじゅげむ
console.log(str.repeat(0));      // 結果：(空文字列)
console.log(str.repeat(2.5));    // 結果：じゅげむじゅげむ
console.log(str.repeat(-2));     // 結果：エラー（負数は不可）
```

059 文字列が指定長になるように任意の文字で補足したい

String | padStart | padEnd

ES2017

関連	058 文字列をn回繰り返したものを生成したい P.100
利用例	リスト／表などで複数の文字列で長さを統一したい場合

padStart／padEndメソッドを利用します。

構文 padStart／padEndメソッド

```
str.padStart(len [,pad])
str.padEnd(len [,pad])
```

len 延長後の文字列長
pad 補足する文字（既定は半角スペース）

padStartメソッドは文字列の前方、padEndメソッドは後方に、それぞれ最終的な文字列長がlen文字になるよう、文字（引数pad）を追加します。

●string_pad.js

```
let str = 'WINGS';

console.log(str.padStart(10));        // 結果：     WINGS
console.log(str.padStart(8, '*'));    // 結果：***WINGS
console.log(str.padEnd(8, '*'));      // 結果：WINGS***
```

060 正規表現を利用したい

正規表現 | RegExp

関　連	061　正規表現で文字列のマッチングをチェックしたい　P.105
利用例	曖昧な文字列パターンに基づいて、文字列を検索する場合

正規表現とは、曖昧な文字列パターンを表現するための記法です。正規表現を利用することで、たとえば郵便番号や電話番号、メールアドレス、URL文字列など、特定のパターンを持った文字列を検索することができます。

表3.6に、主な正規表現の記法をまとめます。

表3.6　主な正規表現パターン

分類	パターン	マッチングする文字列
基本	xyz	「xyz」という文字列
	[xyz]	x、y、zのいずれか1文字
	[^xyz]	x、y、z以外のいずれか1文字
	[a-z]	a～zの間の1文字
	x|y|z	x、y、zのいずれか
量指定	x*	0文字以上のx（"to*"は"t"、"to"、"too"などにマッチ）
	x?	0、または1文字のx（"to?"は"t"、"to"にマッチ、"too"にはマッチしない）
	x+	1文字以上のx（"to+"は"to"、"too"などにマッチ。"t"にはマッチしない）
	x{n}	xとn回一致（"[0-9]{4}"は4桁の数字）
	x{n,}	xとn回以上一致（"[0-9]{4,}"は4桁以上の数字）
	x{m,n}	xとm～n回一致（"[0-9]{2,4}"は2～4桁の数字）
位置指定	^	先頭に一致
	$	末尾に一致
文字セット	.	任意の1文字に一致
	\w	大文字／小文字の英字、数字、アンダースコアに一致（"[A-Za-z0-9_]"と同意）
	\W	文字以外に一致（"[^\w]"と同意）
	\d	数字に一致（"[0-9]"と同意）
	\D	数字以外に一致（"[^0-9]"と同意）
	\n	改行（ラインフィード）に一致
	\r	復帰（キャリッジリターン）に一致
	\t	タブ文字に一致
	\s	スペース、タブ、改ページ、改行を含む空白文字に一致（"\f\n\r\t\v\u00a0\u1680\u180e\u2000-\u200a\u2028\u2029\u202f\u205f\u3000\ufeff]"と同意）

分類	パターン	マッチングする文字列
文字セット	\S	空白以外の文字に一致（"[^\s]"と同意）
	\p{...}	Unicode名前付きブロックに一致 レシピ065 ES2018
	\P{...}	\p{...}の否定（指定された文字以外に一致） ES2018
	\~	「~」で表される文字
アサーション	x(?=y)	xの直後にyが続く場合、xにマッチ（肯定的先読み）
	x(?!y)	xの直後にyが続かない場合、xにマッチ（否定的先読み）
	(?<=y)x	xの直前にyがある場合、xにマッチ（肯定的後読み） ES2018
	(?<!y)x	xの直前にyがない場合、xにマッチ（否定的後読み） ES2018

JavaScriptでこれらの正規表現パターンを解析し、検索などの機能を提供するのはRegExpオブジェクトの役割です。RegExpオブジェクトは、(1) RegExpコンストラクター、(2) 正規表現リテラル、いずれかの方法で生成できます。

構文 RegExpコンストラクター／正規表現リテラル

```
new RegExp(pattern, flags)   ← コンストラクター
/pattern/flags               ← リテラル
```

pattern 正規表現
flags オプション

オプションには、表3.7の値を指定できます。'gi'のように複数指定も可能です。

表3.7 主なの正規表現のオプション

オプション	概要
g	文字列全体にマッチするか
i	大文字／小文字の区別を無視するか
m	改行コードを行頭／行末と認識するか（複数行モード）
u	Unicodeで解析するか ES2015
y	lastIndexプロパティで指定した位置からのみマッチ ES2015
s	「.」が改行文字（CR、LF、U+2028、U+2029）を含めたすべての文字にマッチするか ES2018

たとえば以下は、URLを検索するための正規表現パターンの例です。

●regexp.js

```
let ex1 = new RegExp('http(s)?://([\\w-]+\\.)+[\\w-]+(/[\\w-./?%&=]*)?', 'gi');
let ex2 = /http(s)?:\/\/([\w-]+\.)+[\w-]+(\/[\w-./?%&=]*)?/gi;
```

RegExpコンストラクターと正規表現リテラルでは、微妙に正規表現そのものの記法も異なる点に注意してください。

- **RegExpコンストラクターでは「\」を「\\」でエスケープすること**
- **正規表現リテラルでは「/」を「\/」でエスケープすること**

文字列リテラルの中では「\」はエスケープシーケンスを表す、正規表現リテラルでは「/」はリテラルの区切りを表す、それぞれ予約文字であるからです。

MEMO

061 正規表現で文字列のマッチングをチェックしたい

RegExp | test | search

関 連	060 正規表現を利用したい P.102
利用例	ある文字列がURLやメールアドレスなど特定のパターンにマッチしているかを確認する場合

正規表現パターンに文字列がマッチするかどうかだけを確認したいならば（マッチした文字列の抽出が不要ならば）、testメソッドを利用します。

構文 testメソッド

```
regexp.test(str)
```

str 検索対象文字列

たとえば以下は文字列にURLが含まれるかを確認する例です。

●regexp_test.js

```
let ex = /http(s)?:\/\/([\w-]+\.)+[\w-]+(\/[\w-./?%&=]*)?/gi;
let str1 = 'サンプルファイルはhttp://www.wings.msn.to/から入手できます。';
let str2 = 'ご質問は「掲示板」へお願いします！';
console.log(ex.test(str1));     // 結果：true
console.log(ex.test(str2));     // 結果：false
```

あるいは、Stringオブジェクトのsearchメソッドを利用してもかまいません。

構文 searchメソッド

```
str.search(regexp)
```

regexp 正規表現

searchメソッドはマッチした文字列が見つかった文字位置を返します（先頭文字は0）。文字列が見つからなかった場合、searchメソッドは-1を返します。

●regexp_search.js

```
let ex = /http(s)?:\/\/([\w-]+\.)+[\w-]+(\/[\w-./?%&=]*)?/gi;
let str1 = 'サンプルファイルはhttp://www.wings.msn.to/から入手できます。';
let str2 = 'ご質問は「掲示板」へお願いします！';
console.log(str1.search(ex));     // 結果：9
console.log(str2.search(ex));     // 結果：-1
```

062 正規表現でマッチした文字列を取得したい

String | match

関連	061 正規表現で文字列のマッチングをチェックしたい P.105
利用例	文字列からURLやメールアドレスなど特定のパターンを持つ文字列を抽出する場合

Stringオブジェクトのmatchメソッドを利用します。matchメソッドの戻り値は、マッチした文字列の配列です。

構文 matchメソッド

```
str.match(regexp)
```

regexp 正規表現

たとえば以下は、文字列に含まれるURLを列挙する例です。

●regexp_match.js

```
let ex = /http(s)?:\/\/([\w-]+\.)+[\w-]+(\/[\w-./?%&=]*)?/gi;
let str = 'サンプルファイルはhttp://www.wings.msn.to/から入手できます。';
str += 'ご質問はHTTP://www.wings.msn.to/index.php/-/B-14/へお願いします！';

let result = str.match(ex);
for (let i = 0; i < result.length; i++) {
  console.log(result[i]);
}
```

▼結果

```
http://www.wings.msn.to/
HTTP://www.wings.msn.to/index.php/-/B-14/
```

ただし、正規表現パターンに指定されたオプション（太字部分）によって、結果も変動します。

グローバル検索（gオプション）

グローバル検索を無効にした場合、matchメソッドは最初に文字列がマッチしたところで、検索を終了します。以下は、先ほどのコード（regexp_match.js）でgオプションを外した結果です。

●regexp_match2.js

```
let ex = /http(s)?:\/\/([\w-]+\.)+[\w-]+(\/[\w-./?%&=]*)?/i;
```

▼結果

```
http://www.wings.msn.to/
undefined
msn.
/
```

この場合、matchメソッドは「最初に一致した文字列」と「そのサブマッチ文字列」を配列として返します。**サブマッチ文字列**とは、正規表現の中で丸カッコでくくられた箇所（**グループ**と言います）に合致した文字列のことを言います。

大文字／小文字の違いを無視する（iオプション）

iオプションを付与することで、大文字／小文字の違いを無視します。以下は、先ほどのコード（regexp_match.js）でiオプションを外した結果です。大文字／小文字を区別するようになった結果、検索結果もより絞り込まれています。

●regexp_match3.js

```
let ex = /http(s)?:\/\/([\w-]+\.)+[\w-]+(\/[\w-./?%&=]*)?/g;
```

▼結果

```
http://www.wings.msn.to/
```

063 正規表現で複数行にわたる文字列を検索したい

RegExp | マルチラインモード

関　連	062 正規表現でマッチした文字列を取得したい P.106
利用例	改行混じりの文字列から行頭／行末に位置する文字列を抽出する場合

正規表現パターンにmオプションを付与することで、複数行モード（**マルチラインモード**）を有効にできます。マルチラインモードでは、正規表現「^」（文頭）、「$」（文末）が行頭、行末にもマッチするようになります。

たとえば以下のようなサンプルで、具体的な挙動を確認してみましょう。結果の上がマルチラインモードを有効にした場合、下が無効にした場合の結果です。

●regexp_multi.js

```
let ex = /^[A-Za-z]{1,}/gm;
let str = 'Helloは、こんにちは。\nByeは、さようなら。';
let result = str.match(ex);
for (let i = 0; i < result.length; i++) {
  console.log(result[i]);
}
```

▼結果　上：マルチラインモードを有効にした場合／下：マルチラインモードを無効にした場合

```
Hello
Bye
```

```
Hello
```

マルチラインモードを無効にした場合、「^」は文字列の先頭を表すので（＝行頭にマッチしないので）、先頭の「Hello」にだけマッチします。

064 できるだけ短い文字列にマッチさせたい

最短一致 | 最長一致

関 連	060 正規表現を利用したい P.102
利用例	最長一致で意図したように文字列を抽出できない場合

正規表現の既定の動作は**最長一致**です。最長一致とは、正規表現で「*」「+」などの量指定子を利用した場合、できるだけ長い文字列を一致させなさい、というルールです。まずは、その具体的な挙動を確認します。

●regexp_long.js

```
let tags = '<p><strong>WINGS</strong>サイト<a href="index.html"><img src="wings.
jpg"></img></a></p>';
let ex = /<.+>/g; ――――――――――――――――――――――――――――――――― ❶
let result = tags.match(ex);
for (let i = 0; i < result.length; i++) {
  console.log(result[i]);
}
```

<.+>は「<...>の中に1つ以上の文字」を表し、<hr>、<input ...>のようなタグにマッチすることを想定しています。この例であれば、それぞれタグを分解して、以下のような結果を期待しています。

▼結果

```
<p>
<strong>
</strong>
<a href="index.html">
<img src="wings.jpg">
</img>
</a>
</p>
```

しかし、実際の結果はすべてのタグ文字列がまとめてマッチしてしまい、結果は以下となります。

▼結果

```
<p><strong>WINGS</strong>サイト<a href="index.html"><img src="wings.jpg"></img>
</a></p>
```

これが「できるだけ長い文字列を一致」させる、最長一致の意味です。もし意図したように個々のタグにマッチさせたいならば、❶を以下のように書き換えます。

```
let ex = /<.+?>/g;
```

「+?」は**最短一致**（できるだけ短い文字列に一致）を意味するので、今度は期待した結果が得られます。同様に「*?」「??」「{2,5}?」のような表現も可能です。

COLUMN　ECMAScriptの歴史

ECMAScriptは1997年に初期バージョンがリリースされた後、20年もの改訂を経て、執筆時点での最新バージョンは2018です。以下に、各バージョンでの主な変更点をまとめておきます。

表A　ECMAScriptのバージョン

バージョン	公開日	主な変更点
1	1997年6月	―
2	1998年6月	ISO/IEC 16262対応（仕様としての変更はない）
3	1999年12月	正規表現、例外処理
4	―	複雑化のため、放棄
5	2009年12月	getter／setter、JSON対応、Strictモード、Object／Arrayなどの強化
6（2015）	2015年6月	クラス／関数構文、ジェネレーター、モジュール、ブロックスコープ、Promise（非同期処理）、コレクション（Map／Set）、組み込みオブジェクトの強化
2016	2016年6月	べき乗演算子、includes（Array）
2017	2017年6月	async／await（非同期処理）、Object.values／entries
2018	2018年6月	finally、「...」演算子（オブジェクト）、正規表現の強化

特にES2015のクラス構文、モジュールは、これを利用するかどうかによって開発生産性が劇的に変化するので、利用が許される環境にあるのならば、積極的に導入していくことをお勧めします。

065 正規表現でUnicode文字列を扱いたい

RegExp | Unicode

ES2015

関　連	062 正規表現でマッチした文字列を取得したい P.106
利 用 例	サロゲートペアを認識させたい場合 ひらがな／カタカナなどをUnicodeプロパティエスケープを使って取得したい場合

正規表現パターンにuオプションを付与することで、Unicodeに関連した機能を利用できるようになります。

サロゲートペアを識別する

たとえば以下は、サロゲートペア（ここでは「𠮟」）を含んだ文字列を正規表現で検索する例です。

●regexp_uni.js

```
let str = '𠮟られた';
console.log(str.match(/^.られた$/gu));     // 結果：["𠮟られた"]
```

「.」は任意の1文字を表しますが、uオプションを外すと、サロゲートペアが1文字と見なされなくなるため、結果はnullとなります。

ひらがな／カタカナ／漢字などを取得する ES2018 IE × Edge × FF ×

Unicodeの個々の文字には、それぞれの文字種を表すためのプロパティが割り当てられています。これらプロパティを正規表現パターンの中で利用できるようにしたものが**Unicodeプロパティエスケープ**という仕組みです。\p{...}の形式で表します。

たとえば文字列からひらがなを取り出すならば、以下のように表します。

●regexp_uni_prop.js

```
let str = 'さくら色';
console.log(str.match(/\p{sc=Hiragana}/gu));
          // 結果：["さ", "く", "ら"]
```

利用できるプロパティはそれこそ無数に存在しますが、よく利用するのは、表3.8のようなものです。

表3.8 よく利用するUnicodeプロパティエスケープ

プロパティ	概要
\p{sc=Hiragana}	ひらがな
\p{sc=Katakana}	カタカナ
\p{sc=Han}	漢字
\p{P}	句読点

ただし、\p{sc=Hiragana}、\p{sc=Katakana}では、濁点、句読点などにマッチしません。それらも合わせてマッチさせるには、\p{scx=Hiragana}、\p{scx=Katakana}を利用してください。

また、ひらがなを含ま**ない**もの（否定）を表すには、\P{sc=Hiragana}（Pが大文字）とします。

MEMO

066 正規表現での検索結果をより詳細に取得したい

RegExp | exec

関連	062 正規表現でマッチした文字列を取得したい P.106
利用例	正規表現パターンにマッチしたときの前後の文字列を取得する場合

RegExpオブジェクトのexecメソッドを利用します。

構文 execメソッド

```
regexp.exec(str)
```

str 文字列

たとえば以下は、文字列に含まれるURLをすべて抽出する例です。

●regexp_exec.js

```
let ex = /http(s)?:\/\/([\w-]+\.)+[\w-]+(\/[\w-./?%&=]*)?/gi;
let str = 'サンプルファイルはhttp://www.wings.msn.to/から入手できます。';
str += 'ご質問はHTTP://www.wings.msn.to/index.php/-/B-14/へお願いします！';
let result;
while ((result = ex.exec(str)) != null) {
  console.log(result[0]);
}
```

▼結果

```
http://www.wings.msn.to/
HTTP://www.wings.msn.to/index.php/-/B-14/
```

execメソッドは、matchメソッドにも似ていますが、以下のような特徴を持っています。

(1) 戻り値は常に1つのマッチング結果

グローバル検索の有効／無効に関わらず、一度に1つのマッチング結果しか返しません。代わりに、regexp_match.js レシピ062 と同じく、「マッチング文字列全体」と「そのサブマッチ文字列」を返します。この例であれば、マッチした文字列全体を取得したいので、決め打ちでresult[0]にアクセスしているわけです（サブマッチ文字列を取得するならば、result[1]以降にアクセスしてください)。

NOTE

execメソッドの戻り値

正確には、execメソッドの戻り値は配列を拡張したもので、表3.9のようなプロパティが含まれています。

表3.9 execメソッドの戻り値（プロパティ）

プロパティ	概要
index	見つかった文字位置
input	入力文字列
groups	名前付きキャプチャグループ レシピ067 にマッチした文字列

（2）検索位置を記憶する

RegExpオブジェクトでは、最後にマッチした文字位置を記憶しており、次回の呼び出しではその位置から検索を開始します。サンプルでは、この性質を利用して、execメソッドがnullを返す（＝マッチする文字列がなくなる）までループを繰り返すことで、すべてのマッチング結果を得ています。

NOTE

次回の検索位置

次回の検索位置は、RegExpオブジェクトのlastIndexプロパティから取得できます。ただし、グローバル検索（gオプション）が無効の場合、lastIndexプロパティは0のまま変化しません。

067 正規表現パターンのグループに名前を付けたい

RegExp | match

ES2018 IE× Edge× FF×

関連	062 正規表現でマッチした文字列を取得したい P.106
利用例	正規表現にマッチした中から特定の部分文字列を取り出したい場合

(...) でくくられたグループには「?<*名前*>」の形式で名前を付与することも可能です(**名前付きキャプチャグループ**)。

たとえば以下は、メールアドレスを表す正規表現で、ローカル部を?<local>、ドメイン部を?<domain>と、それぞれ命名した例です。

●regexp_named.js

```
let ex = /(?<localName>[a-z0-9.!#$%&'*+/=?^_{|}~-]+)@(?<domain>[a-z0-9-]+
(?:\.[a-z0-9-]+)*)?/i;
let mail = 'メールアドレスは、wings@example.comです。';
let result = mail.match(ex);
console.log(`仕事用アドレスは、${result.groups.domain}の${result.groups.
localName}です。`);      // 結果：仕事用アドレスは、example.comのwingsです。
```

名前付けされた部分にアクセスするにはmatch (exec) メソッドの戻り値からgroupsプロパティを参照します。レシピ062でのresult[i]に比べると、格段にコードが読みやすくなります。

前方で宣言した名前を参照する（後方参照）

正規表現パターンの中で宣言した名前を、\k<*名前*>の形式で、あとから参照することも可能です。これによって、1つのパターンの中で同じサブパターンが登場する場合にも、より簡潔に表現できます。

たとえば以下は文字列から「<a href="...">...</a>」(「...」は同じ文字列) を取り出す例です。

●regexp_named2.js

```
let site = '<p>サポートサイト<a href="http://www.wings.msn.to/">http://www.wings.
msn.to/</a></p>';
let ex = /<a href="(?<link>.+?)">\k<link><\/a>/;
console.log(site.match(ex)[0]);
    // 結果：<a href="http://www.wings.msn.to/">http://www.wings.msn.to/</a>
```

RegExp | match

068 正規表現で文字列を置換したい

String | replace

関連	062 正規表現でマッチした文字列を取得したい P.106
利用例	文字列に含まれるURLやメールアドレスをリンクに変換する場合

Stringオブジェクトのreplaceメソッドを利用します。

構文 **replaceメソッド**

```
str.replace(regexp, substr)
```

regexp 正規表現
substr 置換後の文字列

たとえば以下は、文中に含まれる電話番号「999-9999-9999」を「999(9999)9999」の形式に変換する例です。

●regexp_replace.js

```
let ex = /(0\d{1,4})-(\d{1,4})-(\d{3,4})/gi;
let str = 'お問い合わせは、000-000-0000まで。休日は、0111-11-1111。';
let result = str.replace(ex, '$1($2)$3');
console.log(result);
```

▼結果

```
お問い合わせは、000(000)0000まで。休日は、0111(11)1111。
```

引数substrには、表3.10のような特殊変数を埋め込むことができます。サンプルでは$1~3を利用することで、市外局番 ($1)、市内局番 ($2)、加入者番号 ($3) を、それぞれ置き換え後の文字列に埋め込んでいます。

表3.10 replaceメソッドで利用できる特殊変数（元の文字列が「電話番号は、000-000-0000です。」の場合）

変数	概要	戻り値（例）
$&	マッチした部分文字列	000-000-0000
$`	マッチした部分文字列の直前の文字列	電話番号は、
$'	マッチした部分文字列の直後の文字列	です。
$1~100	サブマッチ文字列	000（$1の場合）

NOTE

名前付きキャプチャグループも利用可能 ES2018 IE× Edge× FF×

名前付きキャプチャグループ レシピ067 と後方参照を利用すれば、regexp_replace.jsは以下のようにも書き換えが可能です。replaceメソッドで後方参照するには、$<*名前*>のようにします。

●**regexp_replace_named.js**

```
let ex = /(?<area>0\d{1,4})-(?<city>\d{1,4})-(?<sub>\d{3,4})/gi;
let str = 'お問い合わせは、000-000-0000まで。休日は、0111-11-1111。';
let result = str.replace(ex, '$<area>($<city>)$<sub>');
console.log(result);
```

URL文字列をアンカータグに変換する

以下は、予約変数「$&」を使って、文中のURLをアンカータグに変換する例です。

●**regexp_replace2.js**

```
let ex = /http(s)?:\/\/([\w-]+\.)+[\w-]+(\/[\w-./?%&=]*)?/gi;
let str = 'サンプルファイルはhttp://www.wings.msn.to/から入手できます。';
console.log(str.replace(ex, '<a href="$&">$&</a>'));
```

▼**結果**

```
サンプルファイルは<a href="http://www.wings.msn.to/">http://www.wings.msn.to/↵
</a>から入手できます。
```

NOTE

gオプションに注意

グローバル検索（gオプション）を有効にしていない場合、マッチする文字列が複数あっても、最初の1つしか置き換えされません。

固定文字列での置き換え

replaceメソッドの第1引数には、（正規表現ではなく）文字列リテラルを指定することもできます。その場合は、単に、固定文字列での置き換えが行われます。

●string_replace.js

```
let sub = 'もも';
let str = 'ももから生まれたももたろう';
console.log(str.replace(sub, '桃'));     // 結果：桃から生まれたももたろう
```

ただし、固定文字列での置き換えでは、最初の1つしか置き換えされません。複数の置き換えには、以下のようなテクニックを利用してください。

●string_replace_multi.js

```
let str = 'ももから生まれたももたろう';
console.log(str.split('もも').join('桃'));    // 結果：桃から生まれた桃たろう
```

置き換え前の文字列（ここでは「もも」）で文字列を分割し、置き換え後の文字列（ここでは「桃」）で再度連結するわけです。

コールバック関数で複雑な置き換えも可

replaceメソッドの第2引数には、関数（function型）を渡すこともできます。たとえば以下は、文中のURLをすべて小文字に変換する例です。

●regexp_replace3.js

```
let ex = /http(s)?:\/\/([\w-]+\.)+[\w-]+(\/[\w-./?%&=]*)?/gi;
let str = 'サンプルファイルはHTTP://www.Wings.msn.to/から入手できます。';
let result = str.replace(ex, function (match, p1, p2, p3, offset, string) {
  return match.toLowerCase();
});
console.log(result);
```

▼結果

```
サンプルファイルはhttp://www.wings.msn.to/から入手できます。
```

コールバック関数は、表3.11の引数を受け取り、戻り値として置き換え後の文字列を返します。この例であれば、引数match（マッチした文字列）を小文字に変換したものを戻り値として返しています。

表3.11 コールバック関数の引数

引数	概要
match	マッチした文字列
p1、p2、p3...	サブマッチ文字列（可変長引数）
offset	マッチした文字列位置
string	マッチング対象の文字列

069 正規表現で文字列を分割したい

String | split

関連	062 正規表現でマッチした文字列を取得したい P.106
利用例	アルファベットや数値など、特定の文字セットで文字列を区切る場合

Stringオブジェクトのsplitメソッドを利用します。

構文 splitメソッド

```
str.split([separator [,limit]])
```

separator 区切り文字
limit 分割の最大数

まずは、具体的な例を見てみましょう。

●string_split.js

```
console.log('Wings Project\n執筆コミュニティ'.split(/[\s\n]/));  ❶
console.log('Wings Projectは執筆コミュニティ'.split('は'));  ❷
console.log('Wings Project'.split(''));  ❸
console.log('Wings Project'.split());  ❹
console.log('Wings Project\n執筆コミュニティ'.split(/[\s\n]/, 2));  ❺
```

▼結果

```
["Wings", "Project", "執筆コミュニティ"]
["Wings Project", "執筆コミュニティ"]
["W", "i", "n", "g", "s", " ", "P", "r", "o", "j", "e", "c", "t"]
["Wings Project"]
["Wings", "Project"]
```

引数separatorには、正規表現（❶）、文字列（❷）いずれを利用してもかまいません。replaceメソッドと異なり、gオプションの有無に関わらず、splitメソッドは文字列全体を分割の対象とします。

引数separatorが空文字列の場合（❸）、splitメソッドは文字列を文字配列に変換します。ただし、引数separatorを省略した場合（❹）には、戻り値は元の文字列を1つ含んだ配列となります。まぎらわしい点なので、注意してください。

❺は、引数limitを指定した場合です。この場合、splitメソッドは引数limitを上限に文字列を分割します。上限を超えた部分の文字列は切り捨てられます。

区切り文字を結果に含める

splitメソッドは、既定で結果に区切り文字を**含めません**。区切り文字を結果にも反映させたい場合には、引数separatorに（...）でグループを含めるようにしてください。（...）にマッチした文字列は、結果配列にも反映されます。

たとえば以下は数値で文字列を分割する例です。区切り文字となった数値も結果に含まれる点に注目してください。

●string_split_capture.js

```
let str = '桃栗3年柿8年';
console.log(str.split(/(\d)/));     // 結果：["桃栗", "3", "年柿", "8", "年"]
```

MEMO

070 日付／時刻情報を設定したい

Date

関　連	071 日付／時刻情報を個別に設定したい P.122
利用例	コードの中で日付／時刻値を演算する場合

JavaScriptで日付／時刻情報を扱うには、Dateオブジェクトを利用します。

構文 Dateコンストラクター

```
new Date([value])
```

value 日付／時刻値

コンストラクターの引数には、以下のような値を指定できます。

●date.js

```
let dat1 = new Date();                                    ① 現在の日時
let dat2 = new Date('2018-06-25T11:15:35');               ② 日付文字列
let dat3 = new Date('Tue, Jun 05 2018 10:15:01');
let dat4 = new Date(2018, 5, 28, 11, 37, 58, 500);        ③ 年月日、時分秒、ミリ秒
let dat5 = new Date(2018, 5, 33, 11, 37, 58, 500);
let dat6 = new Date(1533450425000);                       ④ タイムスタンプ値
console.log(dat1);    // 結果：Sat Jun 16 2018 15:25:35 GMT+0900 (日本標準時)
console.log(dat2);    // 結果：Mon Jun 25 2018 11:15:35 GMT+0900 (日本標準時)
console.log(dat3);    // 結果：Tue Jun 05 2018 10:15:01 GMT+0900 (日本標準時)
console.log(dat4);    // 結果：Thu Jun 28 2018 11:37:58 GMT+0900 (日本標準時)
console.log(dat5);    // 結果：Tue Jul 03 2018 11:37:58 GMT+0900 (日本標準時)
console.log(dat6);    // 結果：Sun Aug 05 2018 15:27:05 GMT+0900 (日本標準時)
```

①のように引数を省略した場合、Dateオブジェクトは現在の日時を返します（結果はその時どきで異なります）。

②のように文字列が渡された場合には、これを日付文字列として解析します。ただし、日付文字列の解釈はブラウザーの種類／バージョンによって異なる可能性があるため、この用法を無制限に利用するのは避けるべきです。

③のように年月日、時分秒、ミリ秒を個別に指定することもできます。ただし、この場合は、月は0～11の範囲で表す点に注意してください（1～12ではありません！）。また、それぞれに範囲外の数値（日であれば32以上の値）が渡された場合には、自動的に繰り上げ／繰り下げが実施されます。

④のタイムスタンプ値は、1970年1月1日 00:00:00からの経過ミリ秒です。タイムスタンプはgetTimeメソッドなどで取得できます。

071 日付／時刻情報を個別に設定したい

Date | set*Xxxxx*

関連	070 日付／時刻情報を設定したい P.121
利用例	年月日などの要素単位に加算／減算する場合

set*Xxxxx*メソッドを利用することで、年月日、時分秒などの情報を個別に設定できます。

●date_set.js

```
let local = new Date();
local.setFullYear(2018);
local.setMonth(7);
local.setDate(1);
local.setHours(8);
local.setMinutes(16);
local.setSeconds(47);
local.setMilliseconds(555);

let local2 = new Date();
local2.setTime(1533450425000);

console.log(local);     // 結果：Wed Aug 01 2018 08:16:47 GMT+0900 (日本標準時)
console.log(local2);    // 結果：Sun Aug 05 2018 15:27:05 GMT+0900 (日本標準時)
```

setUTC*Xxxxx*は、日時を協定世界時（Coordinated Universal Time：UTC）として設定するためのメソッドです。UTCは国際的な協定で決められた公式時刻のことで、かつてのグリニッジ標準時に代わって、世界標準時として使われています。

●date_set2.js

```
let utc = new Date();
utc.setUTCFullYear(2018);
utc.setUTCMonth(7);
utc.setUTCDate(1);
utc.setUTCHours(8);
utc.setUTCMinutes(16);
utc.setUTCSeconds(47);
utc.setUTCMilliseconds(555);

console.log(utc);    // 結果：Wed Aug 01 2018 17:16:47 GMT+0900 (日本標準時)
```

協定世界時の8時は、東京時間では17時となっている点に注目してください。

072 日付／時刻要素を取得したい

Date | get*Xxxxx*

関連	071 日付／時刻情報を個別に設定したい P.122
利用例	年月日、時分秒を個別に取得&処理する場合

Dateオブジェクトのget*Xxxxx*メソッドを利用します。

●date_get.js

```
let date = new Date(2018, 7, 1, 8, 16, 47, 555);
console.log(date.getFullYear());        // 結果：2018
console.log(date.getMonth());           // 結果：7（8月）
console.log(date.getDate());            // 結果：1
console.log(date.getDay());             // 結果：3（水曜）
console.log(date.getHours());           // 結果：8
console.log(date.getMinutes());         // 結果：16
console.log(date.getSeconds());         // 結果：47
console.log(date.getMilliseconds());    // 結果：555
console.log(date.getTime());            // 結果：1533079007555
console.log(date.getTimezoneOffset());  // 結果：-540
```

日時をUTC（協定世界時）として取得するgetUTC*Xxxxx*メソッドもあります。UTCについては、レシピ071も合わせて参照してください。

●date_get2.js

```
let date = new Date(2018, 7, 1, 8, 16, 47, 555);
console.log(date.getUTCFullYear());       // 結果：2018
console.log(date.getUTCMonth());          // 結果：6（7月）
console.log(date.getUTCDate());           // 結果：31
console.log(date.getUTCDay());            // 結果：2（火曜）
console.log(date.getUTCHours());          // 結果：23
console.log(date.getUTCMinutes());        // 結果：16
console.log(date.getUTCSeconds());        // 結果：47
console.log(date.getUTCMilliseconds());   // 結果：555
```

getMonth／getUTCMonthメソッドは、いずれも現在の月を（1～12ではなく）0～11の値で返す点に注意してください。

073 日付文字列からタイムスタンプ値を取得したい

UTC | parse | now

関　連	076 日付／時刻値の差を求めたい P.127
利用例	日付値同士を計算するためにタイムスタンプ値を取得する場合

日付文字列からタイムスタンプ値を取得するならば、いちいちgetTimeメソッドを利用しなくとも、parse／UTC静的メソッドを利用します。両者の違いは、parseメソッドが引数を文字列で渡すのに対して、UTCメソッドは年月日、時分秒で渡す点です。

●date_parse.js

```
console.log(Date.parse('2018-12-15'));                        // 結果：1544832000000
console.log(Date.parse('2018-12-15T18:15:00'));               // 結果：1544865300000
console.log(Date.parse('2018-12-15T18:15:00+0900'));          // 結果：1544865300000
console.log(Date.parse('Sat, 15 Dec 2018 18:15:00+0900'));    // 結果：1544865300000
console.log(Date.UTC(2018, 7, 1, 8, 16, 47, 555));            // 結果：1533111407555
```

同じく、現在日時のタイムスタンプ値を求めるnowメソッドもあります。

```
console.log(Date.now());    // 結果：1526014730911
```

※結果は、実行のたびに異なります。

NOTE

日付文字列の解釈

ただし、日付文字列の解釈はブラウザーの種類／バージョンによって異なるため、この用法を無制限に利用するのは避けるべきです。たとえばサンプルでは、3行目がInternet Explorer／Safariで、4行目がFirefoxで、それぞれ解釈できずに、parseメソッドはNaNを返します。

074 日付／時刻値を文字列に変換したい

Date | to*Xxxxx*String

関連	072 日付／時刻要素を取得したい P.123
利用例	日付／時刻値を表示する場合

日付／時刻値を特定形式の文字列として取得するならば、to*Xxxxx*Stringメソッドを利用します。

●date_string.js

```
let date = new Date(2018, 7, 1, 8, 16, 47, 555);
console.log(date.toLocaleString());       // 結果：2018/8/1 8:16:47
console.log(date.toLocaleDateString());   // 結果：2018/8/1
console.log(date.toLocaleTimeString());   // 結果：8:16:47
console.log(date.toUTCString());          // 結果：Tue, 31 Jul 2018 23:16:47 GMT
console.log(date.toISOString());          // 結果：2018-07-31T23:16:47.555Z
console.log(date.toDateString());         // 結果：Wed Aug 01 2018
console.log(date.toTimeString());         // 結果：08:16:47 GMT+0900 (日本標準時)
console.log(date.toJSON());               // 結果：2018-07-31T23:16:47.555Z
```

※ブラウザーによって結果が異なる場合があります。

toLocale*Xxxxx*Stringメソッドは、日付／時刻値を現在の地域情報に適した形式で返します。プラットフォームの地域情報によって、結果は変化します。

toJSONメソッドは、JSON レシピ084 での利用を目的として、日付を文字列化するのに利用します。内部的にはtoISOStringメソッドを利用しています。

075 日付／時刻値を加算／減算したい

Date | set*Xxxxx* | get*Xxxxx*

関 連	072 日付／時刻要素を取得したい P.123
利用例	○○日前／後の日付を求める場合

get*Xxxxx*メソッドで対象となる日付／時刻要素を取り出した後、演算した結果をset*Xxxxx*メソッドでDateオブジェクトに書き戻します。演算の結果が日付／時刻要素の有効な範囲を超えてしまった場合にも、Dateオブジェクトが正しい日付／時刻値に換算してくれます（たとえば5月の10か月後は15月ですが、Dateオブジェクトは翌年の3月と見なします）。

●date_add.js

```
let date = new Date(2018, 7, 1, 8, 16, 47);
console.log(date.toLocaleString());    // 結果：2018/8/1 8:16:47
date.setMonth(date.getMonth() + 10);
console.log(date.toLocaleString());    // 結果：2019/6/1 8:16:47
date.setDate(date.getDate() - 20);
console.log(date.toLocaleString());    // 結果：2019/5/12 8:16:47
```

NOTE

月末を求めたい

日の部分にゼロを指定することで、前月の月末を求めることも可能です。本文でも触れたように、ゼロは有効な日付の範囲外なので、自動的に換算されて初日の1つ前（＝月末）と見なすわけです。

```
let date = new Date(2018, 7, 0);
console.log(date.toLocaleString());    // 結果：2018/7/31 0:00:00
```

076 日付／時刻値の差を求めたい

Date | getTime

関　連	075 日付／時刻値を加算／減算したい P.126
利用例	2つの日付／時刻値の差を知る場合

getTimeメソッドでタイムスタンプ値を求めたうえで、両者の差を求めます。単位はミリ秒なので、たとえば日の差を求めるならば「1000 * 60 * 60 * 24」で、結果を除算します。

●date_diff.js

```
let date1 = new Date(2018, 7, 1);
let date2 = new Date(2018, 10, 15);
let diff = (date2.getTime() - date1.getTime()) / (1000 * 60 * 60 * 24);
console.log(diff + '日の差です。');     // 結果：106日の差です。
```

MEMO

077

Promiseオブジェクトで非同期処理を実装したい

Promise | then | catch | finally

ES2015

関連	269 非同期通信（fetch）でデータを取得したい P.474
利用例	非同期処理を標準的な記法で実装したい場合

Promiseオブジェクトは、ES2015で導入された標準的な非同期処理の仕組みです。fetchメソッド レシピ269 をはじめ、メジャーなライブラリ／フレームワークでもPromiseが前提となっている機能は多く、これらを利用するうえでもPromiseの理解は欠かせません。

以下は、Promiseを利用したシンプルな非同期処理の例です。数値が渡されると、500ミリ秒後に2倍した値を、渡された値が数値でない場合にはエラーメッセージを、それぞれ返します。

●promise.js

```
function runAsync(value) {                                          ①
  return new Promise((resolve, reject) => {
    setTimeout(() => {
      if (typeof value === 'number') {                              ②
        resolve(value * 2);
      } else {
        reject(new Error(`${value}は数値ではありません。`));
      }
    }, 500);
  });
}

runAsync(15)
  .then(response => console.log(`成功 [${response}] `))            ③
  .catch(error => console.log(`失敗 [${error}] `))                 ④
  .finally(() => console.log('終了'));                              ⑤
```

▼結果

```
成功 [30]
終了
```

Promiseオブジェクトを利用した非同期処理では、まず、非同期処理を関数としてまとめます。この例であれば、runAsyncがそれです（❶）。関数は、戻り値としてPromiseオブジェクトを返すようにします。

構文 Promiseコンストラクター

```
new Promise((resolve, reject) => { ...statements... })
```

resolve	処理の成功を通知する関数
reject	処理の失敗を通知する関数
statements	処理本体

Promiseは非同期処理の状態を監視するためのオブジェクトで、コンストラクターには非同期処理の本体（関数）を記述します。

引数resolve／rejectは、非同期処理の成功／失敗を通知するための関数です。Promiseによって自動的に渡されるので、アプリ開発者はこれらを処理の結果に応じて、呼び出せば良いということです。

❷であれば、引数valueが数値であるかどうかを判定して、数値であればresolve（成功）、さもなければreject（失敗）を、それぞれ呼び出しています。resolve／reject関数には、それぞれ成功／失敗に伴う情報（たとえば処理の結果やエラーメッセージ）を、引数として渡せます。

resolve／reject関数による通知を受け取るのは、表3.12のメソッドです。

表3.12 非同期処理の結果を受け取るためのメソッド

リストNo.	メソッド	概要
❸	then	成功したときの処理
❹	catch	失敗したときの処理
❺	finally	成功／失敗に関わらず、完了時の処理 ES2018

then／catchメソッドのコールバック関数は、それぞれresolve／reject関数から渡された値を受け取り、成功／失敗時の処理を実行します。

リスト内の太字（15）を'Hoge'のように文字列として場合には、非同期処理が失敗して、以下のようなエラーが得られることも確認しておきましょう。

▼結果

```
失敗 [Error: Hogeは数値ではありません。]
```

Promise | then | catch | finally

078 複数の非同期処理を順に実行したい

Promise | then　　ES2015

関連	077 Promiseオブジェクトで非同期処理を実装したい P.128
利用例	ある非同期通信の結果を受けて、別の非同期通信を呼び出したい場合

thenメソッドを連結することで、複数の非同期処理を順に実行することもできます。たとえば以下は、runAsync関数 レシピ077 の成功を受けて、さらにrunAsync関数を呼び出す例です（最終的に2×2×2倍の値が得られるはずです）。

●promise_multi.js

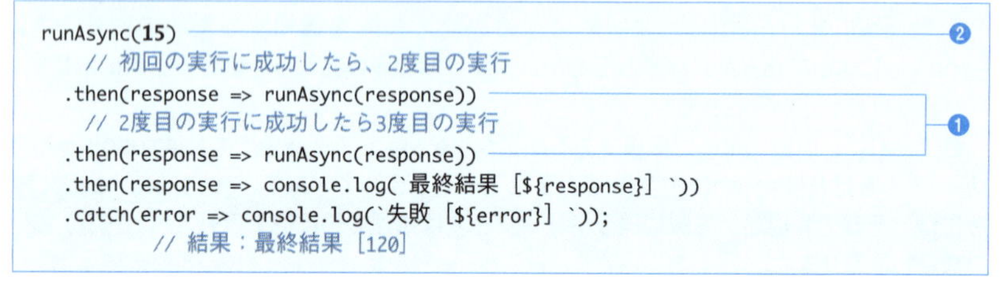

```
runAsync(15)                                              ❷
    // 初回の実行に成功したら、2度目の実行
  .then(response => runAsync(response))  ─┐
    // 2度目の実行に成功したら3度目の実行    ├─ ❶
  .then(response => runAsync(response))  ─┘
  .then(response => console.log(`最終結果 [${response}] `))
  .catch(error => console.log(`失敗 [${error}] `));
        // 結果：最終結果 [120]
```

非同期処理を連結するには、thenメソッド（成功コールバック）の配下で、新たなPromiseオブジェクトを返すだけです（❶）。この例であれば、初回のrunAsync関数の結果を受けて、さらにrunAsync関数を、その結果を受けてまたrunAsync関数を、というように、順に非同期処理を呼び出しています。

runAsync関数の戻り値はPromiseなので、これでthenメソッドをドット演算子で列記できます。

もしも❷（太字の15）で数値以外の値を指定した場合には、2個のthenメソッドはスキップされ、catchメソッド（失敗コールバック）が実行されます。結果は以下です。

▼結果

```
失敗 [Error: Hogeは数値ではありません。]
```

079 複数の非同期処理を並行して実行したい

Promise | all

ES2015

関連	077 Promiseオブジェクトで非同期処理を実装したい P.128
利用例	複数の外部サービスを呼び出して、その結果をまとめて受け取りたい場合

Promise.allメソッドを利用します。

構文 allメソッド

```
Promise.all(proms)
```

proms 監視するPromiseオブジェクト（配列）

たとえば以下は、runAsync関数 レシピ077 を複数同時に呼び出して、すべての処理が完了したところで、結果をまとめて出力する例です。

●promise_all.js

```
Promise.all([
  runAsync(10),
  runAsync(15),
  runAsync(20),
])
  .then(response => console.log(`成功 [${response}] `)) ―― ❶
  .catch(error => console.log(`失敗 [${error}] `)); ―― ❷
          // 結果：成功 [20,30,40]
```

allメソッドでは成功コールバックの引数response（❶）にも結果が配列として渡される点に注目です。また、非同期処理のいずれかが失敗した場合には（他が成功したとしても）、成功コールバックは実行されず、失敗コールバック（❷）だけが呼び出されます。

080 複数の非同期処理のどれかが成功したところで処理を実行したい

Promise | race　ES2015

関　連	077 Promiseオブジェクトで非同期処理を実装したい P.128
利用例	複数の外部サービスを呼び出して、最初の結果だけを受け取りたい場合

Promise.raceメソッドを利用します。

構文 raceメソッド

```
Promise.race(proms)
```

proms　監視するPromiseオブジェクト（配列）

たとえば以下は、runAsync関数 レシピ077 を複数同時に呼び出して、いずれかの処理が完了（または失敗）したところで、結果を表示する例です。

●promise_race.js

```
Promise.race([
  runAsync(10),
  runAsync(15),
  runAsync(20),
])
  .then(response => console.log(`成功 [${response}] `))
  .catch(error => console.log(`失敗 [${error}] `));
    // 結果：成功 [20]
```

結果は、最初に終了したものだけが報告されるので、どの処理が最初に終了したかによって、結果も変化する可能性があります。

081 Promiseの処理を同期的に記述したい

async | await

ES2017

関連	077 Promiseオブジェクトで非同期処理を実装したい P.128
利用例	ある非同期通信の結果を受けて、別の非同期通信を呼び出したい場合

async／await構文を利用します。

たとえば以下は、runAsync関数 レシピ077 の成功を受けて、数珠つなぎにrunAsync関数を呼び出していく例です（最終的に2×2×2倍の値が得られるはずです）。

●promise_async.js

```
async function multi(value) {            ❶
  let result1 = await runAsync(value);      ❷
  let result2 = await runAsync(result1);
  let result3 = await runAsync(result2);
  return result3;
}

multi(15)                                 ❸
  .then(response => console.log(`最終結果 [${response}] `))   ❹
  .catch(error => console.log(`失敗 [${error}] `));
    // 結果：最終結果 [120]
```

まず、Promiseによる非同期処理をまとめた関数には、asyncキーワードを付与します（❶）。これによって、関数は**非同期関数**（async function）と見なされるようになります。

そして、この非同期関数の中で利用できるのが、await演算子です（❷）。非同期処理（＝Promiseを返す処理）にawait演算子を利用することで、JavaScriptは非同期処理の終了を待って、待機します。ただし、そのまま待機するわけではなく、「関数の残りの処理をプールしておき、呼び出し元の処理を継続」します。そのうえで、非同期処理が完了したら、プールしておいた残りの処理を再開するのです。これを図示したのが、図3.3です。

図3.3　async／awaitの挙動

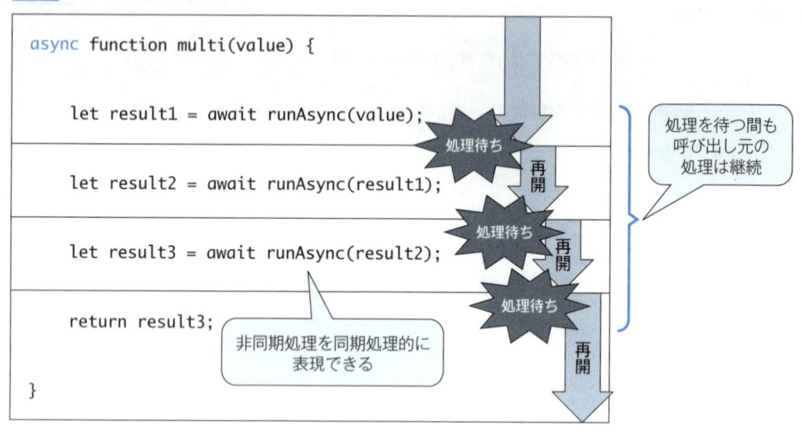

Promiseからの結果はawait演算子の戻り値となるので、そのまま変数にも代入できる点に注目してください。

そして、非同期関数の戻り値（❸）もまた、Promiseオブジェクトなので、❹では、非同期関数の結果をthenメソッドで受けて、最終的な処理を行っています。一連の非同期処理の呼び出しが、multi関数の中で完結するようになったので、レシピ078の例と比べてもぐんとコードが読みやすくなったことが確認できます。

082 非同期処理を反復処理したい

async | for await...of

ES2018 IE× Edge× Safari×

関　連	077 Promiseオブジェクトで非同期処理を実装したい P.128 128 for...ofで列挙可能な値を生成したい P.207
利用例	非同期通信で複数の値を順に取得していきたい場合

ES2018ではAsync Iteratorsという機能が導入され、イテレーター／ジェネレーターでもawait演算子を利用できるようになりました。非同期化したイテレーター／ジェネレーターから値を取得するには、同じく非同期対応のfor await...of命令を利用します。

たとえば以下は、fetchメソッド レシピ269 でarticle1～3.jsonを取得し、そのtitleプロパティを列挙する例です。

● promise_async_itr.js

```
// 非同期ジェネレーターを定義
async function* fetchIterator() {                          ❶
  for (let i = 1; i <= 3; i++) {
    // article1～3.jsonを取得
    let result = await fetch(`article${i}.json`);          ❷
    yield result.json();
  }
}

// 非同期ジェネレーターからデータを取得&titleプロパティを出力
async function showTitle() {                               ❹
  for await (let data of fetchIterator()) {                ❸
    console.log(data.title);
  }
}

showTitle();
```

● article1.json

```
{
  "title": "Angular TIPS",
  "author": "山田祥寛",
  "url": "https://www.buildinsider.net/web/angulartips"
}
```

※article2～3.jsonも同様なので、紙面上は割愛します。完全なコードは配布サンプルを参照してください。

▼結果

```
Angular TIPS
jQuery逆引きリファレンス
IDDD本から理解するドメイン駆動設計
```

非同期ジェネレーターを定義するには、普通のジェネレーター関数に対してasyncキーワードを付与するだけです（❶）。これで関数配下でawait演算子を利用できるようになります。この例であれば、fetchメソッドの戻り値 —— Promise<Response>をawait演算子で受け取り、そのjsonメソッドで取得したデータを返しています（❷）。

非同期ジェネレーターから値を取り出しているのは、❸です。await演算子が付いた他は、構文そのものは普通のfor...of命令です。await演算子を利用しているので、これをくくる関数にはasyncキーワードを付与しなければならない点に注意してください（❹）。

MEMO

083 文字列をURIエスケープしたい

encodeURI | encodeURIComponent

関　連	278　非同期通信（XMLHttpRequest）でデータを取得したい　P.495
利用例	クエリ情報として文字列を渡す場合

「https://www.google.co.jp/search?q=javascript」のように、URLの末尾に「?キー名=*値*&...」の形式で渡される文字列のことを、**クエリ情報**と言います。サーバーで動作しているアプリに対してパラメーター情報を引き渡すために利用する簡易な情報です。

ただし、クエリ情報では区切り文字である「?」「=」「%」をはじめ、空白、マルチバイト文字などを含めることができません。これらの文字が入っている可能性がある文字列をクエリ情報として送信したい場合には、あらかじめ文字列をURIエンコードしておく必要があります。

これを行うのが、encodeURI／encodeURIComponentメソッドの役割です。

●encode.js

```
let data = '+/,:;#$@?=%"&|';
console.log(encodeURI(data));            // 結果：+/,:;#$@?=%25%22&%7C
console.log(encodeURIComponent(data));
    // 結果：%2B%2F%2C%3A%3B%23%24%40%3F%3D%25%22%26%7C
```

encodeURI／encodeURIComponentメソッドの違いは、後者が「+」「/」「;」「:」「,」「#」「$」「@」「?」「=」「&」をエスケープの対象とするのに対して、前者がこれらをそのままにする点です。

エスケープされた文字列をもとに戻すには、decodeURI／decodeURIComponentメソッドを利用します。

NOTE

escapeメソッドは使わない

よく似たメソッドとして、escapeメソッドもありますが、こちらは環境、文字コードによって結果が変わります。下位互換性を維持したいなどの目的がない限り、利用しないでください。

084 オブジェクト⇔JSON文字列を相互変換したい

JSON | parse | stringify

関連	245 ストレージにオブジェクトを出し入れしたい P.428 277 fetch-jsonpでJSON形式のWeb APIにアクセスしたい P.492
利用例	外部サービスから得たJSON文字列をアプリの中で利用する場合 オブジェクトをストレージやデータベースに保存する場合

JSON（JavaScript Object Notification）は、JavaScriptにおけるオブジェクトリテラルの形式に準じたフォーマットです。JavaScriptとの親和性の良さから、昨今、非同期通信などでよく利用されています。

JSON形式の文字列を、JavaScriptのオブジェクトに変換するには、JSON.parseメソッドを利用します。

●json.js

```
let str = '{ "title": "Angularプログラミング", "price": 3700 }';
let jobj = JSON.parse(str);
console.log(jobj.title);    // 結果：Angularプログラミング
```

一方、オブジェクトをJSON文字列に変換するには、JSON.stringifyメソッドを利用します（具体的な例は レシピ147 を参照）。

NOTE

オブジェクトリテラルとの相違点

JSONは、オブジェクトリテラル構文に準じたフォーマットですが、厳密には別ものです。以下に主な相違点をまとめます。

- プロパティ名はダブルクォートでくくること
- 配列の末尾要素でのカンマは禁止
- 数値先頭のゼロは禁止
- 小数点は最低でも1つ以上のゼロの後方に置く（.13などは不可）
- 文字列はダブルクォートでくくること

PROGRAMMER'S RECIPE

第 04 章

組み込みオブジェクト［Array／Set／Map編］

085 配列の要素を追加／削除したい

Array | push | pop | shift | unshift

関連	015 配列を作成したい P.028 092 配列の一部を抜き出したい P.150
利用例	配列に処理結果などを順に格納していきたいとき 配列の内容を順に取り出す場合

Arrayオブジェクトでは、配列の先頭／末尾それぞれに追加／削除のためのメソッドが用意されています（図4.1）。

図4.1 要素の削除／追加

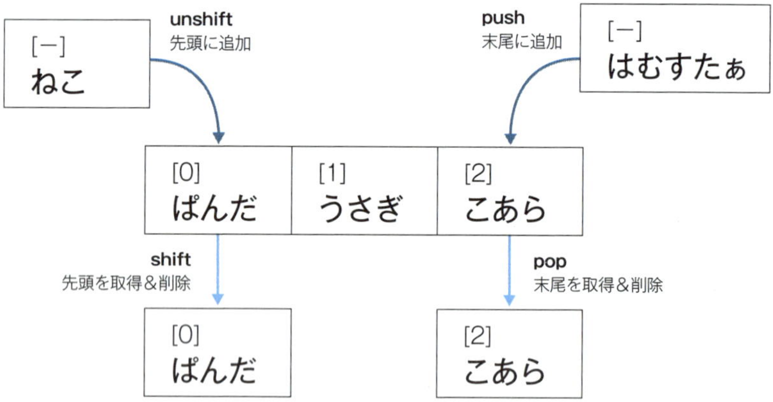

[–] ねこ
unshift 先頭に追加
push 末尾に追加
[–] はむすたぁ
[0] ぱんだ
[1] うさぎ
[2] こあら
shift 先頭を取得&削除
pop 末尾を取得&削除
[0] ぱんだ
[2] こあら

pop／shiftメソッドは要素を削除するだけでなく、取得のための役割を担っている点にも注目してください（削除というよりも「取り出す」というイメージです）。

●array_pop.js

```
let data = ['ぱんだ', 'うさぎ', 'こあら'];
data.push('はむすたぁ');
data.unshift('ねこ');
console.log(data);     // 結果：["ねこ", "ぱんだ", "うさぎ", "こあら", "はむすたぁ"]
console.log(data.pop());         // 結果：はむすたぁ
console.log(data.shift());       // 結果：ねこ
console.log(data);               // 結果：["ぱんだ", "うさぎ", "こあら"]
```

補足 スタック／キュー

上のメソッドを組み合わせることで、配列をスタック／キューとして利用できるようになります。

(1) スタック（Stack）

後入れ先出し（LIFO：Last In First Out）、または先入れ後出し（FILO：First In Last Out）と呼ばれる構造です。たとえば、アプリでよくあるUndo機能では、履歴に追加した操作を、後に入れたものから順に取り出します。このような操作にはスタックが適しています。

スタックを実装するには、push／popメソッドを利用します。

●array_stack.js

```
let data = [1, 2, 3];
console.log(data);              // 結果：[1, 2, 3]
console.log(data.push(4));      // 結果：4
console.log(data);              // 結果：[1, 2, 3, 4]
console.log(data.pop());        // 結果：4
console.log(data);              // 結果：[1, 2, 3]
```

(2) キュー（Queue）

先入れ先出し（FIFO：First In First Out）と呼ばれる構造です。最初に入った要素を最初に処理する様子が、窓口でサービスを待つ様子を似ていることから、待ち行列と呼ばれることもあります。

キューを実装するには、push／shiftメソッドを利用します。

●array_queue.js

```
let data = [1, 2, 3];
console.log(data);              // 結果：[1, 2, 3]
console.log(data.push(4));      // 結果：4
console.log(data);              // 結果：[1, 2, 3, 4]
console.log(data.shift());      // 結果：1
console.log(data);              // 結果：[2, 3, 4]
```

086 配列に配列を連結したい

Array | concat

関　連	015 配列を作成したい P.028
利用例	複数の配列を1つにまとめる場合

配列に対して、(要素ではなく) 配列を連結するならば、concatメソッドを利用します。push/shiftメソッドを利用してしまうと、配列が要素として追加されてしまいますので、注意してください。concatメソッドの引数には、複数の配列を指定することもできます。

●array_concat.js

```
let data1 = ['ぱんだ', 'うさぎ', 'こあら'];
let data2 = ['たぬき', 'きつね', 'さる'];
let data3 = ['うし', 'うま', 'とり'];
console.log(data1.concat(data2));
    // 結果：["ぱんだ", "うさぎ", "こあら", "たぬき", "きつね", "さる"]
// 複数配列の連結も可
console.log(data1.concat(data2, data3));
    // 結果：["ぱんだ", "うさぎ", "こあら", "たぬき", "きつね", "さる", "うし", ↵
"うま", "とり"]
// pushメソッドでは入れ子の配列に
data1.push(data2);
console.log(data1);
    // 結果：["ぱんだ", "うさぎ", "こあら", ["たぬき", "きつね", "さる"]]
```

なお、pushメソッドは現在の配列そのものに変更を及ぼすのに対して、concatメソッドは処理の結果を戻り値として返します（元の配列には影響を及ぼしません)。pushのようなメソッドのことを**破壊的なメソッド**と言います。

087 オブジェクト／ハッシュ同士をマージしたい

Object | assign

ES2015

関連	016 連想配列を作成したい P.030
利用例	メソッドの初期値を実引数の値で上書きする場合

オブジェクト／ハッシュ（連想配列）を結合するならば、Objectオブジェクトのassignメソッドを利用します。

構文 assignメソッド

```
Object.assign(target, source, ...)
```

target ターゲット
source コピー元

引数source...のメンバーを、引数targetにコピーするわけです。

●object_assign.js

```
let data1 = {
  id: 10,
  name: 'Yamada',
  description: {
    birth: '1978-02-25'
  },
};
let data2 = {
  age: 40,
  married: true,
  description: {
    job: '塾講師'
  },
};
let data3 = {
  blood: 'A',
  name: 'Taro Yamada',
};

Object.assign(data1, data2, data3);  ❶
console.log(data1);
```

▼結果

```
{
  id: 10,
  name: "Taro Yamada",
  description: {
    job: "塾講師"
  },
  age: 40,
  married: true,
  blood: "A"
}
```

assignメソッドを利用する際には、以下の点に注意してください。

- 同名のメンバーが存在する場合には、あとのもので上書きされる（ここではname）
- 再帰的なマージには非対応（この例ではdescriptionプロパティは丸ごと上書き）

また、assignメソッドは、先頭のオブジェクトを書き換えます。もしも元のオブジェクトに影響を及ぼしたくない場合には、❶の部分を以下のようにします。

```
let merged = Object.assign({}, data1, data2, data3);
```

これによって、空のオブジェクト（{}）に対してdata1～3をマージしなさいという意味になるので、data1～3には影響は及びません。

マージされた結果は、assignメソッドの戻り値として返されます。

088 配列のサイズを取得したい

Array | length

関連	015 配列を作成したい P.028 039 指定の回数だけ処理を繰り返したい P.072
利用例	配列の末尾（サイズ）を知りたい場合

lengthプロパティを利用します。

たとえば以下は、配列の先頭から末尾まで、順に値を取得する例です。ここでは、配列の末尾を知るために、lengthプロパティを利用しています。

●array_length.js

```
let data = ['ぱんだ', 'うさぎ', 'こあら'];
for (let i = 0; i < data.length; i++) {
  console.log(data[i]);
}
```

▼結果

```
ぱんだ
うさぎ
こあら
```

ただし、ES2015以降の環境で配列を列挙するならば、for...of命令を利用するのがシンプルです。可能であるならば、こちらを優先して利用してください。

lengthプロパティの値を退避させる

ただし、array_length.jsの例では、ループの都度、lengthプロパティにアクセスしているので、ブラウザーの種類／バージョンによっては速度が低下します（検証環境ではEdge、IEで速度が低下しました）。これを避けるために、以下のように、lengthプロパティをあらかじめ変数に退避させておくこともできます。

```
for (let i = 0, len = data.length; i < len; i++) {
```

速度が低下するとは言っても、配列が極端に大きい状況下に限られるので、通常は無視できるはずですが、このような記法もある、とだけ押さえておくと良いでしょう。

089 配列の内容（要素の位置）を検索したい

Array | indexOf | lastIndexOf

関　連	015　配列を作成したい　P.028
利 用 例	配列の中である要素が格納されている位置を調べたい場合

indexOf／lastIndexOfメソッドを利用します。

構文 **indexOf／lastIndexOfメソッド**

```
arr.indexOf(search[, from]);
arr.lastIndexOf(search[, from]);
```

search　検索する要素
from　検索開始位置

indexOfメソッドは配列の先頭から、lastIndexOfメソッドは後方から検索を開始するという違いがあります。引数fromは、いずれも先頭からのインデックス値として指定します。戻り値は、見つかった要素位置（先頭要素は0）で、指定の要素が見つからなかった場合には-1を返します。

●array_index.js

```
let data = [100, 50, 20, 100];
console.log(data.indexOf(100));          // 結果：0
console.log(data.lastIndexOf(100));      // 結果：3
console.log(data.indexOf(300));          // 結果：-1
console.log(data.indexOf('100'));        // 結果：-1 ―― ❶
console.log(data.indexOf(100, 1));       // 結果：3
console.log(data.lastIndexOf(20, 1));    // 結果：-1
```

indexOf／lastIndexOfメソッドは、いずれも内部的には「===」演算子で要素を比較します。よって、❶のように文字列と数値の比較にはマッチしません。

また、引数fromには、負数を指定してもかまいません。その場合は、配列の末尾を-1として、そこからさかのぼって数えた位置から検索を開始します。ただし、その場合も検索そのものは、indexOfは前から後ろに、lastIndexOfは後ろから前に、検索します（検索方向が変化するわけではありません）。

```
console.log(data.indexOf(50, -2));          // 結果：-1
console.log(data.indexOf(50, -3));          // 結果：1
console.log(data.lastIndexOf(100, -2));     // 結果：0
```

要素の登場位置をすべて検出する

indexOf／lastIndexOfメソッドは、指定された要素が最初に見つかった位置を返します。もしも合致するすべての要素を見つけたい場合には、以下のようなコードを利用してください。

●array_index_all.js

```
function indexOfAll(array, search) {
  // 結果を格納するための配列
  let result = [];
  // 検索開始位置（最初は先頭）
  let index = -1;
  // 要素が見つからなくなるまで検索を継続
  do {
    // 前に見つかった位置の続きから検索
    index = array.indexOf(search, index + 1);
    result.push(index);
  } while (index !== -1);
  // 結果配列の末尾を除去（「-1」が必ず入っているはずなので）
  return result.slice(0, result.length - 1);
}

let data = ['赤', '白', '青', '赤', '赤'];
console.log(indexOfAll(data, '赤'));      // 結果：[0, 3, 4]
```

indexOfメソッドでの戻り値を保存しておいて、次の検索ではその次の要素から検索を開始しているわけです。検索結果は、配列resultに格納しています。

090 配列の内容（要素の有無）を検索したい

Array | includes

ES2016

関　連	015　配列を作成したい　P.028
利 用 例	ある要素が配列に含まれているかを確認したい場合

includesメソッドを利用します。

構文 includesメソッド

```
arr.includes(search[, from])
```

search　検索する要素
from　　検索開始位置

配列内で指定された要素が見つかったかどうかをtrue／falseで返します。

●array_includes.js

```
let data = ['ぱんだ', 'うさぎ', 'こあら', 'うし'];
console.log(data.includes('うさぎ'));        // 結果：true
console.log(data.includes('うさぎ', 2));     // 結果：false
```

引数fromには、負数を指定してもかまいません。その場合は、配列の末尾を-1として、そこからさかのぼって数えた位置から検索を開始します。その場合も、検索は前方から後方に向かって実施されます。

```
console.log(data.includes('うさぎ', -3));    // 結果：true
console.log(data.includes('うさぎ', -2));    // 結果：false
```

NOTE

要素の位置を知りたいならばindexOf／lastIndexOfメソッド

includesメソッドは、ただ要素が存在するかどうかを判定するだけです。見つかった要素の位置を知りたいならば、indexOf／lastIndexOfメソッドを利用してください。

逆に、要素の有無だけを判定したいならば、戻り値をtrue／falseで返すincludesメソッドのほうが便利です。

091 配列の要素を結合したい

Array | join

関連	086 配列に配列を連結したい P.142
利用例	配列を1つの文字列として処理する場合

joinメソッドを利用します。

構文 joinメソッド

```
arr.join([separator])
```

separator 区切り文字

引数separatorを省略した場合、配列は「,」（カンマ）で連結されます。

●array_join.js

```
let data = ['ぱんだ', 'うさぎ', 'こあら'];
console.log(data.join(' '));      // 結果：ぱんだ うさぎ こあら
console.log(data.join());         // 結果：ぱんだ,うさぎ,こあら
```

別解としてtoStringメソッドを利用する方法もあります。toStringメソッドでは、引数は指定できず、配列は無条件に「,」区切りで連結されます。

window.alertメソッドなど、引数として文字列を受け取るメソッドに「window.alert(data);」のように、配列を渡した場合には、自動的にtoStringメソッドが呼び出されます。

```
window.alert(data.toString());    // 結果：ぱんだ,うさぎ,こあら
window.alert(data);
    // 結果：ぱんだ,うさぎ,こあら（内部的にtoStringメソッドを呼び出し）
```

092 配列の一部を抜き出したい

Array | slice

関連	085 配列の要素を追加／削除したい P.140
利用例	配列を分割する場合

配列から特定の一要素を取得するには、ブラケット構文で「data[0]」のように表します。これを特定範囲で取得するならば、sliceメソッドを利用してください。

構文 sliceメソッド

```
arr.slice(begin [,end])
```

begin 開始位置
end 終了位置

sliceメソッドは引数begin～end-1の要素を抜き出します。引数endを省略した場合は、開始位置から配列の末尾までを取得します。

●array_slice.js

```
let data = ['ぱんだ', 'うさぎ', 'こあら', 'たぬき', 'きつね']
console.log(data.slice(1));        // 結果：["うさぎ", "こあら", "たぬき", "きつね"]
console.log(data.slice(1, 3));     // 結果：["うさぎ", "こあら"]
```

引数endに負数を指定することで、「後方から何番目の要素まで」を表すこともできます。たとえば以下はendが-1なので、最後の要素から2番目の要素までを抜き出します。

```
console.log(data.slice(1, -1));     // 結果：["うさぎ", "こあら", "たぬき"]
```

093 配列の内容を置き換えたい

Array | splice

関連	091 配列の要素を結合したい P.149
利用例	配列の一部を別の内容で差し替える場合

spliceメソッドを利用します。

構文 spliceメソッド

```
arr.splice(index, many [,elements, ...])
```

index 開始位置
many 要素数
elements 置換後の要素

配列のindex番目からmany個分だけ要素を抜き出し、elements...で置き換えます。置換前の要素と置換後の要素の数は違っていてもかまいません。

spliceメソッドの戻り値は、置換対象となった要素（配列）です（置き換えた結果ではない点に注意です）。

●array_splice.js

```
let data = ['ぱんだ', 'うさぎ', 'こあら', 'たぬき', 'きつね'];
console.log(data.splice(2, 2, 'さる', 'きじ', 'いぬ'));
  // 結果：["こあら", "たぬき"]
console.log(data);
  // 結果：["ぱんだ", "うさぎ", "さる", "きじ", "いぬ", "きつね"]
console.log(data.splice(0, 1, 'ねこ', 'ぶた'));
  // 結果：["ぱんだ"]
console.log(data);
  // 結果：["ねこ", "ぶた", "うさぎ", "さる", "きじ", "いぬ", "きつね"]
console.log(data.splice(-2, 2, 'ねずみ'));  ❶
  // 結果：["いぬ", "きつね"]
console.log(data);
  // 結果：["ねこ", "ぶた", "うさぎ", "さる", "きじ", "ねずみ"]
```

❶のように引数indexに負数を指定した場合には、後方から数えた位置（末尾は-1）を開始位置とします。

挿入／削除操作も可能

引数manyを0にした場合、既存の要素は抜き出されず、新規の要素が差し込まれるだけ（＝挿入）になりますし、引数elementsを省略した場合には既存要素の抜き出し（＝削除）になります。

●array_splice2.js

```
let data = ['ぱんだ', 'うさぎ', 'こあら', 'たぬき', 'きつね'];
console.log(data.splice(2, 0, 'さる'));    // 結果：[]
console.log(data);
    // 結果：["ぱんだ", "うさぎ", "さる", "こあら", "たぬき", "きつね"]
console.log(data.splice(4, 2));      // 結果：["たぬき", "きつね"]
console.log(data);                   // 結果：["ぱんだ", "うさぎ", "さる", "こあら"]
```

MEMO

094 配列内の要素を特定の値に設定したい

Array | fill

ES2015

関連	015 配列を作成したい P.028
利用例	配列内の要素を特定の値で一律に初期化したい場合

fillメソッドを利用します。

構文 fillメソッド

```
arr.fill(value [,start [,end]])
```

value 設定する値
start 開始位置
end 終了位置

fillメソッドは、既定で配列内の要素をすべて指定された値で置き換えますが、引数を指定することで、置き換えの範囲を選択することも可能です。いずれも負数を指定した場合には、配列末尾から数えて開始／終了位置を決めます。

●array_fill.js

```
let data = ['ぱんだ', 'うさぎ', 'こあら', 'うし', 'うま', 'とり'];
let data2 = ['ぱんだ', 'うさぎ', 'こあら', 'うし', 'うま', 'とり', 'ねずみ', ↵
'ねこ', 'いぬ', 'さる'];
let data3 = ['ぱんだ', 'うさぎ', 'こあら', 'うし', 'うま', 'とり', 'ねずみ', ↵
'ねこ', 'いぬ', 'さる'];
console.log(data.fill('—'));
  // 結果：["—", "—", "—", "—", "—", "—"]
console.log(data2.fill('—', 2, 6));
  // 結果：["ぱんだ", "うさぎ", "—", "—", "—", "—", "ねずみ", "ねこ", ↵
"いぬ", "さる"]
console.log(data3.fill('—', -7, -2));
  // 結果：["ぱんだ", "うさぎ", "こあら", "—", "—", "—", "—", "—", "いぬ", ↵
"さる"]
```

095 配列の要素を並べ替えたい

Array | reverse | sort

関　連	099 配列の内容を順に処理したい P.162
利用例	配列の内容を辞書順／大きい順にソートしたい場合

reverse／sortメソッドを利用します。

並びを逆順にする

並びを逆順にするだけであれば、reverseメソッドを利用します。

●array_reverse.js

```
let data = ['ぱんだ', 'うさぎ', 'こあら'];
console.log(data.reverse());    // 結果：["こあら", "うさぎ", "ぱんだ"]
```

配列をソートする

配列を任意のルールで並べ替えるには、sortメソッドを利用します。

構文 sortメソッド

```
arr.sort(function(e1, e2) {
  ...statements...
})
```

e1、e2	比較する要素
statements	ソート規則

引数には、以下のようなコールバック関数を指定します。

- 引数は比較する配列要素（2個）
- 第1引数が第2引数より大きい場合は正数、小さい場合は負数、等しい場合は0を返す

引数が省略された場合には、引数は文字列として辞書的にソートされます。

●array_sort.js

```
let data = [7, 38, 21];
console.log(data.sort());    // 結果：[21, 38, 7]（辞書順にソート）
console.log(data.sort(function (m, n) { return m - n; }));
    // 結果：[7, 21, 38]（数値の小さい順にソート）
```

コールバック関数の中では、引数e1, e2を数値として両者の差を取るのが一般的です(これによって、正負の数が返されます)。

役職を元にオブジェクトをソートする

sortメソッドを利用することで、たとえば役職（部長→課長→係長→主任）順にオブジェクトをソートすることもできます。

ポイントは❶の部分、オブジェクト配列のpositionプロパティをキーに配列key（役職順リスト）を検索し、その登場位置で大小比較します。このように、どのような値も大小比較できる形に変換できれば、ソートが可能です。

●array_sort2.js

```
// 役職順リスト
let key = ['部長', '課長', '係長', '主任'];
// ソート対象のメンバーリスト
let data = [
  { name: '山田リオ', position: '主任' },
  { name: '鈴木奈美', position: '部長' },
  { name: '田中博', position: '課長' },
  { name: '佐藤平八', position: '課長' },
];
// 役職（position）の、配列keyにおける位置の大小で比較
console.log(data.sort(function (m, n) {
  return key.indexOf(m.position) - key.indexOf(n.position); ――❶
}));
```

▼結果

```
[
  {name: "鈴木奈美", position: "部長"},
  {name: "田中博", position: "課長"},
  {name: "佐藤平八", position: "課長"},
  {name: "山田リオ", position: "主任"}
]
```

NOTE

破壊的メソッド

Arrayオブジェクトのメソッドの多くは、破壊的である（=元のオブジェクトに影響を及ぼす）点に注意してください。たとえばsort／reverseメソッドは戻り値としてソート後の配列を返しますが、のみならず、元の配列も並べ替えています。

例外的にconcat、slice、join、toStringなどのメソッドは破壊的ではありません。

096 配列内の要素を別の位置に移動したい

Array | copyWithin

ES2015

関　連	095　配列の要素を並べ替えたい　P.154
利用例	配列内の要素を位置指定で移動したい場合

copyWithinメソッドを利用します。

構文 **copyWithinメソッド**

```
arr.copyWithin(target [,start [,end]])
```

target　移動先
start　コピー開始位置
end　コピー終了位置

現在の配列から、引数start～end-1番目の要素を抜き出し、引数targetの位置に挿入します。引数endを省略した場合は、引数startから末尾までの要素を抜き出します。

●array_copyin.js

```
let data = ['ド', 'レ', 'ミ', 'ファ', 'ソ'];
let data2 = ['ド', 'レ', 'ミ', 'ファ', 'ソ'];
let data3 = ['ド', 'レ', 'ミ', 'ファ', 'ソ'];
console.log(data.copyWithin(2, 1, 3));
    // 結果：["ド", "レ", "レ", "ミ", "ソ"]
console.log(data2.copyWithin(1, 2));
    // 結果：["ド", "ミ", "ファ", "ソ", "ソ"]
console.log(data3.copyWithin(2));
    // 結果：["ド", "レ", "ド", "レ", "ミ"]
```

図4.2 **copyWithin メソッド**

copyWithin(2, 1, 3)…1～2番目の要素を2番目にコピー

[0]	[1]	[2]	[3]	[4]
ド	レ	レ	ミ	ソ
ド	レ	ミ	ファ	ソ

copyWithin(1, 2)…2番目から末尾までの要素を1番目にコピー

[0]	[1]	[2]	[3]	[4]
ド	ミ	ファ	ソ	ソ
ド	レ	ミ	ファ	ソ

copyWithin(2)…先頭から要素を2番目にコピー

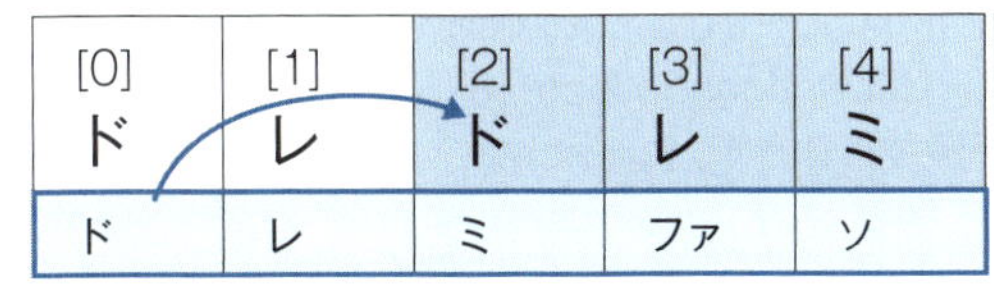

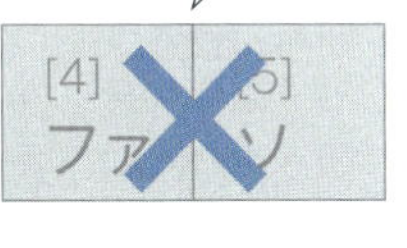

097 配列ライクなオブジェクトを配列に変換したい

Array | from

ES2015

関　連	015　配列を作成したい　P.028
利用例	arguments／NodeListのようなオブジェクトでArrayのメソッドを利用したい場合

JavaScriptには、arguments、HTMLCollectionのように、「配列によく似た構造を持つが、配列ではない」オブジェクトがあります。Array.fromメソッドを利用することで、これらのオブジェクトを配列に変換できます。

構文 **Array.fromメソッド**

```
Array.from(data [,func [,that]])
```

data　配列ライクなオブジェクト
func　値変換に利用する関数
that　thisが表す値 レシピ099

たとえば以下は、 レシピ182 のform_list.jsをfromメソッドを使って書き換えた例です。optionsプロパティの戻り値（HTMLOptionsCollection）はforEachメソッドを持ちませんが、fromメソッドで配列化することで、forEachメソッドの利用が可能になります。

● form_list.js

```
Array.from(document.getElementById(name).options).forEach(function (elem) {
  if (elem.selected) {
    result.push(elem.value);
  }
});
```

NOTE

引数func

引数funcを利用することで、配列に変換する際に個々の要素を加工できます。構文はmapメソッド レシピ100 のそれに準ずるので、具体的なそちらを参照してください。

ES2015より前では……

Array.fromは、ES2015で導入されたメソッドです。ES2015より前の環境では、callメソッド レシピ127 を利用してください。上のコードは、callメソッドを利用することで、以下のように書き換えられます。これで「optionsの戻り値をthisとして、Array.forEachメソッドを呼び出しなさい」という意味になります。

```
Array.prototype.forEach.call(document.getElementById(name).options,
  function (elem) { ... });
```

MEMO

098 配列を複製したい

Array | from　　　ES2015

関連	097 配列ライクなオブジェクトを配列に変換したい P.158
利用例	現在の配列と同じ内容の配列を生成したい場合

Array.fromメソッドを利用します。

●array_copy.js

```
let data = ['ぱんだ', 'うさぎ', 'こあら'];
let copy = Array.from(data);
console.log(data);              // 結果：["ぱんだ", "うさぎ", "こあら"]
console.log(copy);              // 結果：["ぱんだ", "うさぎ", "こあら"]
console.log(data === copy);    // 結果：false
```

fromメソッドは、本来、配列ライクなオブジェクトを配列に変換するためのオブジェクトですが、配列を渡すことで、配列をもとに新たな配列を生成（=配列をコピー）できます。確かに「===」演算子で比較すると、内容は同じでも、オブジェクトとしては別ものであることが確認できます。

注意 代入演算子は不可

以下のように、代入演算子を利用しても、参照がコピーされるだけで、配列そのものは同じものを指すことにしかなりません。

```
let copy = data;
console.log(data === copy);    // 結果：true（同じもの）
```

注意 fromメソッドのコピーはシャローコピー

fromメソッドによるコピーは、いわゆるシャローコピー（浅いコピー）です。浅いコピーとは何かを理解するために、以下のような例を見てみます。

●array_copy2.js

```
let data1 = ['a', 'b', 'c'];
let data2 = [{x: 1, y: 2}, {x: 3, y: 4}, {x: 5, y: 6}];

let copy1 = Array.from(data1);
let copy2 = Array.from(data2);
```

```
data1[0] = 'zzz';
data2[0].x = 999;

console.log(data1);  // 結果：["zzz", "b", "c"] ─┐
console.log(copy1);  // 結果：["a", "b", "c"] ──┴─❶
console.log(data2);  // 結果：[{x: 999, y: 2}, {x: 3, y: 4}, {x: 5, y: 6}] ─┐
console.log(copy2);  // 結果：[{x: 999, y: 2}, {x: 3, y: 4}, {x: 5, y: 6}] ─┴─❷
```

配列の要素が基本型である場合には問題ありません（❶）。コピー元の修正がコピー先に影響することはありません。しかし、参照型である場合、コピー元の修正はコピー先にも影響してしまうのです（❷）。オブジェクト配下のメンバーではなく、オブジェクトの参照だけをコピーすることから、シャロー（浅い）コピーと呼ばれます。

シャローコピーに対して、入れ子になったオブジェクト（配列）の中身まできちんと複製することをディープコピーと言います。

別解 fromメソッド以外でのコピー

from以外でも、いくつかの方法で配列をコピーできます。

(1) concatメソッド レシピ086

元々は配列同士を連結するためのメソッドですが、引数を空にすることで、元の配列をそのままコピーしたものを返します。

```
let copy = data.concat();
```

(2) sliceメソッド レシピ092

元々は配列から部分配列を取り出すためのメソッドですが、引数を空にすることで、元の配列をそのままコピーしたものを返します。

```
let copy = data.slice();
```

(3) スプレッド演算子 レシピ052 ES2015

元々は配列を可変長引数にばらす用途で利用するものですが、これをコピー用途で利用することもできます。

```
let copy = [...data];
```

099 配列の内容を順に処理したい

Array | forEach

関連	100 配列の要素を順番に加工したい P.164 101 配列の内容を特定の条件で絞り込みたい P.165
利用例	配列の内容を先頭から順に判定/出力する場合

forEachメソッドを使えば、配列の要素をコールバック関数で順に処理できます。

構文 forEachメソッド

```
arr.forEach(function(value, index, array) {
  ...statements...
}, that)
```

value	要素値
index	インデックス値
array	元の配列
statements	要素に対する処理
that	thisが表す値

たとえば以下は、配列animalsの内容をログに出力します。コールバック関数の引数は不要であれば、省略してもかまいません(ここでは引数valueのみ渡しています)。

●array_foreach.js

```
let animals = [
  { name: 'フレンチブルドッグ', type: 'いぬ' },
  { name: 'ヨークシャーテリア', type: 'いぬ' },
  { name: 'ダックスフント', type: 'いぬ' },
  { name: 'スコティッシュ フォールド', type: 'ねこ' },
  { name: 'ポメラニアン', type: 'いぬ' },
];

animals.forEach(function (value) {
  console.log(value.name + ':' + value.type);
});
```

▼結果

```
フレンチブルドッグ:いぬ
ヨークシャーテリア:いぬ
ダックスフント:いぬ
スコティッシュ フォールド:ねこ
ポメラニアン:いぬ
```

thisの内容を変化させる

forEachメソッドの第2引数には、コールバック関数配下でのthisが参照するオブジェクトを指定できます。たとえば以下のサンプルでは、オブジェクト配列の内容を整形したものを、いったん配列resultに格納したうえで、ログに出力しています。

●array_foreach_this.js

```
let animals = [
  ...中略...

];

// 整形結果を格納するための配列
let result = [ ];
// 配列の内容を整形し、順に結果配列resultに追加
animals.forEach(function (value) {
  this.push(value.name + ':' + value.type);
}, result);
console.log(result);
```

▼結果

```
[
  "フレンチブルドッグ:いぬ",
  "ヨークシャーテリア:いぬ",
  "ダックスフント:いぬ",
  "スコティッシュ フォールド:ねこ",
  "ポメラニアン:いぬ"
]
```

NOTE

this指定が可能なメソッド

コールバック関数のthis指定は、後述するmap、filter、everyなどのメソッドでも同様に可能です。

100 配列の要素を順番に加工したい

Array | map

関　連	099　配列の内容を順に処理したい　P.162
利用例	配列を特定の規則に基づいて編集する場合

mapメソッドは、配列の要素をコールバック関数で順に加工し、最終的にできた新しい配列を返します。

構文 mapメソッド

```
arr.map(function(value, index, array) {
  ...statements...
}, that)
```

value	要素値
index	インデックス値
array	元の配列
statements	要素を加工する処理
that	thisが表す値 レシピ099

コールバック関数の引数はいずれも省略可能です。戻り値は、加工後の値（要素）を返すようにします。

たとえば以下は、個々の配列要素を２乗した配列を返します。

●array_map.js

```
let data = [1, 2, 3];
let data2 = data.map(function (value) {
  return value * value;
});
console.log(data2);     // 結果：[1, 4, 9]
```

101 配列の内容を特定の条件で絞り込みたい

Array | filter

関連	099 配列の内容を順に処理したい P.162
利用例	配列から特定の条件に合致する要素だけを取り出す場合

filterメソッドを利用することで、配列の内容をコールバック関数で判定し、その中でtrueと判定された要素だけを取得できます。

構文 filterメソッド

```
arr.filter(function(value, index, array) {
  ...statements...
}, that)
```

value	要素値
index	インデックス値
array	元の配列
statements	要素のtrue／falseを判定する処理
that	thisが表す値 レシピ099

コールバック関数の引数はいずれも省略可能です。戻り値は、結果配列にその要素を残したい場合にはtrue、除去する場合にはfalseを返すようにします。

たとえば以下は、文字列長が8文字未満の要素だけを残すコードです。

● array_filter.js

```
let animals = [
  'フレンチブルドッグ',
  'ヨークシャーテリア',
  'ダックスフント',
  'ポメラニアン',
  'コーギー',
];
let short = animals.filter(function (value) {
  return (value.length < 8);
});
console.log(short);
    // 結果：["ダックスフント", "ポメラニアン", "コーギー"]
```

102 配列の要素がすべて与えられた条件に合致するかを判定したい

Array | every

関連	103 配列の要素が1つでも与えられた条件に合致するかを判定したい P.167
利用例	配列内の要素がすべてある条件を満たしているかを確認したい場合

everyメソッドを利用します。

構文 everyメソッド

```
arr.every(function(value, index, array) {
  ...statements...
}, that)
```

value	要素値
index	インデックス値
array	元の配列
statements	要素のtrue／falseを判定する処理
that	thisが表す値 レシピ099

コールバック関数の引数はいずれも省略可能です。また、要素を判定した結果をtrue／false値で返すようにします。

コールバック関数がすべての要素についてtrueを返した場合に、最終的にeveryメソッドもtrueを返します。

以下は、配列内のすべての要素（文字列）が8文字未満であるかを判定する例です。

●array_every.js

```
let animals = [
  'フレンチブルドッグ',
  'ヨークシャーテリア',
  'ダックスフント',
  'ポメラニアン',
  'コーギー',
];
console.log(animals.every(function (value) {
  return (value.length < 8);
}));    // 結果：false
```

配列内の要素が**1つでも**trueであるかを判定したい場合には、someメソッドを利用してください。

103 配列の要素が1つでも与えられた条件に合致するかを判定したい

Array | some

関連	102 配列の要素がすべて与えられた条件に合致するかを判定したい P.166
利用例	配列内にある条件を満たす要素が存在するかを確認したい場合

someメソッドを利用します。

構文 someメソッド

```
arr.some(function(value, index, array) {
  ...statements...
}, that)
```

value	要素値
index	インデックス値
array	元の配列
statements	要素のtrue／falseを判定する処理
that	thisが表す値 レシピ099

コールバック関数の引数はいずれも省略可能です。また、要素を判定した結果をtrue／false値で返すようにします。

コールバック関数が1つ以上の要素についてtrueを返した場合に、someメソッドもtrueを返します。

以下は、配列内に1つでも8文字未満の要素（文字列）があるかを判定する例です。

●array_some.js

```
let animals = [
  'フレンチブルドッグ',
  'ヨークシャーテリア',
  'ダックスフント',
  'ポメラニアン',
  'コーギー',
];
console.log(animals.some(function (value) {
  return (value.length < 8);
}));     // 結果：true
```

配列内の要素が**すべて**trueであることを確認したい場合には、everyメソッドを利用してください。

104 任意の条件で配列内を検索したい

Array | find | findIndex

関連	103 配列の要素が1つでも与えられた条件に合致するかを判定したい P.167
利用例	配列内から任意の条件で要素を取り出したい場合

find／findIndexメソッドを利用します。

条件に合致した要素を取得する

findメソッドを利用することで、配列の内容をコールバック関数で判定し、最初に合致した（＝trueを返した）要素を取得できます。

構文 findメソッド

```
arr.find(function(value, index, array) {
  ...statements...
}, that)
```

value	要素値
index	インデックス値
array	元の配列
statements	要素のtrue／falseを判定する処理
that	thisが表す値 レシピ099

コールバック関数の引数はいずれも省略可能です。また、要素を判定した結果をtrue／false値で返します。

以下は、書籍情報の配列から価格が2000円未満のものを取り出す例です。

●array_find.js

```
let books = [
  {
    title: '独習C# 新版',
    price: 3600,
  },
  {
    title: '速習 webpack ',
    price: 454,
  },
  {
    title: 'Angularアプリプログラミング',
    price: 3700,
  },
];
console.log(books.find(function (value) {
  return (value.price < 2000);
}));    // 結果：{title: "速習 webpack ", price: 454}
```

条件に合致した要素のインデックス値を取得する

findメソッドは条件に合致した要素そのものを返しますが、要素のインデックス値を知りたい場合にはfindIndexメソッドを利用します。先ほどの例を以下のように書き換えて、結果の変化を確認しておきます。

●array_findindex.js

```
let books = [
  ...中略...
];
console.log(books.findIndex(function (value) {
  return (value.price < 2000);
}));    // 結果：1
```

105 配列内の要素を順に処理して単一の結果にまとめたい

Array | reduce | reduceRight

関連	099 配列の内容を順に処理したい P.162
利用例	配列の内容を合算した結果を求めたい場合

reduceメソッドを利用します。

構文 reduceメソッド

```
arr.reduce(function(result, value, index, array) {
  ...statements...
}, init)
```

result	結果値
value	要素値
index	インデックス値
array	元の配列
statements	要素を演算する処理
init	初期値

コールバック関数の引数はいずれも省略可能です。引数resultには、直前のコールバック関数の結果が渡されます。コールバック関数では、このresultとvalueを順に演算し、最終的な結果を得るというわけです。

引数initは、最初にresultに渡す値を表します。省略された場合には、配列の先頭要素が渡されます。

具体的な例も見てみましょう。以下は、配列の内容を順に積算し、その総積を求める例です。

●array_reduce.js

```
let data = [2, 4, 6, 8];
console.log(data.reduce(function (result, value) {
  return result * value;
}));    // 結果：384
```

以下のように、初期値として1を設定しても同じ意味です。

```
data.reduce(function(result, value) { ... }, 1);
```

右→左方向に演算する

reduceメソッドは、配列内の要素を左→右に演算していきますが、reduceRightメソッドを利用することで、右→左方向に演算することもできます。

たとえば以下は、二次元配列をreduce／reduceRightメソッドを使って、それぞれ一次元配列に変換する例です。両者の結果の違いも確認しておきましょう。

●array_reduce_right.js

```
let data = [
  ['ぱんだ', 2], ['うさぎ', 5], ['こあら', 1]
];
console.log(data.reduce(function (result, value) {
  return result.concat(value);
}));    // 結果：["ぱんだ", 2, "うさぎ", 5, "こあら", 1]
console.log(data.reduceRight(function (result, value) {
  return result.concat(value);
}));    // 結果：["こあら", 1, "うさぎ", 5, "ぱんだ", 2]
```

106 マップを作成したい

Map

ES2015

関連	016 連想配列を作成したい P.030
利用例	キー／値の組み合わせで複数の情報を管理する場合

マップとは、キー／値のセットを管理するためのオブジェクト。連想配列／ハッシュとも言います。従来のJavaScriptでは、オブジェクトリテラルをマップとして利用するのが基本でしたが、ES2015でようやく専用のMapオブジェクトが提供されました。

構文 Mapコンストラクター

```
new Map([[key, value], ...])
```

key キー
value 値

キー／値のセットを二次元配列の形式で渡していくわけです。以下の例でも、確かにキーと値とが組みになったマップが生成されていることが確認できます。

●map.js

```
let m = new Map([
  ['Fl', 'フルート'],
  ['Tp', 'トランペット'],
  ['Vn', 'ヴァイオリン'],
]);
console.log(m);
```

▼結果 生成されたマップを確認（デベロッパーツール）

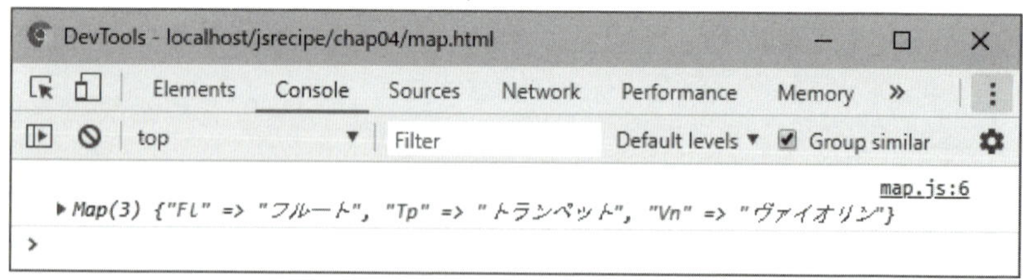

オブジェクトリテラルとの相違点

以下に、Mapオブジェクトとオブジェクトリテラルとの相違点をまとめておきます。

(1) 任意の型をキーにできる

オブジェクトリテラルでは、あくまでプロパティ名をキーと見なすので、キーとして指定できるのは文字列だけです。しかし、Mapオブジェクトでは、任意の型をキーとして利用できます(たとえば、NaNやundefinedもキーとなりえます)。

(2) クリーンなマップを作成できる

オブジェクトリテラルの実体は、Objectオブジェクトです。そのため、空の状態でもObjectオブジェクト本来のプロパティが最初から備わっています。つまり、真に空のマップは作成できないということです。

しかし、Mapはそれ専用のオブジェクトなので、完全に空のマップを表現できます。

(3) サイズを取得できる

Mapオブジェクトでは、sizeプロパティを利用することで、マップのサイズを取得できます。

```
console.log(m.size);    // 結果:3
```

オブジェクトリテラルでは、こうした仕組みを持たないので、サイズを知りたいならば、for...in命令で走査する必要があります。

(4) パフォーマンスに優れる

キー/値を頻繁に削除するような場合には、それ専用の仕組みであるMapオブジェクトのほうがパフォーマンスに優れています。

ただし、以上のようなメリットにもかかわらず、歴史的な経緯、また、リテラルでコンパクトに表現できるという理由から、連想配列としてオブジェクトリテラルを利用する状況も少なくありません。メリット/デメリットを理解しながら、双方を使い分けていきましょう。

107 マップに値を設定/取得したい

Map | get | set

ES2015

関連	106 マップを作成したい P.172
利用例	マップ内の値を出し入れしたい場合

Mapオブジェクトには、(コンストラクターで初期化する他) setメソッドで、個々にキー/値を設定することもできます。また、マップ内の値にアクセスするには、getメソッドを利用します。

構文 set/getメソッド

```
map.set(key, value)
map.get(key)
```

key キー
value 値

具体的なコード例は、以下の通りです。

●map_set.js

```
let m = new Map();
m.set('Fl', 'フルート');
console.log(m.get('Fl'));    // 結果：フルート
```

基本的な用法はシンプルですが、キーとして任意の型を設定できるその性質上、注意すべき点もあります。

(1) キーは厳密に比較される

キーを比較する際、内部的には「===」演算子が利用されます。そのため、以下のようなコードでは意図した値を取得できません。設定時のキーは文字列の'10'ですが、取得時のキーは数値の10だからです。

●map_strict.js

```
let m = new Map();
m.set('10', 'zehn');
console.log(m.get(10));    // 結果：undefined
```

(2) 参照型のキーには要注意

たとえば以下のようなコードは、意図したように動作しません。

●map_ref.js

```
let m = new Map();
m.set({}, 'WINGS');
console.log(m.get({}));    // 結果：undefined
```

setメソッドの{}と、getメソッドの{}とは、(見た目が同じであっても) 別もののオブジェクトだからです。参照型の比較は、参照による比較になることを思い出してください。

(3) NaN === NaNはtrue

レシピ022 でも触れたように、NaNは特別な値で、自分自身とも等しくなりません。しかし、Mapでは、例外的に「NaN === NaN」と見なします。よって、以下のコードでも意図した値（NaNキーの値）を取得できます。

●map_nan.js

```
let m = new Map();
m.set(NaN, 'WINGS');
console.log(m.get(NaN));    // 結果：WINGS
```

108 マップにキーが存在するかを判定したい

Map | has

ES2015

関　連	106 マップを作成したい P.172
利 用 例	マップから値を取得する前に、キーの有無を確認したい場合

hasメソッドを利用します。

構文 **hasメソッド**

map.**has**(*key*)

key キー

マップにキーが存在する場合、hasメソッドはtrueを、さもなくばfalseを返します。

●map_has.js

```
let m = new Map();
m.set('Fl', 'フルート');
console.log(m.has('Fl'));     // 結果：true
console.log(m.has('Cl'));     // 結果：false
```

ちなみに、getメソッドは指定されたキーが存在しない場合にundefinedを返します。そのため、getメソッドでもキーの有無を判定できますが、一般的にはより直接的な判定の手段として、hasメソッドを利用すべきです。

109 マップから既存のキーを削除したい

Map | delete | clear ES2015

関　連	106 マップを作成したい P.172
利用例	マップから不要になったキー／値を削除したい場合

特定のキーを削除するには、deleteメソッドを利用します。

構文 **deleteメソッド**

```
map.delete(key)
```

key　キー

deleteメソッドは、キーを削除できたらtrueを返します（キーが存在しない場合などで削除できなかった場合はfalse）。

●map_delete.js

```
let m = new Map();
m.set('Fl', 'フルート');
m.set('Tp', 'トランペット');
console.log(m.delete('Fl'));      // 結果：true
console.log(m.delete('Cl'));      // 結果：false
```

（特定のキーではなく）すべてのキーを削除したい場合には、clearメソッドを利用してください。

```
m.clear();
```

110 マップからすべてのキー／値を取り出したい

Map | forEach | entries | keys | values

ES2015

関連	106 マップを作成したい P.172
利用例	マップの内容を無条件にすべて処理したい場合

表4.1のようなメソッドが用意されています。

表4.1 マップのキー／値を取得するためのメソッド

メソッド	概要
keys	すべてのキーを取得
values	すべての値を取得
entries	すべてのキー／値を取得

以下は、それぞれのメソッドを使って、マップ内のすべてのキー、値を取得する例です。

●map_values.js

```
let m = new Map();
m.set('Fl', 'フルート');
m.set('Tp', 'トランペット');
m.set('Vn', 'ヴァイオリン');

// キーを順に取得
for (let key of m.keys()) {
  console.log(key);     // 結果：Fl、Tp、Vn
}

// 値を順に取得
for (let value of m.values()) {
  console.log(value);     // 結果：フルート、トランペット、ヴァイオリン
}

for (let [key, value] of m.entries()) {  ❶  ❷
  console.log(key + ':' + value);
    // 結果：Fl：フルート、Tp：トランペット、Vn：ヴァイオリン
}
```

entriesメソッドは、[キー, 値]のペアを配列として返します。よって、for...of命令の仮引数でも「let [key, value]」のようにキー／値のセットを受け取れるようにします。

❶の部分は、単に「let [key, value] of **m**」としても同じ意味です（内部的にはentriesメソッドが呼び出されます）。

マップの内容を順に処理する

別解として、forEachメソッドでマップの内容を順に取り出すこともできます。

構文 forEachメソッド

```
map.forEach(function(value, key, map) {
  ...statements...
}, that)
```

value	値
key	キー
map	元のマップ
statements	要素に対する処理
that	thisが表す値 レシピ099

たとえば以下は、先ほどの例の❷の部分をforEachメソッドで書き換えたものです。コールバック関数の引数は不要であれば、省略してもかまいません（ここではkey／valueのみを渡しています）。

●map_foreach.js

```
let m = new Map();
...中略...
m.forEach(function (value, key) {
  console.log(key + ':' + value);
}); // 結果：Fl：フルート、Tp：トランペット、Vn：ヴァイオリン
```

111 セットを作成したい

Set | size

ES2015

関連	015 配列を作成したい P.028
利用例	重複しない値の集合を管理したい場合

セットとは、重複**しない**値の集合を管理するためのオブジェクト。ES2015以降で導入されたSetオブジェクトによって表現できます（ES2015より前では、代替できる機能はありません）。

構文 **Setコンストラクター**

```
new Set([value, ... ])
```

value 値

セットに設定すべき値を配列として渡しておくわけです。もともとの配列に重複があった場合には、重複は除去されます。

●set.js

```
let s = new Set(['ド', 'ミ', 'ソ', 'ド']);
console.log(s);     // 結果：{"ド", "ミ", "ソ"}
```

参照型、NaNの扱いはマップと同じ

参照型、NaNの比較ルールは、マップのそれと同じです。そのため、NaNを複数追加した場合には同じものと見なされ無視されますし、たとえば空のオブジェクトを2個追加した場合は、互いに参照としては別ものなので、それぞれに追加されます。

```
let s2 = new Set([NaN, NaN]);
let s3 = new Set([{}, {}]);
console.log(s2.size);     // 結果：1（同じ値は無視される）
console.log(s3.size);     // 結果：2（それぞれ異なるオブジェクトとして追加）
```

sizeプロパティはセット内の要素数を返します。

112 セットに値を追加したい

Set | add

ES2015

関連	111 セットを作成したい P.180
利用例	セットに対してあとから値を登録したい場合

addメソッドを利用します。

構文 addメソッド

```
set.add(value)
```

value 値

重複した値を追加した場合、addメソッドはこれを無視します。

●set_add.js

```
let s = new Set();
s.add('ド');
s.add('ミ');
s.add('ソ');
s.add('ド');         // 重複は無視
console.log(s);     // 結果：{"ド", "ミ", "ソ"}
```

addメソッドは、戻り値としてSetオブジェクト自身を返すので、❶は、以下のように「.」演算子を連ねて表すこともできます（このような書き方のことを**メソッドチェーン**とも言います）。

```
s.add('ド').add('ミ').add('ソ').add('ド');
```

113 セットに値が存在するかを判定したい

Set | has

ES2015

関　連	111　セットを作成したい　P.180
利用例	セットに特定の値が登録済みかを確認したい場合

セットは、配列／マップと異なり、インデックス番号／キーなどで個々の要素にアクセスする手段を持ちません。セットでできるのは、for...ofループ、またはforEachメソッド レシピ114 で列挙するか、hasメソッドで値の存在を確認するだけです。

構文 hasメソッド

```
set.has(value)
```

value　値

セットに値が存在する場合、hasメソッドはtrueを、さもなくばfalseを返します。

●set_has.js

```
let s = new Set();
s.add('ド');
s.add('ミ');
s.add('ソ');
console.log(s.has('ド'));    // 結果：true
console.log(s.has('レ'));    // 結果：false
```

114 セットからすべての値を取り出したい

Set | forEach | values

ES2015

関連	111 セットを作成したい P.180
利用例	セットの内容を無条件にすべて処理したい場合

forEachメソッドを利用します。

構文 forEachメソッド

```
set.forEach(function(value, value2, set) {
  ...statements...
}, that)
```

value、*value2*	要素値
set	元のセット
statements	要素に対する処理
that	thisが表す値 レシピ099

コールバック関数の引数は、いずれも省略可能です。

NOTE

値と値

コールバック関数の引数value／value2には双方とも要素の値が入ります（間違いではありません！）。これは、セットが、配列／マップと違って、インデックス番号／キーという概念を持たないためです。

一見、意味のない冗長に見えますが、これによって、Array／Map／Setが同じインターフェイスでのforEachメソッドを提供できているわけです。

たとえば以下は、セットの内容を順番に取り出し、ログに出力する例です。

●**set_foreach.js**

```
let s = new Set();
s.add('ド');
s.add('ミ');
s.add('ソ');
s.forEach(function (value) {
  console.log(value);     // 結果：ド、ミ、ソ
});
```
❶（s.forEach〜}); の部分）

別解として、for...ofループを利用してもかまいません。よって、以下は❶のコードと等価です。

●**set_forof.js**

```
for (let value of s) {
  console.log(value);
}
```

太字の部分（s）は「s.values()」としても、ほぼ同じ意味です。valuesメソッドは、セット内の値を配列として返します。

```
for (let value of s.values()) { ... }
```

115 セットから既存の値を削除したい

Set | delete | clear　　ES2015

関連	111 セットを作成したい P.180
利用例	セットから不要になった値を取り除きたい場合

セットから特定の値を削除するには、deleteメソッドを利用します。

構文 deleteメソッド

```
set.delete(value)
```

value 削除する値

deleteメソッドは、キーを削除できたらtrueを返します（キーが存在しない場合などで削除できなかった場合はfalse）。

●set_delete.js

```
let s = new Set();
s.add('ド');
s.add('ミ');
s.add('ソ');
console.log(s.delete('ド'));    // 結果：true
console.log(s.delete('レ'));    // 結果：false
```

（特定の値ではなく）すべてのキーを削除したい場合には、clearメソッドを利用してください。

```
s.clear();
```

116 配列から重複を除去したい

Set | スプレッド演算子

関　連	111　セットを作成したい　P.180
利用例	配列から重複を除去した一意な値セットを作成したい場合

Set、スプレッド演算子を組み合わせることで、配列に含まれている重複した要素を除去できます。

●set_array.js

```
let data = [ 'あ', 'え', 'い', 'い', 'あ', 'う' ];

let unique = [...(new Set(data))];

console.log(unique);    // 結果：["あ", "え", "い", "う"]
```

配列をSetコンストラクターに渡すことで重複を除去し、スプレッド演算子で再び配列に変換しています。

PROGRAMMER'S RECIPE

第 05 章

関数

117 ユーザー定義関数を定義したい

function | Function | 関数リテラル

関　連	119 引数の既定値を設定したい P.193 125 関数を引数として渡したい P.202
利用例	再利用するような処理をまとめておきたいとき

ユーザー定義関数を作成するには、大きく以下の方法があります。

❶function命令

❷Functionコンストラクター

❸関数リテラル

❹アロー関数 ES2015

❹のアロー関数を除く、それぞれのアプローチで、ユーザー定義関数getSquareAreaを定義したのが以下のコードです（アロー関数はレシピ118を参照してください）。

●func.js

```
// function命令

function getSquareArea(width, height) {
  return width * height;
}

// Functionコンストラクター

let getSquareArea = new Function(
  'width', 'height', 'return width * height;');

// 関数リテラル

let getSquareArea =
  function(width, height) { return width * height; };

console.log(getSquareArea(2, 3));     // 結果：6
```

図中の注記：
- ❶ function命令：getSquareArea＝関数名、width, height＝仮引数、return width * height;＝関数本体（戻り値）
- ❷ Functionコンストラクター：getSquareArea＝関数名、'width', 'height'＝仮引数、'return width * height;'＝関数本体（戻り値）
- ❸ 関数リテラル：getSquareArea＝関数名、width, height＝仮引数、return width * height;＝関数本体（戻り値）
- console.logの行：getSquareArea＝関数名、2, 3＝実引数

関数名は、識別子の条件 レシピ007 を満たさなければなりません。また、その関数がどのような役割を担うものであるかわかるように、「動詞+名詞」の形式で命名するのがお勧めです（構文規則ではありません）。

仮引数は、ユーザー定義関数の中で参照できる変数です。ユーザー定義関数を呼び出す際に、呼び出し元から値を引き渡すために利用します。仮引数が複数ある場合にはカンマ区切りで列挙してください。

戻り値（返り値）は、関数で行った結果です。return命令を呼び出すことで、呼び出し元に値を返すことができます。戻り値が不要な場合は、return命令は省略してもかまいません（その場合は、関数の戻り値はundefinedと見なされます）。

定義済みの関数を呼び出すには、「*関数名*(*実引数*,...)」とします。**実引数**は、仮引数に引き渡す実際の値です。実引数と仮引数をまとめて**引数**と総称します。

> **NOTE**
>
> **関数リテラル**
>
> 関数リテラルの構文は、function命令によく似ていますが、次の点で異なります。
>
> - function命令は、関数getSquareAreaを直接に定義
> - 関数リテラルは、名前のない関数を定義したうえで、変数getSquareAreaに格納
>
> 関数リテラルは、宣言したその時点では名前を持たないことから、**匿名関数**（**無名関数**）と呼ぶこともあります。

いずれも構文規則は明快ですが、意味合いは微妙に異なります。以降では、それぞれの特徴について触れていきます。

静的な構造を宣言するfunction命令

「静的な構造」とは、コードを解析するタイミングで関数を登録している、ということです。具体的には、以下の例を見てみましょう。

●func_static.js

```
console.log(getSquareArea(2, 3));    // 結果：6 ―― ❶

function getSquareArea(width, height) {  ┐
  return width * height;                 ├ ❷
}                                        ┘
```

❶の時点ではgetSquareArea関数は定義されていないにもかかわらず、正しく実行できています。コードを解析した（実行前の）タイミングで、getSquareArea関数がコード内の構造の一部として認識されているからです。

対して、❷のコードを、Functionコンストラクター、関数リテラルで置き換えたら、どうでしょう。getSquareArea関数は認識されず、今度は実行時エラーとなります。Functionコンストラクター／関数リテラルは実行時（代入時）に初めて評価されるからです。

Functionコンストラクターは使わない

Functionコンストラクターは、引数と関数の本文を文字列として指定します。文字列で指定できるということは、条件やユーザー入力に応じて、動的に関数の内容を変更できることを意味しますが、そうすべきではありません。

まず、実行時にコードの解析が介在するため、実行速度の低下を招きます。そして、より深刻なことに、外部からの入力に応じて関数を作成した場合には、外部から任意のコードを実行できてしまう可能性があるためです（セキュリティ的なリスク）。

原則として、関数はfunction命令、関数リテラルのいずれかで定義すべきです。

関数リテラル／Functionコンストラクターのスコープ

関数リテラルとFunctionコンストラクターとでは、関数配下のスコープ レシピ131 が異なります。以下のサンプルで確認してみましょう。

●func_scope.js

```
let scope = 'グローバル'; ――――――――――――――――――――――――― ❹

function hoge() {
  let scope = 'ローカル'; ―――――――――――――――――――――――― ❸

  let literalFnc = function () { return scope; }; ―――――― ❶
  console.log(literalFnc());    // 結果：ローカル

  let conFnc = new Function('return scope;'); ――――――― ❷
  console.log(conFnc());        // 結果：グローバル
}

hoge();
```

関数リテラルliteralFnc、FunctionコンストラクターconFncいずれも、hoge関数の配下で定義されているので、一見すると、❶、❷いずれの変数scopeも関数内の変数❸を参照するように思います。しかし、結果の通り、そうはなりません。Functionコンストラクター配下は、常に関数外の変数（❹）を参照するのです。一方、関数リテラルは文脈に応じて、その時どきのスコープに応じた変数を参照します。

こうしたわかりにくさも、Functionコンストラクターを利用すべきでないと先述した理由の1つです。

118 関数リテラルをよりシンプルに表現したい

アロー関数 ES2015

関連	117 ユーザー定義関数を定義したい P.188
利用例	forEachメソッド、Promiseなどのコールバック関数を表す場合

アロー関数を利用します。

構文 アロー関数

```
(args, ...) => { ...statements... }
```

args 引数
statements 関数の本体

functionというキーワードがなくなり、代わりに引数と関数本体を「=>」(Arrow)でつないでいることから、アロー関数と呼ばれます。

以下は、レシピ117 のgetSquareArea関数をアロー関数で書き換えたものです。

●func_arrow.js

```
let getSquareArea = (width, height) => {
  return width * height;
};
```

これだけでもシンプルですが、アロー関数は特定の条件下でよりシンプルに表現できます。

(1) 関数本体が1文しかない場合

関数本体が1文であれば、ブロックを表す{...}は省略可能です。また、文の戻り値がそのまま関数の戻り値と見なされるので、returnも省略できます。よって、サンプルのgetSquareArea関数は、以下のように書き換えが可能です。

```
let getSquareArea = (width, height) => width * height;
```

(2) 引数が1個の場合

引数が1個であれば、引数をくくる丸カッコを省略できます。たとえば以下は円の面積を求めるgetCircleArea関数の例です。

```
let getCircleArea = radius => radius * radius * Math.PI;
```

ただし、引数がない場合には、カッコも省略できません。以下のように空のカッコを置いてください。

```
let current = () => console.log(new Date());
```

その他にも、アロー関数ではthisを固定できるというメリットもあります レシピ203。ES2015以降を許容できる環境では、関数リテラルよりもアロー関数を優先して利用することをお勧めします。

注意 オブジェクトリテラルが戻り値となる場合

アロー関数でオブジェクトリテラルを返す場合には、注意してください。たとえば以下のコードは不可です。

```
let func = () => { name: '山田太郎' };
```

オブジェクトリテラルを意図した{...}が、この文脈では関数ブロックと見なされてしまうからです（ちなみに、「name:」はラベル、「'山田太郎'」は文字列リテラルと見なされます）。

このような問題を避けるには、戻り値のオブジェクトリテラルは丸カッコでくくってください。これによって、太字部分が（関数ブロックではなく）オブジェクトであると認識されます。

```
let func = () => ({ name: '山田太郎' });
```

119 引数の既定値を設定したい

関数 | 引数

ES2015

関連	117 ユーザー定義関数を定義したい P.188
利用例	必須の引数をチェックしたい場合 引数を省略可能にしたい場合

引数の既定値を宣言するには、「*仮引数＝既定値*」の形式で仮引数を宣言します。

たとえば以下は、レシピ117 で触れたgetSquareArea関数の引数width／heightに、それぞれ既定値として1を割り当てる例です。

●func_default.js

```
function getSquareArea(width = 1, height = 1) {
  return width * height;
}

console.log(getSquareArea(2));     // 結果：2
```

既定値を利用する場合には、以下の点に注意してください。

(1) 他の引数を参照するならば、自分より前の引数だけ

既定値には、(リテラルだけでなく) 他の引数、関数／式を渡すこともできます。

●func_default.js

```
function getSquareArea(width, height = width) {
  return width * height;
}

console.log(getSquareArea(2, 3));     // 結果：6
console.log(getSquareArea(2));        // 結果：4
```

ただし、他の引数を既定値とする場合、参照できるのは、自分より前に定義されたものだけです。たとえば、以下のようなコードは不可です。

```
function getSquareArea(width = height, height = 1) {
  return width * height;
}

console.log(getSquareArea());  // 結果：ReferenceError: height is not defined
```


(2) 既定値が適用されるのは、引数が渡されなかった場合

たとえば空文字列、nullのように、意味的に空を表すような値でも、それが明示的に渡された場合には、既定値は適用されません。たとえばfunc_default.jsの例で

```
console.log(getSquareArea(10, null));
```

とした場合には、「10×null」で結果は0です。

ただし、undefinedだけは例外で、引数が渡されなかったものと見なされます。

```
console.log(getSquareArea(10, undefined));
```

であれば、「10×1」で結果は10となります。

(3) 既定値のない引数を、既定値のある引数の後ろに置かない

たとえば以下のようなコードはお勧めできません（エラーではありません）。

```
function getSquareArea(width = 1, height) { ... }
```

というのも、このようなgetSquareArea関数に対して、引数heightだけを指定したつもりで、以下のようなコードを書いてもうまく動作しないからです。

```
console.log(getSquareArea(10));    // 結果：NaN
```

10は引数widthに渡され、引数heightは既定値を持たないのでundefinedです。結果、「10×undefined」でNaNとなるわけです。

つまり、このような関数で、引数heightだけに値を渡すことはできません（＝実質、引数widthは必須です）。このようなコードは誤解を招きやすいので、原則として避けてください。

120 必須の引数をチェックしたい

関数 | 引数 ES2015

関連	119 引数の既定値を設定したい P.193
利用例	必須の引数が渡されなかったら、きちんとエラーを発生させたい場合

JavaScriptでは、必須の引数という考え方はありません。レシピ119 を見てもわかるように、既定値のない引数に値が渡されなくても、undefined（未定義）となるだけです。

しかし、既定値構文を利用することで、仮想的に必須の引数を表現できます。

●func_required.js

```
// 無条件に例外をスローするrequired関数
function required(msg) {
  throw new Error(msg);
}

function getSquareArea(
  width = required('幅が指定されていません。'),
  height = required('高さが指定されていません。')) {
  return width * height;
}

console.log(getSquareArea(2));
    // 結果：エラー（高さが指定されていません）
```

例外を投げるだけのrequired関数を用意しておき、これを「必須引数の既定値として」指定しているわけです。これによって、引数が指定されなかった場合に、required関数が実行（＝例外がスロー）されます。

121 名前付き引数を受け取りたい

関数 | 引数 | 分割代入　　ES2015

関　連	119 引数の既定値を設定したい P.193
利用例	個数が多くなっても、引数の意味をわかりやすくしたい場合

名前付き引数とは、ハッシュ（オブジェクト）形式で関数に引き渡せる引数のことです。以下に、これまでの値だけを渡す引数と名前付き引数とを並べて、比較してみましょう。showPanel関数は、指定されたパネルを表示するための仮想の関数です（そういった関数があるわけではありません）。

●値だけを渡す引数

```
showPanel('content.html', 200, 300, true, true, false);
```

●名前付き引数

```
showPanel({
  path: 'content.html',  // パネルとして表示する内容
  height: 200,           // 高さ
  width: 300,            // 幅
  resizable: true,       // リサイズ可能か
  draggable: true,       // ドラッグ可能か
  modeless: false        // モードレスパネルか
});
```

名前付き引数には、以下のようなメリットがあります。

- 引数の意味がわかりやすい（特に型の同じ値が並んでいる場合に区別しやすい）
- 引数の順序を自由に変更できる
- すべての引数が任意となる

名前付き引数の効果は、一部の引数を省略したい場合に如実に表れます。

●値だけを渡す引数

```
showPanel('content.html', 200, 300, true, true, false);
```

後ろの引数を指定するなら、ここは省略できない

●名前付き引数

```
showPanel({
  modeless: false,  ← 必要な引数だけを指定できる
  path: 'content.html',
});
```

反面、引数そのものの数が少なく、それらのほとんど（すべて）が必須である場合には、名前を明記しなければならないので、コードが冗長となります。任意の引数が大量に用意されているウィジェット系のライブラリでよく利用される記法です。

具体的な実装例も見てみましょう（パネルの表示ロジックは本論からは外れますので、この場では割愛します）。

名前付き引数の実装

名前付き引数を実装するには、分割代入を利用します。

●func_named.js

```
function showPanel({
  path = 'content.html',
  height = 200,
  width = 300,
  resizable = true,
  draggable = true,
  modeless = false
}) {
  console.log('path：' + path);
  ...中略...
  console.log('modeless：' + modeless);
  ...具体的なパネル表示のコード...
};
```

仮引数を{ *プロパティ名* = *既定値*, ... }としているのが、分割代入の構文です。これによって、渡されたオブジェクトの内容を個々の引数に分解しているわけです。関数の配下では、path、width、height...といったプロパティが、個別の変数として参照できている点に注目してください。

122 引数のオブジェクトから特定のプロパティだけを取り出したい

関数 | 引数 | 分割代入　　ES2015

関連	121 名前付き引数を受け取りたい P.196
利用例	引数経由で受け取ったオブジェクトから一部のプロパティだけを抜き出したい場合

分割代入を利用することで、引数に渡したオブジェクトから特定のプロパティだけを取り出すことも可能です。

●func_destruct.js

```
// 引数経由で渡されたオブジェクトからtitleプロパティだけを取得
function print({ title }) {  ―――――― ❶
  console.log(title);
}

let book = {
  title: '独習C# 新版',
  price: 3600,
  publsher: '翔泳社'
};

print(book);    // 結果：独習C# 新版
```

print関数で受け取っているのは、あくまで書籍オブジェクト（book）ですが、関数側では、そのtitleプロパティだけを分割代入によって取り出しています（❶）。

このようなテクニックを利用すれば、複数のプロパティが必要になった場合にも、呼び出し側は個々のプロパティを意識しなくて済みます。オブジェクトを丸ごと渡せば良いからです。また、あとで関数が参照するプロパティが変化した場合にも、呼び出し側のコードには影響が及びません。

123 可変長引数の関数を定義したい

関数 | 引数　　ES2015

関連	039 指定の回数だけ処理を繰り返したい P.072 117 ユーザー定義関数を定義したい P.188
利用例	関数定義の段階で、引数の個数を決定できない場合

可変長引数の関数とは、引数の個数があらかじめ決まっていない —— 個数が変動する関数のことです。たとえばMath.max／minメソッド レシピ051 なども可変長引数の関数の一種です。

```
console.log(Math.max(85, 625, 227, 1204));    // 結果：1204（引数4個）
console.log(Math.min(402, 35, 2, 169, 9));    // 結果：2（引数5個）
```

不特定個数の引数を受け取って、その中から最大値／最小値を取り出すわけです。可変長引数の関数とは、「宣言時に引数の数を確定できない関数」と言っても良いでしょう。

可変長引数の関数（基本的な例）

まずは、簡単な例から見てみましょう。product関数は、与えられた任意個数の数値から、その総積を求めるための関数です。

●func_var.js

```
function product(...nums) {  ――――――――――――― ❶
  let result = 1;
  // 可変長引数の内容を順に掛け合わせ
  for (let num of nums) {  ―――――――――――――┐
    result *= num;                          ├ ❷
  }  ―――――――――――――――――――――――――――――――┘
  return result;
}

console.log(product(3, 4, 5));    // 結果：60
```

可変長引数を表すには、仮引数の前に「...」（ピリオド3個）を付与するだけです（❶）。これによって、渡された任意個数の引数を配列としてまとめて取得できます。

あとは、配列から値を取り出していくだけです（❷）。この例では、for...of命令で引数リストnumsからすべての引数を取り出し、すべてを掛け合わせたうえで、その結果を戻り値として返しています。

固定引数／可変長引数が混在した例

可変長引数と固定引数（＝仮引数が明示された引数）とが混在した関数も可能です。たとえば以下は、引数formatに含まれるプレイスホルダ{0}、{1}、{2}...を、第2引数以降で置き換えるsprintf関数の例です。

●func_var2.js

```
function sprintf(format, ...args) {
  for (let i = 0; i < args.length; i++) {
    let pattern = new RegExp('¥¥{' + (i) + '¥¥}', 'g');
    format = format.replace(pattern, args[i]);
  }
  return format;
}

console.log(sprintf('{0}を飼っています。名前は{1}です。', 'ハムスター', 'ウタ'));
    // 結果：ハムスターを飼っています。名前はウタです。
```

可変長引数と、通常の引数を同居させる場合、注意すべき点は

可変長引数は引数リストの末尾に置くこと

だけです。さもないと、すべての引数が可変長引数に吸収されてしまい、以降の引数が無意味になってしまうからです（実際、可変長引数を末尾以外に置いた場合にはエラーとなります）。

ここでは、forループで可変長引数を取り出し、対応するプレイスホルダ（{0}...{n}）と順に置き換えています。replaceメソッドについてはレシピ068も参照してください。

NOTE

すべてを可変長引数にしない

本文の例であれば、引数formatもまとめて可変長引数として扱うこともできます（そもそも構文上は、ありとあらゆる引数を可変長引数にしてもかまいません）。しかし、これはコードの可読性という意味で、あまりお勧めできません（args[0]よりも、formatという名前のほうが中身は類推しやすいはずです）。

基本は、できるだけ普通の引数で表記し、可変長引数は「個数を特定できない、やむを得ない場合にだけ使う」べきです。

124 可変長引数に配列を渡したい

関数 | 引数 | スプレッド演算子 ES2015

関　連	123 可変長引数の関数を定義したい P.199
利用例	可変長引数の関数に渡すべき引数が配列として用意されている場合

たとえば可変長引数の関数であるMath.minメソッドに、そのまま配列を渡すことはできません。

●func_var_array.js

```
console.log(Math.min([402, 35, 2, 169, 9]));    // 結果：NaN
```

このような場合には、配列を渡す際に「...」演算子（スプレッド演算子）を介することで、個々の値に分解できます。

```
console.log(Math.min(...[402, 35, 2, 169, 9]));    // 結果：2
```

可変長引数の関数に渡すべき値が、あらかじめ配列として用意されているような状況では、「...」演算子を利用することでシンプルに値を受け渡しできます。

NOTE

ES2015より前の環境では？

「...」演算子を利用できないES2015より前の環境では、applyメソッド レシピ127 を利用してください。これでminメソッドに第2引数（配列）を引き渡す、という意味になります。

```
console.log(Math.min.apply(null, [402, 35, 2, 169, 9]));    // 結果：2
```

125 関数を引数として渡したい

高階関数 | 引数

関　連	117　ユーザー定義関数を定義したい　P.188
利用例	関数処理の途中で、アプリ固有の処理を割り込ませたい場合

JavaScriptでは、関数もまたデータ型の一種です。データ型であるとは、数値や文字列と同じく、関数もまた、関数の引数として渡したり、戻り値として返したりといったことが可能ということです。そして、関数を受け渡すための関数のことを**高階関数**と言います。

たとえば、以下は指定された処理にかかる時間を測定するbenchmark関数の例です。

●func_higher.js

```
function benchmark(proc) {
  let start = new Date();     // 開始時刻
  proc(); ――――――――――――――――――――――――――――――――――――――― ❶
  let end = new Date();       // 終了時刻
  return end.getTime() - start.getTime();    // 計測時間
}

// 指定された匿名関数の処理時間を計測
console.log(
  benchmark(function () {
    let x = 15;
    for (let i = 0; i < 10000000; i++) {
      x *= i;
    }
  })
);    // 結果：31（その時どきで結果は変化します）
```

benchmark関数は、引数としてベンチマークする処理を関数procとして受け取ります。引数として渡された関数は、普通の関数と同じく、「proc()」（❶）のように呼び出せます（もちろん、必要に応じて引数を渡してもかまいません）。

このように、呼び出し先の関数の中で呼び出される関数のことを、**コールバック関数**とも呼びます。あとで呼び出される（コールバックされる）べき処理、という意味です。

コールバック関数は（もちろん）差し替え自由なので、高階関数では機能の外枠だけを用意しておいて、詳細な機能は関数を利用する側で決められるのです。イベント処理、非同期処理のためのライブラリでよく利用される記法です。

NOTE

匿名関数

コールバック関数を受け渡しするのに、（もちろん）あらかじめ関数を定義しておいて、これを渡してもかまいません。

たとえば本文の例であれば、以下のような呼び出しも可能です。

●func_higher2.js

```
function p() {
  ...中略...
}

console.log(benchmark(p));
```

しかし、コールバック関数は、いわば処理のかたまりを表すにすぎません。関数のもともとの役割であった「再利用可能な処理」という意味合いはないのです。このため、大概はあとで呼び出すための名前も不要です。

このようなケースでは、関数は関数リテラル（匿名関数）の形式で受け渡しするのがJavaScript的でもあり、関数の呼び出しとコールバック関数をまとめて表現できることから、コードもスマートになります。

もちろん、ES2015以降の環境であれば、アロー関数で表記してもかまいませんし、また積極的に利用していくべきです。

```
console.log(
  benchmark(() => {
    ...中略...
  })
);
```

126 関数から複数の値を返したい

関数 | 戻り値 | 分割代入

ES2015

関連	117 ユーザー定義関数を定義したい P.188
利用例	関数の結果を2個以上の値で表現したい場合

戻り値を配列/オブジェクトに束ねて返すようにします。

たとえば以下は、与えられた引数から合計値と平均値を求めるgetSumAverage関数の例です。

● func_multi_return.js

```
function getSumAverage(...values) {
  let result = 0;
  // 可変長引数の内容を順に足しこむ
  for (let value of values) {
    result += value;
  }
  return [result, result / values.length];
}

let [sum, average] = getSumAverage(3, 4, 5, 6); ――――――――――――― ❶
console.log(sum);          // 結果：18
console.log(average);      // 結果：4.5
```

getSumAverage関数からの戻り値は、そのまま配列として受け取ってもかまいませんが、コードの可読性を鑑みれば、分割代入 レシピ028 で個々の変数に振り分けるべきです（result[0]よりもsumのような名前のほうが内容を把握しやすいはずです）。

❶では、合計値/平均値をそれぞれsum、averageに代入していますが、もし片方の値しか使わないのであれば、以下のように表すこともできます。

```
let [, average] = getSumAverage(3, 4, 5, 6);
```

この場合、平均値だけが変数averageに割り当てられ、合計値は切り捨てられます。

127 thisを固定して関数／メソッドを呼び出したい

call | apply

関連	097 配列ライクなオブジェクトを配列に変換したい P.158 140 コンストラクターを定義したい P.228

利用例	配列ライクなオブジェクトを配列のように操作したい場合

Function（関数）オブジェクトのcall／applyメソッドは、いずれもその関数を呼び出します。ただし、呼び出しに際して、関数配下のthisキーワードを指定できるという特徴があります。

構文 call／applyメソッド

```
func.call(that [,arg1 [,arg2 [,...]]])
func.apply(that [,args])
```

that	関数の中でthisキーワードが指すもの
arg1、*arg2*...	関数に渡す引数
args	関数に渡す引数（配列）

call／applyメソッドの違いは、引数funcに渡す引数の指定方法だけです。前者は可変長配列として渡すのに対して、後者は配列として渡します。

以下に、具体的な例も見てみましょう。引数thatに異なるオブジェクトを渡すことで、関数配下のthisの内容（ここでは出力されるthis.name）が変化することを確認してください。

●func_call.js

```
var name = 'Global';                                    ❶
let data1 = { name: 'data1' };
let data2 = { name: 'data2' };

function showName() {
  console.log(this.name);
}

showName.call(null);      // 結果：Global            ❷
showName.call(data1);     // 結果：data1
showName.call(data2);     // 結果：data2
```

引数thatにnullを渡した場合、callメソッドは暗黙的にグローバルオブジェクトが渡されたものと見なします。

❶で（letではなく）varを利用しているのは、varが関数の外でグローバル変数（＝グローバルオブジェクトのプロパティ）を生成するのに対して、letはあくまでブロックスコープの変数を生成しているだけだからです レシピ131（よって、❶をletで置き換えた場合には、❷はundefinedを返します）。

配列ライクなオブジェクトを配列に変換する

ES2015より前では、配列ライクなオブジェクト（たとえばarguments レシピ137）をArrayに変換するような用途でも利用できます。

たとえば以下は、与えられた引数（arguments）を「・」区切りで連結したものを表示するshowArgs関数の例です。

● func_call2.js

```
function showArgs() {
  var args = Array.prototype.slice.call(arguments); ――❶
  return args.join('・'); ――❷
}
console.log(showArgs('松', '竹', '梅'));    // 結果：松・竹・梅
```

❶で「argumentsオブジェクトをthisとして、Arrayオブジェクトのsliceメソッドを呼び出しなさい」という意味になります。sliceメソッド レシピ092 は、引数を省略すると、元の配列をそのまま返すので、これで、argumentsオブジェクトを配列に変換できるわけです。確かに、❷でも（Arrayオブジェクトのメソッドである）joinメソッドを呼び出せていることが確認できます。

128 for...ofで列挙可能な値を生成したい

ジェネレーター | yield

ES2015

関連	117 ユーザー定義関数を定義したい P.188
利用例	for...of命令で順に列挙すべき値を動的に生成したい場合

ジェネレーターという仕組みを利用します。

たとえば以下のサンプルは、引数start～endの範囲の値を順に返すためのrange関数の例です。

●func_gen.js

```
function* range(start, end) {  ❶
  for (let i = start; i < end; i++) {
    yield i;  ❷
  }
}
// 10～19の範囲の値を取得
for (let num of range(10, 20)) {
  console.log(num);
}    // 結果：10、11、12、13、14、15、16、17、18、19
```

ジェネレーターはほぼ普通の関数と同じ構文で表現できますが、以下の点が異なります。

❶function*で定義（functionの後ろに「*」）

❷値を返すのはyield命令

yieldはreturnと同じく、呼び出し元に値を返します。しかし、return命令がそのまま関数を終えるのに対して、yield命令は一時的に停止するだけです（図5.1）。つまり、再度呼び出すことで、以前の位置から処理を再開できます。

この例であれば、yield時点でのカウンター変数iの値を維持するので、10、11、12...と値がカウントアップします。

図5.1 return命令とyield命令の違い（range(10, 20)の場合）

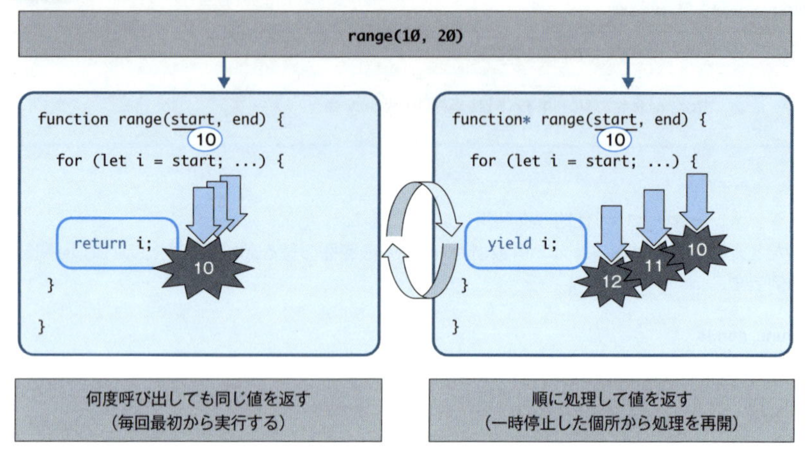

ジェネレーターの仕組み

ジェネレーターの挙動をより明快にするために、もう1つ、より簡単なジェネレーターとしてmygenを作成します。mygen関数は、文字列「おはよう」「こんにちは」「おやすみ」を順に返します。

● func_gen2.js

```
function* mygen() {
  yield 'おはよう';      ─┐
  yield 'こんにちは';      ├─ ❶
  yield 'おやすみ';      ─┘
}

let itr = mygen();
console.log(itr.next());    // 結果：{value: "おはよう", done: false}   ─┐
console.log(itr.next());    // 結果：{value: "こんにちは", done: false}  │
console.log(itr.next());    // 結果：{value: "おやすみ", done: false}    ├─ ❷
console.log(itr.next());    // 結果：{value: undefined, done: true}    ─┘
```

ジェネレーター関数の戻り値（❶）は、Generatorオブジェクトとなる点に注意してください（yieldからの戻り値を返すわけではありません！）。

Generatorはイテレーター（iterator）として動作するオブジェクトです。確かに❷のようにnextメソッドを呼び出せる点、複数回の呼び出しによって、戻り値の内容が変化していることを確認してみましょう。

129 ジェネレーターから別のジェネレーターを呼び出したい

ジェネレーター | yield*

ES2015

関連	128 for...ofで列挙可能な値を生成したい P.207
利用例	値生成のロジックを別のジェネレーターに委譲したい場合

yield*（末尾に「*」）を利用します。

たとえば以下は、mygenジェネレーターからsubgenジェネレーターを呼び出す例です。

●func_yield.js

```
function* mygen() {
  yield '春が来た';
  yield* subgen();
  yield '花がさく';
}

function* subgen() {
  yield '山に来た';
  yield '里に来た';
  yield '野にも来た';
}

for (let str of mygen()) {
  console.log(str);
}    // 結果：春が来た、山に来た、里に来た、野にも来た、花がさく
```

yield*で別のジェネレーター（サブジェネレーター）が呼び出された場合には、サブジェネレーターによる列挙が完了したところで、メインジェネレーターの後続のyield命令が実行されます。

130 テンプレート文字列への変数埋め込み時に処理を挟みたい

テンプレート文字列　ES2015

関　連	011　複数行にまたがる文字列を表現したい　P.023
利用例	テンプレート文字列に埋め込む変数をエスケープ処理したい場合

タグ付きテンプレートという仕組みを利用することで、テンプレート文字列に値を反映させる前に、値を加工できます。

たとえば以下は、変数を埋め込む際に、「<」「>」などのHTML予約文字を「<」「>」に置き換えてから反映させる例です（このような変換のことを**HTMLエスケープ**と言います）。

●**str_tagged.js**

```
// 文字列をHTMLエスケープ
function htmlEscape(str) {
  if (!str) { return ''; }
  return str.replace(/&/g, '&amp;')
    .replace(/</g, '&lt;')
    .replace(/>/g, '&gt;')
    .replace(/'/g, '&#39;')
    .replace(/"/g, '&quot;');
}
// 分解されたstrs／varsを交互に連結（varsはエスケープ処理）
function e(strs, ...vars) {                                    ②
  let result = '';
  for (let i = 0; i < strs.length; i++) {
    result += strs[i] + htmlEscape(vars[i]);
  }
  return result;
}

let name = '<"Pochi" & ¥'Tama¥'>';
console.log(e`はじめまして、${name}！`);                        ①
  // 結果：はじめまして、&lt;&quot;Pochi&quot; &amp; &#39;Tama&#39;&gt;！
```

タグ付きテンプレートとは、その実、単なる関数呼び出しにすぎません（①）。

構文 タグ付きテンプレート

```
func`string`
```

func 関数名
string 文字列

ただし、タグ付きテンプレートによって呼び出される関数（❷）は、以下の条件を満たしていなければなりません。

- 引数として「テンプレート文字列を分解したもの（配列）」「埋め込まれた変数（可変長引数）」を受け取ること
- 戻り値として、最終的に加工された結果文字列を返すこと

この例であれば、引数には以下のような値がセットされます

- strs：["はじめまして、", "！",]
- vars：["<\"Pochi\" & 'Tama'>"]

あとは、これをforループで交互に出力し、文字列を組み立て直すだけです。その際、変数の値はあらかじめ用意しておいたhtmlEscape関数でエスケープ処理します。

131 変数の有効範囲を知りたい

スコープ ｜ ブロックスコープ ES2015

関連	007 変数を利用したい P.014 117 ユーザー定義関数を定義したい P.188
利用例	変数の有効範囲を理解したい場合

変数の有効範囲（**スコープ**）は、その宣言場所によって決まります。具体的には、

変数は宣言したブロックの中でのみ有効

となります。このようなスコープのことを**ブロックスコープ**と言います。

●scope.js

```
let scope = 'Global';                          ❷

function show() {
  let scope = 'Local';                         ❶
  return scope;
}

console.log(show());  // 結果：Local            ❸
console.log(scope);   // 結果：Global           ❹
```

この例であれば、show関数で定義された変数scope（❶）は関数ブロックの中でのみ有効ですし、❷の変数scopeはスクリプト全体で有効となります。

変数は、同名であってもスコープが異なれば別ものである点にも注意してください。よって、show関数経由でアクセスした変数scopeは「Local」（❸）、変数scopeは「Global」（❹）を返します。

if、whileなどのブロックも同様

ブロックを構成するのは、関数ばかりではありません。if／whileなどの制御構文もブロックを構成します。

●scope_block.js

```
if (true) {
  let x = 10;
}

console.log(x); ―――――――――――――――――――― ❶
```

たとえば上のような例では、ifブロックの配下で宣言された変数xはそのブロックの中でだけ有効なので、❶は「x is not defined」というエラーになります。ブロックの外からは参照できないわけです。

スコープに関わる注意点

スコープを意識するようになると、合わせて注意すべき点が出てきます。

(1) let宣言は省略しない

ここでスコープが「宣言」場所によって決まる、という点に改めて注目です。より正確には、「let宣言された」場所によって決まります。たとえば、scope.jsから変数scopeのlet（太字部分）を除去してみるとどうでしょう。let命令は省略可能なので、構文上は正しいコードです。

しかし、結果は変化し、❸❹は共に「Local」。関数内の変数scope（❶）が関数外の変数scope（❷）を上書きしていることが確認できます。

言い換えると、JavaScriptではlet宣言されなかった変数は、無条件にスクリプト全体で有効と見なされるのです（＝ブロックスコープを持たせるにはlet宣言は必須）。もちろん、このようなスコープ設定はletの漏れなのかどうかが曖昧になるので、避けるべきです。

レシピ007でlet命令は省略しない、と述べた、これが理由です。

(2) 代入の連鎖にも要注意

上と同じ理由で、代入の連鎖も避けてください。たとえば以下のようなコードです。

●scope_bug.js

```
function hoge() {
  let x = z = 100;
}

hoge();
console.log(z);    // 結果：100（関数の外からも参照できてしまう）
```

このような連鎖代入では、前者(ここではx)は関数内でのみ有効ですが、後者はコード全体で有効となります。これは「=」演算子が右結合(右→左の順で評価)の性質を持つためです。

つまり、上の例であれば、太字部分は「let x = (z = 100);」と見なされます。結果、コード全体で有効な変数zが生成され、その値である100が変数xに代入される、という意味になります。

(3) switch命令でのlet宣言

switch命令は、複数のcase句を束ねた1つのブロックです。よって、case句の単位に変数を宣言した場合にはエラーとなります(同一のスコープの中で同名の変数は宣言できません)。

```
switch(x) {
  case 12:
    let data = 'ダース';
    break;
  case 20:
    let data = 'ケース';    // 同名の変数宣言
    break;
}
```

132 varとletによるスコープの違いを知りたい

var | let

関連	131 変数の有効範囲を知りたい P.212
利用例	古いvar宣言の制限を知りたい場合

レシピ131のブロックスコープは、let命令を前提としたスコープです。ES2015より前で利用されていたvar命令では、スコープの概念そのものが異なるので注意してください(もはやvar命令を利用すべきではありませんが、旧来のコードを読み書きする状況に備えて、双方の相違点を知っておくのは無駄なことではありません)。

関数という単位でスコープが決まる

var命令では、関数という単位でもってスコープが決まります。そのため、レシピ131のscope.jsは、letをvarで書き換えてもほぼ同じ意味です。しかし、同じくscope_block.jsをvarで書き換えた場合には、結果が変化します。

●scope_block.js

```
if (true) {
  var x = 10;
}

console.log(x);    // 結果：10
```

var命令では、関数でのみスコープが決まるので（＝if／whileブロックはスコープにならないので)、ブロック内で宣言された変数xは、そのままブロック外からも参照できるわけです。

スコープはできるだけ限定するという観点からも、varよりもletを利用すべきなのです。

var命令はグローバル変数を生成する

関数の外でvar宣言された変数は、グローバル変数を生成します。グローバル変数とは、スクリプト全体でアクセスできる変数です。

そのように言ってしまうと、トップレベル（＝関数の外）でlet宣言された変数と同じように聞こえるかもしれませんが、決定的に異なる点があります。それは、

グローバル変数は、グローバルオブジェクトのプロパティとなる

点です。グローバルオブジェクトとは、グローバル変数／関数を管理するための便宜的なオブジェクトで、環境に応じて1つだけが生成されます。ブラウザー環境であれば、Windowオブジェクト レシピ217 がそれです。

グローバル変数を宣言するとは、内部的にはグローバルオブジェクトのプロパティを宣言するのと同じ意味です。具体的な例を見てみましょう。

●scope_global.js

```
var data1 = 'var variable';
let data2 = 'let variable';

console.log(data1);          // 結果：var variable
console.log(window.data1);   // 結果：var variable
console.log(data2);          // 結果：let variable
console.log(window.data2);   // 結果：undefined
```

var宣言された変数data1は、グローバルオブジェクト経由で参照できるのに対して、let宣言された変数data2はできません。let宣言された変数は、あくまでトップレベルの範囲で利用可能な局所変数（ローカル変数）なのです。

普段は、ほぼ意識する必要はありませんが、これによって、レシピ127 のような違いが生じる状況もあります。

NOTE

ローカル変数

グローバル変数の対義語です。コード全体から参照できるグローバル変数に対して、特定のブロックでのみ有効な変数のことを言います。letは、常にローカル変数を生成する、と言い換えることもできます。

133 「変数の巻き上げ」とは何かを知りたい

スコープ | 巻き上げ

ES2015

関連	131 変数の有効範囲を知りたい P.212
利用例	ローカル変数の有効範囲を理解したいとき

厳密には、letで宣言された変数は「宣言されたブロック全体」で有効です。「全体」とは、以下のような挙動を意味します。

●scope_hoist.js

```
let scope = 'Global'; ――――――――――――――――――――――――――――――――――――❸

function show() {
  console.log(scope);   // 結果：scope is not defined ―――――――――❷
  let scope = 'Local'; ――――――――――――――――――――――――――――――――――――❶
  return scope;
}
show();
```

この例では、関数内で変数scope（❶）が宣言される前に、❷でこれを参照しています。このような状況では、関数外ですでに宣言されている同名の変数scope❸が参照されるように思えます。しかし、結果を見てもわかるように、結果はエラー「scope is not defined」（変数scopeは未定義）。

なんとも不思議な挙動ですが、これは、JavaScriptが

変数を、ブロックの先頭まで巻き上げた（hoist）

ために生じた結果です。

つまり、巻き上げの結果、❷の変数はブロックの先頭で有効となっています。しかし、初期化はあくまで元々の宣言位置で行われるため、ブロックの先頭から宣言までの間は、変数は利用できないのです。このような領域を**Temporal dead zone**と言います。

これは直観的には理解しにくい挙動なので、Temporal dead zoneをなくすようなコードを書くべきです。具体的には、変数は関数（ブロック）の先頭で宣言すべきです（このお作法は、「変数はできるだけ利用する場所の近くで宣言する」という他の言語でのそれに反するので、要注意です）。

134 引数の既定値を設定したい

関数 | 引数

関連	117 ユーザー定義関数を定義したい P.188 135 必須の引数をチェックしたい P.219
利用例	引数を省略可能にしたい場合

ES2015より前のJavaScriptでは、いわゆる引数の既定値という仕組みを構文上持ちません。よって、引数に既定値を持たせるには、アプリ側でいくらかのコードを追加しなければなりません。

たとえば以下は、getSquareArea関数の引数o_width、o_heightについて、既定値を1とする例です。

●es5_func_default.js

```
function getSquareArea(o_width, o_height) {
  if (o_width === undefined) { o_width = 1; }       ❶
  if (o_height === undefined) { o_height = 1; }     ❶
  return o_width * o_height;
}

console.log(getSquareArea(10, 5));      // 結果：50
console.log(getSquareArea(10));         // 結果：10
console.log(getSquareArea());           // 結果：1
```

❶のように、引数o_width、o_heightがundefined（未定義）である場合に、それぞれの変数に既定値を設定しているわけです。引数が任意（省略可能）である場合、そのまま未定義であるのは大概望ましくありませんので、このように既定値を設定しておくべきです。

接頭辞「o_」を付与しているのは、引数が省略可能（optional）という意味です。ES2015より前のJavaScriptでは、引数の必須／任意を表す術を持ちませんが、名前でもって区別することで、コードの可読性が改善します（構文規則ではありませんので、接頭辞「o_」は別な文字列でもかまいません）。

135 必須の引数をチェックしたい

関数 | 引数

関連	134 引数の既定値を設定したい P.218
利用例	必須の引数が渡されなかったら、きちんとエラーを発生させたい場合

任意の引数に対して既定値を設定すべきなのと同様に、必須の引数が渡されなかった場合、関数側は例外を投げるべきです。たとえば、以下は必須の引数width／heightを受け取るgetSquareArea関数の例です。

● es5_func_default2.js

```
function getSquareArea(width, height) {
  // 必須チェック（引数が未定義の場合、例外をスロー）
  if (width === undefined) {
    throw new Error('幅が指定されていません。');
  }
  if (height === undefined) {
    throw new Error('高さが指定されていません');
  }
  return width * height;
}

console.log(getSquareArea(2));
    // 結果：エラー（高さが指定されていません）
```

ここでは必須チェックだけを行っていますが、実際のアプリでは引数の型／範囲検証など、処理前に値の妥当性チェックを実施するようにしてください（具体的な例はレシピ045も参照してください）。

136 名前付き引数を受け取りたい

関数 | 引数

関連	134 引数の既定値を設定したい P.218
利用例	個数が多くなっても、引数の意味をわかりやすくしたい場合

ES2015より前の環境で名前付き引数を利用するには、以下のようなコードを書きます（名前付き引数とは何かについては、レシピ121 も参照してください）。

●es5_func_named.js

```
function showPanel(args) {
  if (args.path === undefined) { args.path = 'content.html'; }
  if (args.height === undefined) { args.height = 200; }
  if (args.width === undefined) { args.width = 300; }
  if (args.resizable === undefined) { args.resizable = true; }
  if (args.draggable === undefined) { args.draggable = true; }
  if (args.modeless === undefined) { args.modeless = false; }
   ...具体的なパネル表示のコード...
}
```

名前付き引数といっても、特別なものではなく、既定値を持った引数（群）をハッシュ（オブジェクト）として受け取っているにすぎません。それぞれのプロパティは任意なので、それぞれに対してundefinedチェック＋既定値の設定を行っておきます。

以降のコードでも、「args.*プロパティ名*」でそれぞれの引数にアクセスできます。

NOTE

ES2015以降のコードと比較

呼び出し側のコードは、レシピ121 で紹介したものと変わりありません。異なるのは、渡されたオブジェクトを関数内部で個々の変数に分解してしまうか、それとも、オブジェクトのままで扱うかという点だけです。

137 可変長引数の関数を定義したい

関数 | 引数

関　連	039　指定の回数だけ処理を繰り返したい　P.072 117　ユーザー定義関数を定義したい　P.188
利用例	関数定義の段階で、引数の個数を決定できない場合

ES2015より前の環境で、可変長引数を扱うにはargumentsオブジェクトを利用します。

たとえば以下のproduct関数は、与えられた任意個数の数値から、その総積を求めるための関数です。

●es5_func_variable.js

```
function product(v_args) {
  var result = 1;
  for (var i = 0; i < arguments.length; i++) {   ─┐
    result *= arguments[i];                        ├─❶
  }                                               ─┘
  return result;
}

console.log(product(3, 4, 5));    // 結果：60
```

argumentsは、関数に渡されたすべての引数情報を保持するためのオブジェクトです。内部的には配列のような構造を持ち（配列ではありません！）、関数定義に仮引数が明示されているかいないかに関わらず、すべての引数情報を保持します。

ここでは、このargumentsオブジェクトからすべての要素（引数の値）を取り出し、順に掛け合わせていくことで、最終的に引数全体の総積を求めています（❶）。

NOTE

v_argsの意味

product関数の宣言部分にあるv_argsは、関数が可変長引数を受け取ることを意味する**便宜的な**仮引数です。それ自体に意味はありませんし、関数の中で参照されることもありませんが（引数v_argsにすべての可変長引数がセットされるわけではありません）、このように明記しておくことで、関数の利用者は可変長引数を渡せることを理解できます。もちろん、v_argsは決められたキーワードではありませんので、統一さえできていれば異なる名前でもかまいません。

固定引数／可変長引数が混在した例

可変長引数と固定引数（＝仮引数が明示された引数）とが混在した関数も可能です。たとえば以下は、引数formatに含まれるプレイスホルダ{0}、{1}、{2}...を、第2引数以降で置き換えるsprintf関数の例です。

●es5_func_variable2.js

```
function sprintf(format) {
  for (var i = 1; i < arguments.length; i++) {
    var pattern = new RegExp('¥¥{' + (i - 1) + '¥¥}', 'g');
    format = format.replace(pattern, arguments[i]);
  }
  return format;
}

console.log(sprintf('{0}を飼っています。名前は{1}です。', 'ハムスター', 'ウタ'));
    // 結果：ハムスターを飼っています。名前はウタです。
```

引数が明示されている場合にも、argumentsオブジェクトにはすべての引数情報が格納される点に注目です（この場合であれば、arguments[0]は引数formatと等価です）。そのため、いわゆる可変長引数を取得するには、arguments[1]～arguments[arguments.length - 1]にアクセスすれば良いことになります。

138 すべての変数をローカルスコープに押し込めたい

スコープ | 即時関数

関連	131 変数の有効範囲を知りたい P.212
利用例	グローバル変数を最小限に抑えたい場合

ES2015より前のJavaScriptでは、関数という単位でスコープが決まります。その性質を利用して、関数をスコープの枠組みとして使ってしまおうというのが、**即時関数**というテクニックです。まずは、具体的な例を見てみましょう。

●scope_immediate.js

```
(function() {
  var data = 108;                        ←匿名関数
  console.log(data);  // 結果：108
}).call(this); ← その場で実行

console.log(data);     // 結果：エラー（即時関数の外からは中の変数に参照できない）
```

即時関数のキモは、匿名関数として定義した関数を、callメソッドを使ってその場で呼び出している点です。関数はあくまでスコープのくくりのためだけの存在なので、定義したら、そのまま実行してしまうのです。これで、配下の変数はローカル変数となりますので、即時関数の外からは参照できません。

「call(this)」の意味

即時関数は、単に「(function() {...}).call();」（thisなし）でも、それなりに動作します。しかし、環境によって不具合を起こす可能性があります。

というのも、関数配下では、その時どきの動作モードによって、thisの指すものが異なるためです。標準モードでは、関数配下のthisはグローバルオブジェクト（ブラウザー環境ではwindowオブジェクト）を指しますが、Strictモードではundefinedとなります。

環境によって、コードの意味合いが異なるのは当然望ましい状態ではありません。そこでcallメソッドにthisを渡します。callメソッドは、渡されたオブジェクトをthisとして関数を呼び出します。グローバルスコープでは、thisはグローバルオブジェクトを指すため、結果、環境によらず、関数の中のthisはグローバルオブジェクトを指すようになります。

NOTE

ES2015以降では即時関数は不要

ES2015では、{...}配下をスコープとする**ブロックスコープ**が導入されています。ブロックスコープを利用すれば、たとえば本文の例は、以下のように表記できます。

●scope_immediate2.js

```
{
  let data = 108;
  console.log(data);     // 結果：108
}
console.log(data);       // 結果：エラー
```

MEMO

PROGRAMMER'S RECIPE

第 06 章

オブジェクト指向構文

139 クラスを定義したい

クラス | class　ES2015

関　連	140 コンストラクターを定義したい P.228
利用例	関連するデータと処理をクラスとしてまとめる場合

class命令を利用します。

構文 class命令

```
class name {
  ...definitions...
}
```

name	クラス名
definitions	クラス本体

たとえば以下は、Articleクラスの例です。

●class.js

```
class Article {
}

let a = new Article();
console.log(a);     // 結果：Article {}
```

名前（クラス名）の規則や命名の留意点については、レシピ007 を参照してください。ただし、変数／関数と異なり、クラス名は大文字はじまりとするのが一般的です（Pascal記法と言います）。また、クラスで扱うモノを端的に表す名詞で表現してください。

この例では、まだ中身を持たないので、クラスとしての実質的な意味はありませんが、確かにnew演算子によって、インスタンスが生成されていることを確認してみましょう。

注意 クラスは巻き上げ（hoisting）されない

レシピ117 でも触れたように、function命令で宣言された関数は、宣言場所に関わらず、コードのどこからでもアクセスできるのでした。一方、クラスはそうはならない点に注意してください。たとえば以下のコードは「Article is not defined」のようなエラーとなります。

```
let a = new Article();
class Article { }
```

クラスリテラルも表現できる

class {...}の形式で、**クラスリテラル**を表すことも可能です。リテラルなので、(関数リテラルと同じく)文の一部として表せます。

```
let Article = class { ...クラスの中身... }
```

クラスの実体

class命令によって定義されたクラスは、内部的には関数(Function)です。

ES2015より前のJavaScriptでは、関数オブジェクトをコンストラクターと見なしていました レシピ155。classの導入によって、この概念が変わってしまったわけではなく、あくまで「コンストラクター関数をより簡単に表せるようにしたのが、class/constructorキーワード」なのです。

しかし、双方が完全に等価というわけではありません。というのも、classブロックで宣言されたクラスを関数として呼び出すことはできません。

```
let a = Article();
  // エラー (Class constructor Article cannot be invoked without 'new')
```

コンストラクター関数の世界では、関数として呼び出されないために レシピ155 のような対策を講じる必要がありましたが、classの世界では、そうした原始的な対策は不要になります。

140 コンストラクターを定義したい

クラス | constructor　　ES2015

関　連	139　クラスを定義したい　P.226
利用例	クラスで扱うデータを、インスタンス化のタイミングで初期化したい場合

コンストラクターとは「インスタンス（オブジェクト）を生成する際に、オブジェクトを初期化するための処理」を表す特殊なメソッドのことです。一般的には、オブジェクトで利用するプロパティ（メンバー変数）を準備するために利用します。

たとえば以下は、レシピ139 のArticleクラスにコンストラクター経由でtitle／url／introプロパティを追加する例です。

●class_const.js

```
class Article {
  constructor(title, url, intro) {   ❶
    this.title = title;
    this.url = url;
    this.intro = intro;
  }
}

let a = new Article(
  'Angular連載',
  'https://codezine.jp/article/corner/653',
  'JavaScriptフレームワーク「Angular」の活用方法をサンプルを交えて紹介します。'
);
console.log(a.title);     // 結果：Angular連載
```

コンストラクターの構文は、以下の通りです（❶）。

構文 コンストラクター

```
constructor(arguments, ...) {
  ...statements...
}
```

arguments　引数
statements　初期化のためのコード

名前はconstructor固定で、クラスに1つしか定義できません。

コンストラクター配下のthisは、コンストラクターによって生成されるインスタンス（つまり、自分自身）を表します。thisキーワードに対して変数を設定することで、インスタンスのプロパティを設定できます。

構文 **プロパティの設定**

```
this.property = value
```

property プロパティ名
value 値

なお、コンストラクターでは、自動的にthisが示すオブジェクトを返すので、戻り値は不要です。（そうすべきではありませんが）明示的に戻り値を返した場合には、その値がnew演算子の値となります。その場合、thisへのプロパティ設定などは無視されるので、注意してください。

NOTE

文脈で中身が変わる変数this

thisは、文脈（＝呼び出した場所）によって中身が変化する一種不思議な変数です。以下の表に、主な文脈と具体的な内容をまとめておきます。

表6.A 変数thisが指すもの

文脈	thisの指すもの
関数	グローバルオブジェクト（Strictモードではundefined）
call／apply	引数で指定したオブジェクト
イベントリスナー	イベントの発生元
コンストラクター	生成するインスタンス
メソッド	呼び出し元のオブジェクト（＝レシーバー）

141 コンストラクターでの初期化コードを簡単化したい

クラス | constructor　ES2015

関連	140 コンストラクターを定義したい P.228
利用例	プロパティの初期化をより簡単に表したい場合

Object.assignメソッド レシピ087、プロパティの簡易構文 レシピ161 を組み合わせることで、コンストラクターでのプロパティの初期化をよりシンプルに記述できます。

以下は、レシピ140 のclass_const.jsを書き換えたものです。

●class_init.js

```
class Article {
  constructor(title, url, intro) {
    Object.assign(this, { title, url, intro }); ――❶
                        ❷
  }
}
```

コンストラクター配下のthisは、現在のインスタンスを意味します。そのため、❶は、「現在のインスタンスに対して、引数オブジェクトをまとめてマージする」という意味になります。❷は、プロパティの簡易構文で

```
{
  title: title,
  url: url,
  intro: intro
}
```

と同じ意味です。

このような記法を利用することで、初期化すべきプロパティの数が増えた場合にも、「this.*プロパティ* = *値*」を列記しなくて済むので、コードがシンプルになります。

142 メソッドを定義したい

クラス | メソッド

ES2015

関連	140 コンストラクターを定義したい P.228
利用例	クラスに関連する処理を定義したい場合

メソッドは、以下の構文で定義できます。

構文 メソッド

```
method(parameters, ...) {
  ...statements...
}
```

method	メソッド名
parameters	引数
statements	メソッドの本体

たとえば以下は、Articleクラス レシピ140 にオブジェクトを文字列化するtoStringメソッドを追加する例です。

● class_method.js

```
class Article {
  ...中略... (レシピ140 参照)
  toString() {
    return `${this.title} (${this.url}):
    ${this.intro}`;
  }
}

let a = new Article(
  'Angular連載',
  'https://codezine.jp/article/corner/653',
  'JavaScriptフレームワーク「Angular」の活用方法をサンプルを交えて紹介します。'
);
console.log(a.toString());
```

▼結果

```
Angular連載 (https://codezine.jp/article/corner/653):
    JavaScriptフレームワーク「Angular」の活用方法をサンプルを交えて紹介します。
```

コンストラクターと同じく、メソッドの配下では「this.~」で準備済みのプロパティにアクセスできます。この例であれば、テンプレート文字列 レシピ011 を利用して、プロパティからオブジェクトの内容を表す文字列を組み立てています。

NOTE

アクセス修飾子はない

Java／C#などの言語に慣れている人は、メソッド／コンストラクターの定義に際して、public／protected／privateのようなアクセス修飾子がJavaScriptでは利用できない点に注意してください。アクセス修飾子とは、メソッド／プロパティがどこからアクセスできるかを表す情報です。JavaScriptのクラスでは、すべてのメンバーはpublic（どこからでもアクセス可）となります。

MEMO

143 プロパティのゲッター／セッターを定義したい

クラス | get | set　　ES2015

関連	140 コンストラクターを定義したい P.228
利用例	プロパティを設定／取得する際に検証／加工などの処理を挟みたい場合

プロパティを取得／設定するときに呼び出される特別なメソッドを**ゲッター／セッター**と言います。それぞれget／set命令で定義します。

構文 **get／set命令**

```
get name() { ...get_statements... }
set name(value) { ...set_statements... }
```

name	プロパティ名
get_statements	値を取得するコード
value	プロパティへの設定値を受け取る変数名
set_statements	値を設定するコード

たとえば以下はArticleクラス レシピ140 に対してtitle／url／introプロパティを追加する例です（紙面上はtitleだけを載せていますが、他も同じように表せます）。

●class_prop.js

```
class Article {
  ...中略...（レシピ140 参照）
  get title() {                                   ❶
    return this._title;
  }

  set title(value) {                              ❷
    this._title = value;
  }
}

let a = new Article(
  'Angular連載',
  'https://codezine.jp/article/corner/653',
  'JavaScriptフレームワーク「Angular」の活用方法をサンプルを交えて紹介します。'
);
a.title = '【続】Angular連載';                    ❸
console.log(a.title);          // 結果：【続】Angular連載
```

get／setは、あくまで値を取得／設定するための特殊なメソッドです（❶）。実際に値を保持するのは、この例であればthis._titleです。get／setブロックでも、このthis._titleから値を取得／設定している点に注目してください。プロパティへの設定値は、setブロックの引数（ここではvalue）に暗黙的に渡されます（❷）。

また、このように定義されたゲッター／セッターも、利用者の側からは（メソッドではなく）あくまで変数（プロパティ）として見えている点に注目です（❸：「a.title('...')」ではなく、「a.title = '...'」でアクセスできます。ゲッター／セッターを利用することで、「見た目は変数、中身はメソッド」のプロパティを定義できるわけです。

NOTE

「this._title」の意味

プロパティを保管する変数this._titleがアンダースコア始まりであるのは、これがプライベート変数（＝クラスの外から利用できない変数）であることを表すためです。

レシピ142でも触れたように、JavaScriptのクラスではpublic／privateのようなアクセス修飾子を持ちません。そこで、このような命名規則でもって、プライベート変数であることを表すのが慣例的です。もちろん、あくまで「外からアクセスしてほしくない」ことを意思表明しているだけなので、実際には「クラスの外から利用**すべきでない**変数」を宣言していることになります（つまり、利用者が意図して「a._title」のようなコードを書くことは可能です）。

get／set構文が必要な理由

レシピ140では、コンストラクター経由でプロパティを準備しました。これはこれでシンプルで便利なのですが、実践的なアプリでは極力、ゲッター／セッターを介することをお勧めします。

というのも、「this.*プロパティ名*」で用意したプロパティは単なる変数（器）です。そのため、値をただ受け渡しすることしかできません。しかし、ゲッター／セッターの実体はメソッドです。よって、「値を取得する際にデータを加工したい」「設定時に値の妥当性を検証したい」といった場合にも、自由に処理を加えることが可能です。

また、ゲッターだけを準備し、セッターを省けば、読み取り専用のプロパティを実装することも可能です（ゲッターだけを省略すれば、書き込み専用のプロパティとなります）。

ゲッター／セッターを介することで、プロパティをより安全に操作できるようになるわけです。

144 静的メソッドを定義したい

静的メソッド | static ES2015

関連	142 メソッドを定義したい P.231
利用例	ユーティリティ的な関数をクラスとしてまとめる場合

静的メソッドとは、インスタンスを生成しなくても呼び出せる（=「クラス.メソッド(...)」で呼び出せる）メソッドのことです。静的メソッドを定義するには、メソッド定義にstaticキーワードを付与するだけです。

たとえば以下は、Figureクラスに静的メソッドgetSquareAreaを追加する例です。

●class_static.js

```
class Figure {
  static getSquareArea(base, height) {
    return base * height;
  }
}

console.log(Figure.getSquareArea(5, 3));    // 結果：15
```

ちなみに、静的メソッドをインスタンスから呼び出すことはできません。たとえば以下のようなコードは「fig.getSquareArea is not a function」のようなエラーとなります。

```
let fig = new Figure();
console.log(fig.getSquareArea(30, 5));
```

NOTE

インスタンスメソッド

クラス経由ではなく、インスタンスから呼び出すメソッド（レシピ142でも触れたstaticなしのメソッド）のことを**インスタンスメソッド**と言います。

145 クラス定数を定義したい

クラス ｜ メソッド

関　連	139 クラスを定義したい P.226
利用例	クラスに関連する定数を、クラス内部でまとめたい場合

執筆時点では、classブロック配下で表せるのはメソッド（get／setブロックを含む）だけで、以下のようなプロパティ宣言はできません。

```
class MyClass {
  let hoge = 'foo';
  const piyo = 'bar';
}
```

プロパティを宣言するには、コンストラクターの中で「this.*プロパティ名* = *値*;」とするか、get／setブロックを利用してください。

そして、クラス定数（らしきもの）を定義するには、staticなgetブロックを利用します。

●class_value.js

```
class MyUtil {
  // 読み取り専用のtaxプロパティ
  static get tax() {
    return 1.08;
  }
}

console.log(MyUtil.tax);    // 結果：1.08 ―――― ❶
```

正確には読み取り専用のプロパティですが、見た目は「*クラス名.定数*」（❶）の形式でアクセスできる、いわゆるクラス定数が準備できます。

146 クラスにあとから メソッドを追加したい

クラス | メソッド

ES2015

関連	142 メソッドを定義したい P.231
利用例	既存のクラスに対してメソッドを追加する場合

メソッドはclassブロックで定義する他、プロトタイプオブジェクト（prototypeプロパティ）のメンバーとして、あとから追加することも可能です。

構文 メソッドの定義

```
clazz.prototype.method = function(parameters, ...) { ... }
```

clazz	クラス名
method	メソッド名
parameters	引数

たとえば以下は、Articleクラス レシピ140 に対して、あとからgetSummaryメソッドを追加する例です。getSummaryメソッドは、introプロパティの最初の10文字を返します。

●class_proto.js

```
class Article {
  ...中略...（レシピ140 参照）
}

let a = new Article(
  'Angular連載',
  'https://codezine.jp/article/corner/653',
  'JavaScriptフレームワーク「Angular」の活用方法をサンプルを交えて紹介します。'
);
Article.prototype.getSummary = function () {   ❶
  return this.intro.substring(0, 10);
};
console.log(a.getSummary());    // 結果：JavaScript   ❷
```

プロトタイプ（prototype）とは、クラスで提供されるメンバーを管理するためのオブジェクトのことです。classブロックで定義されたメソッドも、内部的にはプロトタイプのメンバーとして追加されますし、❶のように、あとから「prototype.*メソッド名*」でメンバーを追加することも可能です。

プロトタイプは、生成されたインスタンスからも暗黙的に参照されます（図6.1）。

図6.1 プロトタイプオブジェクト

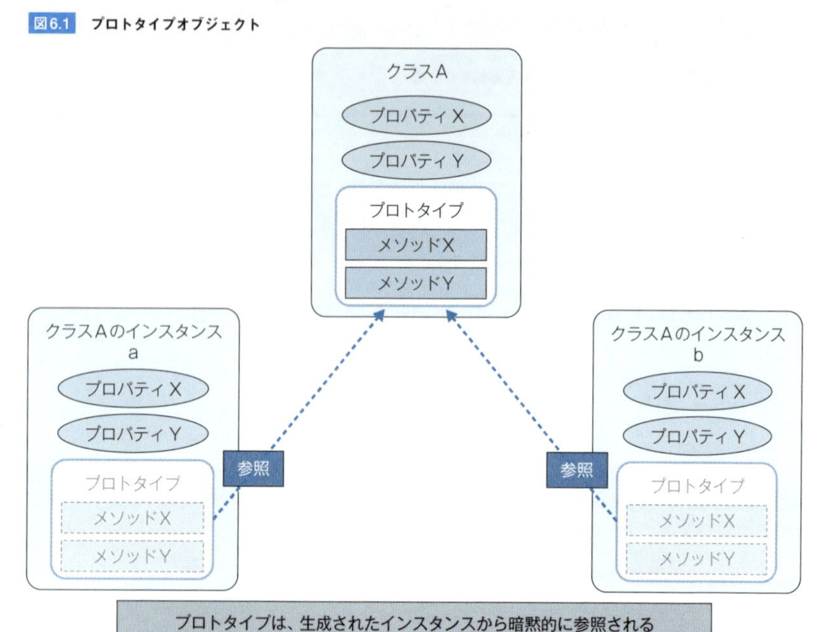

インスタンスは、この参照をたどってメソッドを実行するわけです。参照であってコピーではないので、❶のようにインスタンス化のあとにメソッドを追加した場合にも、正しくメソッドを呼び出せる点に注目してください（❷）。

インスタンスにメンバーを追加する

（クラスではなく）インスタンスに対してメンバーを追加することもできます。

●class_method2.js

```
class Article {
  ...中略... (レシピ140 参照)
}

let a = new Article(
  'Angular連載',
  'https://codezine.jp/article/corner/653',
  'JavaScriptフレームワーク「Angular」の活用方法をサンプルを交えて紹介します。'
);
a.getSummary = function () {          ─❶
  return this.intro.substring(0, 10);
};
console.log(a.getSummary());     // 結果：JavaScript

let a2 = new Article(               ─❷
  'PHP連載',
  'http://www.atmarkit.co.jp/ait/series/1432/',
  'Web開発向けスクリプト言語「PHP」の文法を一から学ぶための入門連載記事です。'
);
console.log(a2.getSummary());
    // 結果：エラー (a2.getSummary is not a function)
```

ただし、インスタンスに追加されたメソッドは、あくまでそのインスタンスだけのものです（❶）。❷のように、別のインスタンスを生成した場合には、そちらには反映**されない**点に注意してください。

すべてのインスタンスに反映させたいメンバー（メソッド）は、クラスのプロトタイプに対して追加しなければなりません。

NOTE

プロトタイプベースのオブジェクト指向

JavaScriptはオブジェクト指向言語ですが、内部的にはプロトタイプという概念をベースにしており、その特殊性を語るときに、代表的な特徴として引き合いに出されます（一般的な**クラスベースのオブジェクト指向**に対して、**プロトタイプベースのオブジェクト指向**と言うこともあります）。

JavaScriptでも、ES2015以降ではclass命令が追加されていますが、プロトタイプという概念がなくなったわけではなく、内部的な挙動はあくまでプロトタイプが基本です。class命令は、一見してわかりにくいプロトタイプを覆い包むシンタックスシュガー（糖衣構文）にすぎません。

147 外部からアクセスできないプロパティ／メソッドを定義したい

プライベートメンバー

ES2015

関連	142 メソッドを定義したい P.231
利用例	クラスの内部的な情報／手続きを、利用者にアクセスさせたくない場合

クラス外部からアクセスできないメンバー（プロパティ／メソッド）のことを**プライベートメンバー**と言います。クラス内部でのみ利用するメンバーに対して、外から安易にアクセスできるのは（意図しない操作の危険があるという意味で）望ましいことではありません。そのようなメンバーは、できるだけプライベートメンバーとして定義することで、クラスの部品としての安全性を高められます。

もっとも、JavaScriptは標準で、このようなプライベートメンバーの仕組みを持っていません。プライベートメンバーを定義するには、モジュールとシンボルを併用した、やや特殊なコーディングが必要になります。

たとえば以下は、プライベートプロパティとしてNAME／BIRTHを持つPersonクラスの例です。

●class_private_lib.js

```
const NAME = Symbol();   ─┐
const BIRTH = Symbol();  ─┴─❶

export class Person {
  constructor(name, birth) {
    // プライベートメンバーを初期化
    this[NAME] = name;     ─┐
    this[BIRTH] = birth;   ─┴─❷
  }

  // プライベートメンバーにアクセスするためのメソッド
  getName() {
    return this[NAME];
  }

  getBirth() {
    return this[BIRTH];
  }
}
```

●class_private.js

```
import { Person } from './class_private_lib.js';

let p = new Person('山田太郎', '2000/11/21');

console.log(JSON.stringify(p));    // 結果：{}

for (let value in p) {
  console.log(value);  // 結果：(何も表示されない)
}

console.log(p.getName());      // 結果：山田太郎
console.log(p.getBirth());     // 結果：2000/11/21
```

❸

プライベートメンバーを定義するには、NAME／BIRTHプロパティの名前をシンボルとして準備し（❶）、「this[*シンボル*] = ～」でプロパティを準備します（❷）。「this.*シンボル* = ～」ではないので注意してください。

シンボルの値はモジュールの外からはわからないので、利用者は[NAME]、[BIRTH]プロパティにアクセスできない、というわけです。JSON.stringifyで文字列化したり、for...in命令で列挙しようとしても同様です（❸）。

メソッドのプライベート化

同じように、メソッドもプライベート化できます。以下は、MyClassクラスに対して、プライベートメソッド[GET_PRIVATE]と、これにアクセスするためのパブリックメソッドgetPublicを定義する例です。

●class_private_lib2.js

```
const GET_PRIVATE = Symbol();

export class MyClass {
  // シンボル経由でしかアクセスできないプライベートメソッド
  [GET_PRIVATE]() {
    return 'private value';
  }
  // プライベートメソッドにアクセス
  getPublic() {
    return 'Public：' + this[GET_PRIVATE]();
  }
}
```

❶

プライベートメンバー

●class_private2.js

```
import { MyClass } from './class_private_lib2.js';

let cls = new MyClass();
console.log(cls.getPublic());         // 結果：Public：private value
console.log(cls[GET_PRIVATE]());      // 結果：GET_PRIVATE is not defined（エラー）
```

❶のような表記は、いわゆるComputed property namesです。シンボルの値から動的にメソッド名を生成しているわけです。

注意 厳密にプライベート化できるわけではない

ただし、シンボルによって定義されたメンバーも、完全に存在を隠蔽できるわけではありません。というのも、Object.getOwnPropertySymbolsメソッドを利用することで、シンボルプロパティにも強制的にアクセスできてしまうからです。

●class_private.js

```
let prop = Object.getOwnPropertySymbols(p)[0];
console.log(p[prop]);      // 結果：山田太郎
```

そもそもシンボルの値を隠蔽できるのは、あくまでモジュールの外部に対してだけです。同じモジュール内であれば、定数NAME、BIRTH経由でアクセスが可能です。

```
let p = new Person('山田太郎', '2000/11/21');
console.log(p[NAME]);       // 結果：山田太郎
console.log(p[BIRTH]);      // 結果：2000/11/21
```

ということで、著者個人としては、あえて変則的なコードを書いてまでプライベート化にこだわる必要はないと考えます。プライベート変数はアンダースコア（_）始まりとする、程度の運用でも、大概の用途には事足りますし、コードも見やすくなるからです。

148 クラスを継承したい

継承 | extends

ES2015

関連	139 クラスを定義したい P.226
利用例	あるクラスの機能を引き継いで、新しいクラスを作成する場合

クラスを継承するには、extendsキーワードを利用します。

構文 クラスの継承

```
class ChildClass extends ParentClass {
  ...definitions...
}
```

ChildClass	クラス名
ParentClass	継承元のクラス
definitions	クラスの本体

たとえば以下は、Personクラスを継承して、BusinessPersonクラスを定義する例です。

●class_extends.js

```
class Person {
  constructor(name) {
    this.name = name;
  }

  show() {
    return `${this.name}です。`;
  }
}

// PersonクラスをBusinessPersonクラス
class BusinessPerson extends Person {
  work() {
    return `${this.name}はセッセと働きます。`;
  }
}

let bp = new BusinessPerson('山田太郎');
console.log(bp.show());    // 結果：山田太郎です。
console.log(bp.work());    // 結果：山田太郎はセッセと働きます。
```

BusinessPersonクラスで定義されたworkメソッドはもちろん、Personクラスで定義されたshowメソッドが、BusinessPersonクラスのメンバーとして呼び出せていることが確認できます。

NOTE

継承に関するキーワード

継承では、継承元となるクラスを**親クラス**(または**基底クラス**)、継承の結果できたクラスを**子クラス**(または**派生クラス**)と呼びます。

また、1つのクラスが継承できるのは1つのクラスのみです。これを**単一継承**の性質と呼びます。反対語は**多重継承**(複数のクラスを同時に継承)と言います。JavaScriptでは、多重継承には対応していません。

MEMO

149 基底クラスのメソッド／コンストラクターを上書きしたい

継承 | super

ES2015

関連	148 クラスを継承したい P.243
利用例	基底クラスで実装したメソッドを派生クラスで再実装したい場合

派生クラスでは、基底クラスに新たなメソッドを追加するばかりではありません。基底クラスで定義されたメソッドを、派生クラスで上書きすることもできます（これをメソッドの**オーバーライド**と言います）。

たとえば以下は、Personクラスで定義されたコンストラクター／showメソッドを、BusinessPersonクラスでオーバーライドする例です。

●class_override.js

```
class Person {
  ...中略...（レシピ148 参照）
}

class BusinessPerson extends Person {
  // 新たにtitleプロパティを追加
  constructor(name, title) {
    super(name);                                    ❶
    this.title = title;
  }

  // 基底クラスのshowメソッドをオーバーライド
  show() {
    return `${super.show()} (${this.title}) `;      ❷
  }
}

let bp = new BusinessPerson('山田太郎', '主任');
console.log(bp.show());     // 結果：山田太郎です。（主任）
```

オーバーライド（上書き）とは言っても、基底クラスの機能を完全に書き換えてしまう状況はまれです。一般的には、基底クラスの機能を流用しつつ、派生クラス側では差分の機能だけを追加していくことになるでしょう。

そのような場合に利用するのが、superキーワードです。superを経由することで、派生クラスから基底クラスのメソッド／コンストラクターを呼び出せます（❶、❷）。

構文 superキーワード

```
super(parameters, ...)          ← コンストラクター
super.method(parameters, ...)   ← メソッド名
```

parameters 引数
method メソッド名

なお、コンストラクターでsuper呼び出しをする場合には、先頭の文でなければなりません。さもないと、「Must call super constructor in derived class before accessing 'this' or returning from derived constructor」（thisアクセスの前にsuperを呼び出しなさい）のようなエラーとなります。

MEMO

150 オブジェクトの型を判定したい

instanceof | isPrototypeOf | in

関　連	139 クラスを定義したい P.226
利用例	オブジェクトの型、もしくは所有するメンバーに応じて処理を振り分けたい場合

JavaScriptには、厳密な意味での「クラス」という概念はありません。そのため、型という概念も正確にはありませんが、constructorプロパティ、instanceof／in演算子、isPrototypeOfメソッドなどを利用することで、緩い型を判定できます。

生成元のコンストラクターを取得する ── constructorプロパティ

constructorプロパティは、インスタンスの生成元となるコンストラクターを取得します。

●class_obj.js

```
class Person { }
class BusinessPerson extends Person { }

let p = new Person();
let bp = new BusinessPerson();
console.log(p.constructor === Person);             // 結果：true
console.log(bp.constructor === Person);            // 結果：false ――― ❶
console.log(bp.constructor === BusinessPerson);    // 結果：true
```

ただし、派生クラスではcostructorプロパティが返すのも派生クラスのコンストラクターです（❶）。継承ツリーをたどって、基底クラスとの型の互換性を判定するならば、instanceof演算子を利用してください。

指定されたクラスのインスタンス化を判定する —— instanceof演算子

「*オブジェクト変数* instanceof *クラス*」の形式で、そのオブジェクトの元となるクラスを判定できます。継承ツリーをさかのぼっての判定も可能です。

●obj_type.js

```
console.log(bp instanceof BusinessPerson);    // 結果：true
console.log(bp instanceof Person);    // 結果：true
console.log(bp instanceof Object);    // 結果：true（Objectはルートオブジェクト）
```

参照しているプロトタイプを確認する —— isPrototypeOfメソッド

instanceof演算子と似たようなメソッドとして、isPrototypeOfメソッドもあります。こちらはプロトタイプ（prototypeプロパティ）の確認として利用します。

●obj_type2.js

```
console.log(BusinessPerson.prototype.isPrototypeOf(bp));    // 結果：true
console.log(Person.prototype.isPrototypeOf(bp));    // 結果：true
console.log(Object.prototype.isPrototypeOf(bp));    // 結果：true
```

メンバーの有無を判定する —— in演算子

JavaScriptのオブジェクトは、コンストラクターをもとにのみ作成されるわけではありません。リテラルとして作成される場合もありますし、コンストラクターをもとに生成されたとしても、あとからインスタンスに対してメンバーが追加されることもあります。

より厳密に、その時点であるメンバーが存在するかをチェックするならば、in演算子を利用します。

●obj_in.js

```
let obj = { method1: function () {}, method2: function () {} };

console.log('method1' in obj);    // 結果：true
console.log('method3' in obj);    // 結果：false
```

151 オブジェクトの内容をfor...of命令で列挙可能にしたい

イテレーター

ES2015

関連	041 配列などの内容を順に列挙したい P.075
利用例	オブジェクトで保持しているデータをfor...of命令で取り出せるようにしたい場合

イテレーター レシピ042 を利用します。

たとえば以下は、MyArrayクラスが保持している配列の内容を、for...of命令で列挙できるようにする例です。

●class_iterator.js

```
class MyArray {
  // 可変長引数の内容をvaluesプロパティに設定
  constructor(...values) {
    this.values = values;
  }

  // 既定のイテレーターを取得するためのメソッド
  [Symbol.iterator]() {                                   ❶
    let i = 0;
    let that = this;                                      ❹
    return {
      // valuesプロパティから次の値を取り出す
      next() {                                            ❷
        return i < that.values.length ?                   ❸
          { done: false, value: that.values[i++] } :
          { done: true };
      }
    };
  }
}

// MyArrayクラスの内容を列挙
let my = new MyArray('ぱんだ', 'うさぎ', 'こあら');
for (let v of my) {
  console.log(v);     // 結果：ぱんだ、うさぎ、こあら
}
```

for...of命令は、内部的には[Symbol.iterator]メソッドを介してイテレーターを取得します。そのため、自作クラスを列挙可能にする際にも、[Symbol.iterator]メソッドを

実装すれば良いということです（❶）。

イテレーターであることの条件はnextメソッド（❷）を持つこと、nextメソッドの条件は

```
{ done: 末尾に到達したか, value: 値 }
```

形式の戻り値を返すこと、です。❸であれば、現在のインデックス値（i）を判定し、配列（that.values）のサイズ未満であれば、

```
{ done: false, value: 現在値 }
```

を、さもなくば

```
{ done: true }
```

を、それぞれ返しています（doneプロパティがtrueであるということは、イテレーターは終端に到達しているので、valueプロパティは不要です）。

変数thatの意味

❹で、thisをthatに格納しているのは、thisが文脈によって変化するためです。[Symbol.iterator]メソッド（❶）配下のthisは現在のインスタンスですが、nextメソッド（❷）配下のthisはイテレーターとなります。つまり、❷の配下でthis.valuesとしても意図した値は取得できません。

そこで、[Symbol.iterator]メソッド配下のthisをいったんthatに退避しておくことで（❹）、nextメソッドの配下でもMyArrayクラスのメンバーにアクセスできるようにしているのです。

152 イテレーターをより簡単に実装したい

イテレーター | ジェネレーター

ES2015

関　連	151 オブジェクトの内容をfor...of命令で列挙可能にしたい P.249
利用例	列挙可能なオブジェクトをより簡単に実装したい場合

ジェネレーターを利用します。以下は、レシピ151 のMyArrayクラスをジェネレーターを利用して書き換えたものです。

●class_iterator_gen.js

```
class MyArray {
  constructor(...values) {
    this.values = values;
  }

  // valuesプロパティの内容を反復するためのジェネレーター
  *[Symbol.iterator]() {                                    ❶
    let i = 0;
    while (i < this.values.length) {
      yield this.values[i++];
    }
  }
}

// MyArrayクラスの内容を列挙
let my = new MyArray('ぱんだ', 'うさぎ', 'こあら');
for (let v of my) {
  console.log(v);    // 結果：ぱんだ、うさぎ、こあら
}
```

レシピ128 でも触れたように、ジェネレーター関数の戻り値はiteratorと互換性のあるGeneratorオブジェクトです。よって、クラス既定のイテレーター（[Symbol.iterator]メソッド）に対して、ジェネレーター関数を渡すことで、そのままイテレーターとして動作させることが可能です。

インスタンスメソッドでジェネレーターであることを表すには、メソッド名の頭に「*」を付与してください（❶）。

153 モジュールを定義したい

モジュール | export | import　　ES2015

関　連	289 モジュール構成のアプリを1ファイルにまとめたい P.521
利用例	規模の大きなアプリを機能単位にファイルを分けて開発したい場合

JavaScriptのモジュールは、1つのファイルとして定義するのが基本です。たとえば以下は、定数APP_NAME、関数getTriangle、クラスPersonを、それぞれutilモジュールとしてまとめたものです。ファイル名がそのままモジュール名と見なされます。

●util.js

```
const APP_NAME = 'JavaScript逆引きレシピ';

export function getTriangle(base, height) {
  return base * height / 2;
}

export class Person {
  constructor(name) {
    this.name = name;
  }

  show() {
    return `${this.name}です。`;
  }
}
```

モジュール配下のメンバーは、既定で非公開です。外部からアクセスするには、それぞれの宣言の頭にexportキーワードを付与してください。

utilモジュールの例であれば、getTriangle関数／Personクラスが公開の対象です(定数APP_NAMEにはexportがないので、非公開です)。

モジュールを利用する

定義済みのutilモジュールを利用するコードは、以下の通りです。

●module_basic.js

```
import { getTriangle, Person } from './util.js';

console.log(getTriangle(5, 10));    // 結果：25

let p = new Person('山田太郎');
console.log(p.show());    // 結果：山田太郎です。
```

モジュールをインポートするのは、import命令の役割です。

構文 **import命令**

```
import { members, ... } from module
```

members メンバー
module モジュール

モジュールは、現在の.jsファイルからの相対パスで表します。よって、utilモジュールがサブフォルダー/libに格納されている場合には、importも以下のように表します。

```
import { getTriangle, Person } from './lib/util.js';
```

また、モジュール側でexport宣言していても、利用側でimport宣言されなかったものにはアクセスできません。たとえば、以下のようにimport宣言した場合には、Personクラスに対してのみアクセスが可能です（getTriangle関数にはアクセスできません）。

```
import { Person } from './util.js';
```

NOTE

モジュール名の表記

webpack／Browserifyなどのモジュールバンドラーを利用している場合には、

```
import { getTriangle, Person } from './util';
```

のように、モジュール名は拡張子なしの形式で記述するのが一般的です。

ただし、この記法はモジュールバンドラーが既定の拡張子を認識して補っているにすぎません。ブラウザー単体でモジュールを利用する場合には、拡張子は省略せずに記述しなければなりません。

モジュールを利用する場合の<script>要素

モジュールを利用する場合は、<script>要素の記述も変化します。といっても、type属性にmoduleを指定するだけです。

●module_basic.html

```
<script type="module" src="scripts/module_basic.js"></script>
```

もっとも、「type="module"」属性はInternet Explorer 11で動作しないなど、執筆時点でよく利用されているすべてのブラウザーに対応しているわけではありません。不特定多数のユーザーを対象としたサイトでは、まずは、モジュールを1つに束ねるためのモジュールバンドラーを利用するようにしてくださいレシピ289。

154 モジュールをインポートするさまざまな記法を知りたい

モジュール

ES2015

関連	153 モジュールを定義したい P.252
利用例	モジュールをインポートするための適材適所の方法を知りたい場合

import命令には レシピ153 で触れた他にも、目的に応じてさまざまな記法があります。ここでは、その中でもよく利用すると思われるものをまとめておきます。

モジュール配下のすべてのメンバーをインポート

「*」でモジュール配下のすべてのメンバーをインポートできます。その場合、as句によってモジュールの別名を指定しなければなりません。

●module_basic2.js

```
import * as u from './util.js';

console.log(u.getTriangle(5, 10));     // 結果：25

let p = new u.Person('山田太郎');      // 結果：山田太郎です。
console.log(p.show());
```

この例であれば、utilモジュールのすべてのエクスポートをu.~の形式でアクセスできるようにしています。

モジュール配下のメンバーに別名を付与

as句を利用することで、モジュール配下の個々のメンバーに別名を付与することも可能です。モジュール間で名前の衝突があった場合などに利用します。

●module_basic3.js

```
import { getTriangle as myGetTriangle, Person as MyPerson } from './util.js';

console.log(myGetTriangle(5, 10));     // 結果：25

let p = new MyPerson('山田太郎');
console.log(p.show());     // 結果：山田太郎です。
```

モジュール

既定のエクスポートをインポート

モジュール配下の１つのメンバーに対してであれば、既定のエクスポートを宣言することもできます。これには、以下のようにdefaultキーワードを付与するだけです。既定のエクスポートでは、関数／クラスの名前は省略可能です。

●util.js

```
export default class {
  static getSquare(base, height) {
    return base * height;
  }
}
```

これをインポートしているのが、以下のコードです。これでutilモジュールの既定のエクスポートに、utilという名前でアクセスできるようになります。

●module_basic4.js

```
import util from './util.js';

console.log(util.getSquare(10, 5));     // 結果：50
```

MEMO

155 クラスを定義したい

プロトタイプ | コンストラクター

関　連	156 クラスにメソッドを追加したい P.260
利用例	関連するデータと処理をクラスとしてまとめたい場合

ES2015より前のJavaScriptでクラスを定義するには、関数を利用します。たとえば以下は、Animalクラスの例です。

●es5_class.js

```
var Animal = function (name) {            ――❷
  this.name = name;                       ――❸
  this.toString = function () {           ┐
    return 'Animal:' + this.name;         ├❹
  };                                      ┘
};

var ani = new Animal('トクジロウ');          ――❶
console.log(ani.name);          // 結果：トクジロウ
console.log(ani.toString());    // 結果：Animal:トクジロウ
```

new演算子で呼び出すことで、Animalクラスのインスタンスを生成できることが確認できます（❶）。インスタンスを生成するための役割を担うという意味で、Animal関数は（クラスそのものというよりも）コンストラクターと呼ぶのがより適しているでしょう。

コンストラクターとしての関数を定義する際に注意すべき点を、以下にまとめます。

(1) 名前は大文字で開始する

通常の関数と区別するために、コンストラクターの名前は大文字で始めます（❷）。また、命名も、クラスとして扱うモノを端的に表す名詞とします。

(2) プロパティは「this.*プロパティ名*」で定義する

コンストラクターの配下において、thisは生成されるインスタンスを表します。そのため、インスタンスに対して新たなプロパティを追加するならば、thisキーワードに対して変数を設定すれば良いことになります。この例であれば、nameプロパティを定義しています（❸）。

(3) メソッドは関数型のプロパティ

JavaScriptには、厳密にはメソッドという概念はありません。値が関数オブジェクトであるプロパティが、メソッドとして動作するのです。この例であれば、toStringプロパティに対して、関数オブジェクトをセットすることで、いわゆる「toStringメソッド」を定義しています(❹)。

ただし、メソッドをコンストラクターで定義するのは、効率という観点で良いことではありません。より良い方法については、レシピ156で解説します。

(4) 戻り値は不要

コンストラクターでは、自動的にthisが指すオブジェクトを返すので、戻り値は不要です。明示的に戻り値を返した場合には、その値がnew演算子の値となります。その場合、thisへのプロパティ設定などは無視されますので、注意してください。

コンストラクターの強制的な呼び出し

JavaScriptの世界では、関数がコンストラクターの役割を担っていることから、問題もあります。というのも、関数である以上、(new演算子でなく) 普通の関数としても、呼び出せてしまうという点です。

●es5_class2.js

```
// new演算子なしでの呼び出し
var ani = Animal('トクジロウ');

console.log(ani);          // 結果:undefined
console.log(name);         // 結果:トクジロウ
console.log(ani.name);     // 結果:エラー (Cannot read property 'name' of undefined)
```

この場合、Animalオブジェクトは生成されず、代わりにグローバル変数としてnameが生成されてしまうのです(非Strictモードのとき)。

これは望ましい状態ではありませんので、厳密にはコンストラクターに、以下のコードを加えるのがより安全です。

●es5_class3.js

```
var Animal = function (name) {
  if (!(this instanceof Animal)) {
    return new Animal(name);
  }
  this.name = name;
  ...中略...
};
```

コンストラクターがnew演算子で呼び出されていない場合、thisはAnimalオブジェクトではなく、グローバルオブジェクト、またはundefinedであるはずです。ここでは、その性質を利用して、thisがAnimalオブジェクトでない場合に、改めてnew演算子でコンストラクターを呼び出しているわけです。これによって、上のような問題は回避できます。

COLUMN ブラウザー搭載の開発者ツール（1）―― 基本機能

ブラウザー標準で搭載されている**開発者ツール（デベロッパーツール）**は、JavaScript／CSSを使ったフロントエンド開発には欠かせない強力なツールです。本書でもログ確認、ストレージの内容チェックなどで活用しているので、本コラムでChrome環境を例に主な機能をまとめておきます。

デベロッパーツールはF12キー（Windowsの場合）、⌘＋Option＋Iキー（macOSの場合）で起動できます（図A）。

図A Chromeの開発者ツール

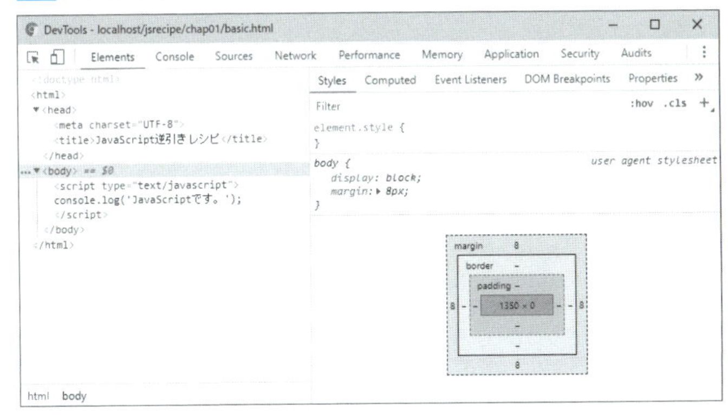

ブラウザー下部に開発者ツールが表示されるので、まずは、よく利用する機能（メニュー）を確認しておきましょう（表A）。

表A Chrome開発者ツールの主な機能

メニュー	概要
Elements	文書ツリー／スタイルシートの状態を確認
Console	コンソール（ログ出力、エラーメッセージの確認）
Sources	JavaScriptコードのデバッグ（ブレイクポイントの設置、ステップ実行）
Network	ブラウザーで発生した通信内容をトレース
Application	ストレージ／クッキーの内容確認／編集（レシピ242 レシピ244を参照）
Audits	ページ分析＆最適化のためのヒントを提示

156 クラスにメソッドを追加したい

クラス | prototype

関　連	155　クラスを定義したい　P.257
利用例	クラスに関連する処理を定義したい場合

プロトタイプオブジェクト（prototypeプロパティ）のメンバーとして追加します。

構文 **メソッドの定義**

```
ConstructorFunc.prototype.method = function(...) {...}
```

ConstructorFunc	コンストラクター関数
method	メソッド名

たとえば以下は、レシピ155（es5_class.js）のAnimalクラスに、toStringメソッドを追加する例です。

●es5_class_proto.js

```
var Animal = function (name) {
  this.name = name;
};

Animal.prototype.toString = function () {   ①
  return 'Animal:' + this.name;
};

var ani = new Animal('トクジロウ');   ②
console.log(ani.name);          // 結果：トクジロウ
console.log(ani.toString());    // 結果：Animal:トクジロウ
```

コンストラクターではなく、プロトタイプである理由

コンストラクター レシピ155 にメソッドを追加するのは、効率という意味で望ましくありません。というのも、インスタンスを作成するたび、コンストラクターの中で定義されたメンバーはコピーされるからです（図6.2）。プロパティと異なり、メソッドの中身は等しいはずなので、これは無駄なことです。

一方、プロトタイプオブジェクト（prototypeプロパティ）で定義されたメンバーは、インスタンス化された先のオブジェクトに引き継がれるのみで、コピーされません。「引

図6.2 コンストラクターとプロトタイプ

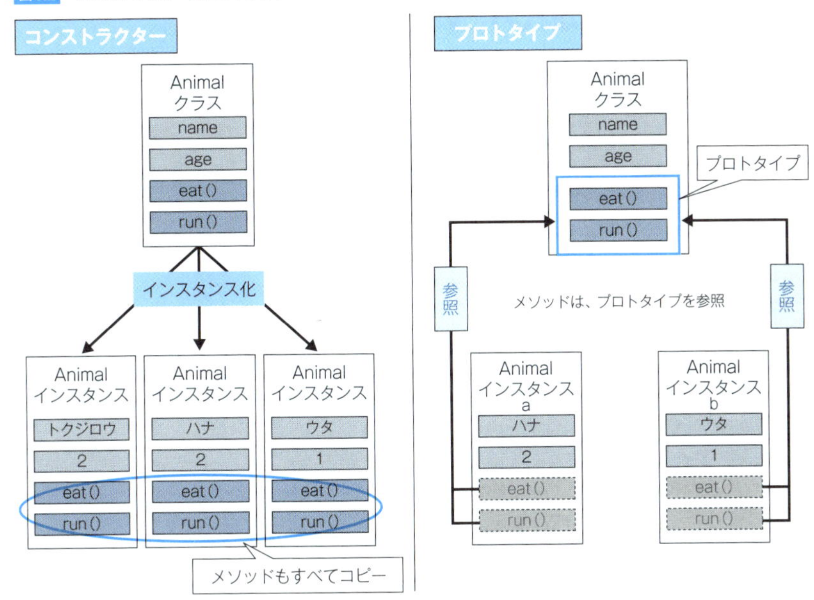

き継がれる」とは、そのコンストラクターから生成されたすべてのオブジェクトが、生成元のプロトタイプオブジェクトに対して、暗黙的な参照を持つ、ということです。

インスタンスをいくつ作成しても、メソッドの実体は1つなので、メモリーの使用量を節減できます。

また、その性質上、インスタンスを生成した後で、メンバーを追加／削除したとしても、インスタンスの側では正しく認識できます。つまり、先ほどのes5_class_proto.jsで❶と❷の順番を入れ替えても、コードは正しく動作します。

NOTE

標準クラスのプロトタイプを操作しない

JavaScriptでは、すべてのオブジェクトがprototypeプロパティを持っています。つまり、ObjectやArray、Stringのような標準オブジェクトも、prototypeプロパティを介することで、機能を拡張できるということです。

しかし、これは時として、混乱のもとになるため、避けるべきです（たとえば、異なるライブラリで同名のメソッドを拡張していたらどうでしょう。将来的に、拡張したメソッドと同名の標準メソッドが追加されたら）。特に、Objectオブジェクトは大部分のオブジェクトが継承していることから、その影響は甚大です。

157 クラスに静的メンバーを追加したい

クラス | 静的メンバー

関連	155 クラスを定義したい P.257
利用例	ユーティリティ的な関数をクラスとしてまとめたい場合

静的メンバーとは、「*クラス.プロパティ*」「*クラス.メソッド(...)*」のように、(インスタンスを介さずに)呼び出せるメンバーのことです。このようなメンバーは、コンストラクター関数の直接のメンバーとして、登録します。

構文 **静的メンバーの定義**

```
ConstructorFunc.property = value
ConstructorFunc.method = function(...) {...}
```

ConstructorFunc	コンストラクター関数
property	プロパティ名
value	値
method	メソッド名

たとえば以下は、Utilクラスに対して、静的メンバーとして、VERSIONプロパティと、getBmiメソッドを定義する例です。getBmiメソッドは引数として体重(kg)、身長(m)を受け取り、身長肥満指数(BMI値)を求めます。

●es5_static.js

```
var Util = function () {};

Util.VERSION = '1.0.0';

Util.getBmi = function (weight, height) {
  return weight / (height * height);
};

console.log(Util.VERSION);              // 結果：1.0.0
console.log(Util.getBmi(65, 1.81));     // 結果：19.840664204389366
```

VERSION(すべて大文字)としているのは、プロパティが定数(読み取り専用)であることを表すためです。ES2015より前のJavaScriptでは、標準的に定数の仕組みを持たないため、命名規則で変数と区別しているのです(言語として書き込みを禁止するわけではありません)。

NOTE

定数の命名規則

ES2015以降では、定数は（変数と同じく）camelCase記法で表すことが増えてきました。以下のような理由からです。

- アンダースコア形式よりも読みやすい
- 一般的な開発環境であれば、命名規則によらなくても変数／定数の識別が可能
- そもそも定数を利用するのが既定になると（レシピ008）、変数との区別そのものが無意味

実際、JavaScriptのフレームワークとして有名なAngularのスタイルガイド（https://angular.io/guide/styleguide#constants）でも、camelCaseでの命名を推奨しています。ただし、依然としてアンダースコア形式の命名はよく利用されますし、Angularでも双方を許容すべき、と触れています。

静的プロパティは、（インスタンスプロパティと違って）クラス単位に保持される情報です。つまり、静的プロパティへの変更はすべてのインスタンスに影響を及ぼします。これは一般的に望ましい状態ではありませんので、静的プロパティは読み取り専用で利用すべきです。

また、静的メソッドでは、インスタンスを持たないというその性質上、this（インスタンス）へのアクセスもできない点に注意してください。

158 クラスを継承したい

継承 | プロトタイプ

関連	155 クラスを定義したい P.257
利用例	あるクラスの機能を引き継いで、新しいクラスを作成したい場合

子クラスのprototypeプロパティに、親クラスのインスタンスをセットします。たとえば以下は、Personクラスを継承したBusinessPersonクラスの例です。

●es5_proto_chain.js

```
// 親クラスPerson
var Person = function () {};

Person.prototype = {
  eat: function () {
    console.log('もぎゅもぎゅ');
  }
};

// Personクラスを継承したBusinessPersonクラス
var BusinessPerson = function() {
  Person.call(this);                              ❷
};
BusinessPerson.prototype = new Person();          ❶

BusinessPerson.prototype.work = function () {
  console.log('セッセ、セッセ');
};

var bp = new BusinessPerson();
bp.eat();      // 結果：もぎゅもぎゅ
bp.work();     // 結果：セッセ、セッセ
```

この例であれば、BusinessPersonクラスのプロトタイプ（BusinessPerson.prototype）として、Personインスタンスをセットします（❶）。これによって、BusinessPersonインスタンスからPersonクラスで定義されたeatメソッドを参照できるというわけです。

やや複雑ですが、以下に、上のコードで生成された暗黙的な参照の連なりを図示します（図6.3）。

図6.3 プロトタイプチェーン

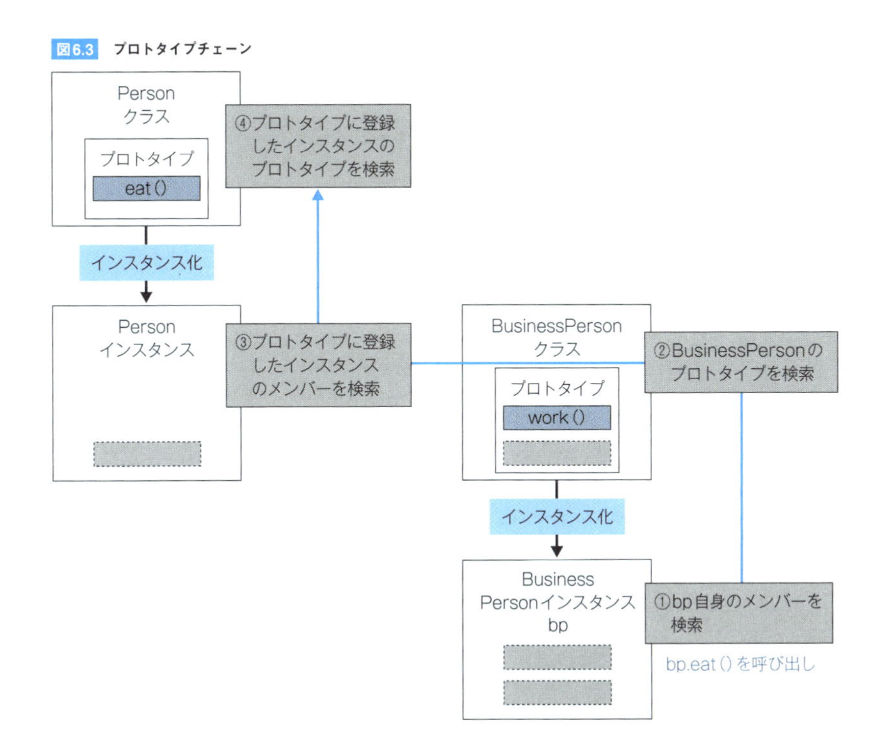

このような参照の連鎖のことを**プロトタイプチェーン**と言います。

なお、図6.3では、直上の親クラスであるPerson.prototypeまでの図を示していますが、ほとんどのクラスはObjectクラスを暗黙的に継承しています（例外的に、Object.createメソッドを利用することで、Objectを引き継がないクラスも生成できます）。そのため、プロトタイプチェーンの先端も、一般的にはObject.prototypeとなります。

基底クラスのコンストラクターを呼び出す

❷のcallメソッドは、Personコンストラクターを現在のthisで呼び出しなさい、という意味です。ここではPersonコンストラクターが空なので、なくても問題ありませんが、プロパティの定義などなにかしらの初期化処理を行っている場合には、まず、基底クラスのコンストラクターを呼び出してから、派生クラスの初期化処理を実施してください。

基底クラスのコンストラクターがなんらかの引数を受け取る場合、以下のようにcallメソッドの第2引数以降で指定します。

```
Person.call(this, 'args1', 'args2');
```

NOTE

現在のインスタンスのプロパティだけを列挙する

for...in命令でオブジェクト内のメンバーを列挙する場合にも、プロトタイプチェーンを利用します（ただし、enumerable属性がfalseであるメンバーは除外されます）。

つまり、もしもプロトタイプを参照せずに、現在のインスタンス自身が所有するメンバーだけを列挙したい場合には、以下のようにhasOwnPropertyメソッドを利用してください。hasOwnPropertyメソッドは、指定されたプロパティが現在のインスタンスに属するかどうかをtrue／falseで返します。

```
for (var key in bp) {
  if (bp.hasOwnProperty(key)) {
    console.log(key);
  }
}
```


MEMO

159 クラス名の衝突を回避したい

名前空間

関 連	160 階層を持った名前空間を定義したい P.269
利用例	クラス同士の名前が衝突する可能性を減らしたい場合

アプリの規模が膨らむにつれて、クラスの数も増えてくると、ライブラリ同士（内部でも）名前が衝突する危険も高まります（Util、Configのような一般的な名前は、より一層危険です)。もちろん、WingsUtil、HogeFooUtilのように、接頭辞を加えることで、一定の回避は可能ですが、いきすぎると、視認性が劣化します。

そこで、一般的な言語では、**名前空間（パッケージ）**という仕組みを用意しています。名前空間とは、言うなれば、クラスをまとめる器です。名前空間を利用することで、（たとえば）「Wings名前空間のUtilクラス」「MyApp名前空間のUtilクラス」と、同名のクラスを識別できるようになります。

空のオブジェクト=名前空間

昨今よく利用される言語では、標準的に備わっている名前空間（パッケージ）の仕組みですが、残念ながら、JavaScriptには存在しません。そこでJavaScriptでは、空のオブジェクトを利用して、「名前空間のようなもの」を作成します。

●es5_namespace.js

```
var Wings = Wings || {};                                  ❶

Wings.Person = function(name, birth) {                    ❷
  this.name = name;
  this.birth = birth;
};

Wings.Person.prototype.toString = function () {
  return this.name + '__' + this.birth;
}

var p = new Wings.Person('山田リオ', new Date(1955, 11, 4));  ❸
console.log(p.toString());
    // 結果：山田リオ__Sun Dec 04 1955 00:00:00 GMT+0900 (日本標準時)
```

名前空間

名前空間を定義するには、空のオブジェクトを生成するだけです（❶であればWings名前空間を定義しています）。

```
var Wings = {};
```

だけでも一応の動作はしますが、「Wings || {}」で、「Wingsが空（存在しない）の場合にのみ新たな名前空間を作成する」という意味になります。ショートカット演算の活用パターンです。

あとは、名前空間に対して、静的メンバーを追加するのと同じ要領で、「*名前空間.クラス* =~」の形式で、新たなコンストラクターを定義します。❷では、Wings名前空間のPersonクラスを定義しています。

名前空間配下のクラスをインスタンス化するには、完全修飾名（名前空間＋クラス）で表さなければならない点に注意してください（❸）。

MEMO

160 階層を持った名前空間を定義したい

名前空間

関　連	159 クラス名の衝突を回避したい P.267
利用例	大規模なアプリで、名前空間を階層状に管理したい場合

規模が大きなアプリ（ライブラリ）では、名前空間に「Wings.Js.Samples.～」のような階層を持たせるケースも出てきます。その場合も、基本は「var Wings = Wings || {};」の繰り返しで対応できますが、名前空間作成のためのユーティリティ関数を用意しておくと、便利です。

●es5_ns_util.js

```
var namespace = function (ns) {
  // 名前空間を「.」で分割
  var elems = ns.split('.');                                    ❶
  var parent = window;

  // 以降の名前空間を順に階層付けしながら登録
  for (var i = 0;  i < elems.length; i++) {
    parent[elems[i]] = parent[elems[i]] || {};                   ❷
    parent = parent[elems[i]];
  }

  return parent;                                                 ❸
};

// Myapp.Recipe.Samples名前空間を登録
var ns = namespace('Myapp.Recipe.Samples');
// 名前空間配下にクラスを定義
ns.MyClass = function () {};                                     ❹
var c = new ns.MyClass();
console.log(c instanceof Myapp.Recipe.Samples.MyClass);  // 結果：true
```

namespace関数では、名前空間を「.」で階層単位に分割したうえで（❶）、上位階層（変数parent）の配下に順に登録していきます（❷）。最上位の名前空間は、グローバルオブジェクト ―― ブラウザー環境ではwindowオブジェクトです。namespace関数は、戻り値として、最終的に生成した名前空間（ここではMyapp.Recipe.Samplesオブジェクト）を返します（❸）。

この戻り値を変数に格納しておくことで、いわゆる名前空間の別名として利用できます。つまり、「Myapp.Recipe.Samples.MyClass」のような完全修飾名ではなく、「ns.MyClass」と書ける点に注目してください（❹）。

161 オブジェクトを作成したい

オブジェクト

関連	016 連想配列を作成したい P.030
利用例	インスタンスを1つしか生成しない（したくない）場合

連想配列と同じく、以下のリテラル構文でオブジェクトを作成できます（正しくは、JavaScriptの世界ではオブジェクトを連想配列として利用しているにすぎません）。

構文 **オブジェクトリテラル**

```
{ property: values, ... }
```

property プロパティ名
values 値

たとえば以下は、name／birthプロパティ、toStringメソッドを持ったanimalオブジェクトの例です。

●obj.js

```
let animal = {
  name: 'さくら',
  birth: new Date(2017, 1, 14),
  toString: function() {
    return this.name + ' (' + this.birth.toLocaleDateString() + ' 生まれ) ';
  }
};

console.log(animal.toString());    // 結果：さくら (2017/2/14 生まれ)
```

❶

プロパティ値には文字列／日付だけでなく、関数オブジェクトを指定できる点に注目です。JavaScriptでは、厳密にはメソッドという独立した概念はなく、「関数オブジェクトを持つプロパティがメソッドと見なされる」のです。

メソッドの簡易構文 ES2015

ES2015以降の環境では、class構文に合わせて、オブジェクトリテラルでも

```
メソッド名(引数, ...) { ...メソッド本体... }
```

のような表現が可能になっています。

そのため、obj.jsの❶であれば、以下のように書き換えが可能です。

●obj2.js

```
toString() {
  return this.name + ' (' + this.birth.toLocaleDateString() + ' 生まれ) ';
}
```

プロパティ名を動的に生成する ES2015

プロパティ名をブラケットでくくることで、プロパティ名を式の値から生成できます(Computed property namesと言います)。

●obj_compute.js

```
let num = 0;
let animal = {
  name: 'さくら',
  birth: new Date(2017, 1, 14),
  ['feature' + ++num]: 'ハムスター',
  ['feature' + ++num]: 'パールホワイト',
  ['feature' + ++num]: '人懐っこい',
};

console.log(animal);
  // 結果：{name: "さくら", birth: Tue Feb 14 2017 00:00:00 GMT+0900 (日本標準時), ⏎
feature1: "ハムスター", feature2: "パールホワイト", feature3: "人懐っこい"}
```

この例であれば、変数numをインクリメントしていくことで、feature1、2、3...のようなプロパティ名が生成されます。

ブラケット構文は、classブロックでメソッド名を指定する際にも利用できます。具体的な例はレシピ147も参照してください。

変数を同名のプロパティに割り当てる ES2015

プロパティ名が、その値を格納した変数名と同じ場合には、値の指定を省略できます。よって、以下のサンプルの❶、❷はいずれも同じ意味です。

●obj_simple.js

```
let name = 'さくら';
let birth = new Date(2017, 1, 14);
let animal = { name: name, birth: birth }; ――❶
let animal2 = { name, birth }; ――❷

console.log(animal);
    // 結果：{name: "さくら", birth: Tue Feb 14 2017 00:00:00 GMT+0900 (日本標準時)}
console.log(animal2);
    // 結果：{name: "さくら", birth: Tue Feb 14 2017 00:00:00 GMT+0900 (日本標準時)}
```

ここではたかだかプロパティが2個程度ですが、それでも随分とコードがシンプルになることが確認できます。

MEMO

162 オブジェクトのプロパティを削除したい

delete

関　連	164 不変オブジェクトを定義したい P.277
利用例	既存のオブジェクトから特定のプロパティを取り除きたい場合

delete演算子を利用することで、オブジェクトの指定されたプロパティを削除できます。削除に成功した場合、delete演算子はtrueを、失敗した場合にはfalseを返します。

●obj_delete.js

```
let interest = { indoor: 'reading', outdoor: 'tennis' };
console.log(delete interest.indoor);  // 結果：true
console.log(interest.indoor);         // 結果：undefined

let member = { name: '山田太郎', age: 18, hobby: interest };
console.log(delete member.hobby);     // 結果：true ──────┐
console.log(interest);  // 結果：{outdoor: "tennis"} ───────┴─❶
console.log(member);    // 結果：{name: "山田太郎", age: 18}

console.log(delete member.job);       // 結果：true ────────❷
```

❶のように、プロパティ値がオブジェクトであった場合、プロパティが削除されるだけで参照先のオブジェクトが削除されるわけではありません。

❷のように、存在しないプロパティを削除した場合にも、delete演算子は何もせずに、ただtrueを返します。

163 オブジェクト生成時にプロトタイプ／プロパティを細かく設定したい

オブジェクト | create

関連	161 オブジェクトを作成したい P.270
利用例	プロトタイプ、プロパティの設定を伴って、オブジェクトを生成したい場合

createメソッドを利用することで、オブジェクトを生成する際に、元となるプロトタイプ、プロパティが列挙可能か、読み取り専用かなどを設定できます（細部の設定が不要ならば、オブジェクトリテラルを利用すれば十分です）。

構文 createメソッド

```
Object.create(proto [,props])
```

proto 生成するオブジェクトのプロトタイプとなるオブジェクト
props プロパティ情報（{ *プロパティ名*: { *パラメーター*: *値*, ... }, ... }の形式。パラメーターは表6.1参照）

表6.1 プロパティの主な構成パラメーター（引数props）

パラメーター	概要	既定値
configurable	プロパティの削除や属性の変更が可能か	false
enumerable	列挙が可能か	false
value	値	–
writable	書き換えが可能か	false
get	ゲッター関数	–
set	セッター関数	–

以下は、name、age、memoなどのプロパティを持ったオブジェクトmemberを定義した例です。

●obj_create.js

```
'use strict';

let member = Object.create(Object.prototype, {
  name: { value: '山田太郎', writable: true, configurable: true, enumerable: true },
  age: { value: 18, writable: true, configurable: true, enumerable: true },
  memo: { value: '研修期間中', writable: true, configurable: true, ⏎
enumerable: true }
});

// プロパティ値を変更
// member.memo = '見習い';                                        ❶
// プロパティを変更
// console.log(delete member.memo);                              ❷
// プロパティを列挙
// for (let key in member) {
//   console.log(key + ' : ' + member[key]);                     ❸
// }
```

writable／configurable／enumerableなどのパラメーターは、いずれも既定でfalseです。たとえば太字を削除したうえで、コメントアウトされた❶～❸のコードを、それぞれ有効化してみましょう。その結果は、以下の通りです。

❶Cannot assign to read only property 'memo' of object '#<Object>'
memoプロパティが読み取り専用。

❷Cannot delete property 'memo' of #<Object>
memoプロパティの削除は不可。

❸name：山田太郎／age：18
memoプロパティが列挙されない。

NOTE

Strictモード

サンプルでStrictモードを明示的に有効化しているのは、非Strictモードでは制約違反にもかかわらず、例外が発生しないからです（＝無視されるだけで通知されません）。これでは問題あるコードを特定しにくいので、writable／configurableなどを利用する際にはStrictモードを有効にすべきです。

引数protoがnullとは？

オブジェクトリテラルでは、暗黙的にObject.prototypeをプロトタイプとしています（つまり、「Objectオブジェクトの機能を引き継いだオブジェクトを生成しなさい」という意味です）。

そのため、createメソッドでオブジェクトリテラルと同じ挙動をとるには、引数protoに明示的にObject.prototypeを渡さなければなりません。

逆に、引数protoにnullを渡すことで、Objectオブジェクトすら引き継がない――完全に空のオブジェクトを生成することもできます。

```
let obj = Object.create(null);
```

あとからプロパティを追加する

definePropertyメソッドを利用することで、既存のオブジェクトに対して、後付けでプロパティを追加することもできます。

構文 **definePropertyメソッド**

```
Object.defineProperty(obj, prop, descriptor)
```

obj	プロパティを定義するオブジェクト
prop	プロパティ名
descriptor	プロパティの構成情報（表6.1「プロパティの主な構成パラメーター」）

たとえばmemberオブジェクトに対して、memoプロパティを追加するならば、以下のように表します。

```
Object.defineProperty(member, 'memo',
  { value: '研修期間中' , writable: false, configurable: false,
    enumerable: false });
```

164 不変オブジェクトを定義したい

不変 | preventExtensions | seal | freeze

関連	161 オブジェクトを作成したい P.270
利用例	一度生成したオブジェクトをあとから変更させたくない場合

不変オブジェクトとは、生成した後は値を変更できないオブジェクトのことです。オブジェクトを不変にすることで、他からオブジェクトの状態を変えられてしまう恐れがないため、実装/利用が簡単になる、意図しないバグの混入を防げる、などのメリットがあります。

不変オブジェクトを定義するために、JavaScriptでは表6.2のメソッドを用意しています。これらのメソッドを利用することで、プロパティの操作を制限できます。

表6.2 プロパティへの操作を制限するメソッド

メソッド	preventExtensions	seal	freeze
プロパティ値の変更	○	○	×
プロパティの削除	○	×	×
プロパティの追加	×	×	×

以下は、それぞれのメソッドを利用したコードです。

●obj_freeze.js

```
'use strict';

let member = { name: '山田太郎', age: 18 };

// Object.preventExtensions(member); ―――― ❶
// Object.seal(member); ―――― ❷
// Object.freeze(member); ―――― ❸

member.name = 'Taro Yamada';
delete member.age;
member.job = '会社員';
```

コメントアウトされた❶〜❸のコードを、それぞれ有効化した場合の結果(エラー)は、以下の通りです。

❶Cannot add property job, object is not extensible
jobプロパティの追加は不可。

❷Cannot delete property 'age' of #<Object>
ageプロパティの削除は不可。

❸Cannot assign to read only property 'name' of object '#<Object>'
nameプロパティは読み取り専用。

NOTE

Strictモード

サンプルでStrictモードを明示的に有効化しているのは、非Strictモードでは制約違反にもかかわらず、例外が発生しないからです（＝無視されるだけで通知されません）。これでは問題あるコードを特定しにくいので、freeze／seal／preventExtensionsを利用する際にはStrictモードを有効にすべきです。

インスタンスを凍結する

classブロックで宣言したオブジェクトを不変にすることもできます。たとえば レシピ140 のclass_const.jsであれば、コンストラクターの末尾に、太字のコードを追加してください。これでインスタンス（this）に対して、プロパティそのものの追加／削除はもちろん、プロパティ値の変更もできなくなります。

●class_const.js

```
constructor(title, url, intro) {
  ...中略...
  Object.freeze(this);
}
```

レシピ155 の例であれば、コンストラクター関数の末尾に同様のコードを追加します。

165 オブジェクトの基本動作をカスタマイズしたい

Proxy | ハンドラー

ES2015 IE×

関連	161 オブジェクトを作成したい P.270
利用例	プロパティの追加/削除、インスタンス化などのタイミングで、アプリ独自の処理を挟みたい場合

Proxyオブジェクトを利用します（図6.4）。Proxyは、たとえばプロパティへのアクセス、for...in命令による列挙など、オブジェクトの基本的な操作を、アプリ固有の挙動に置き換えるためのオブジェクトです。

図6.4 Proxyオブジェクト

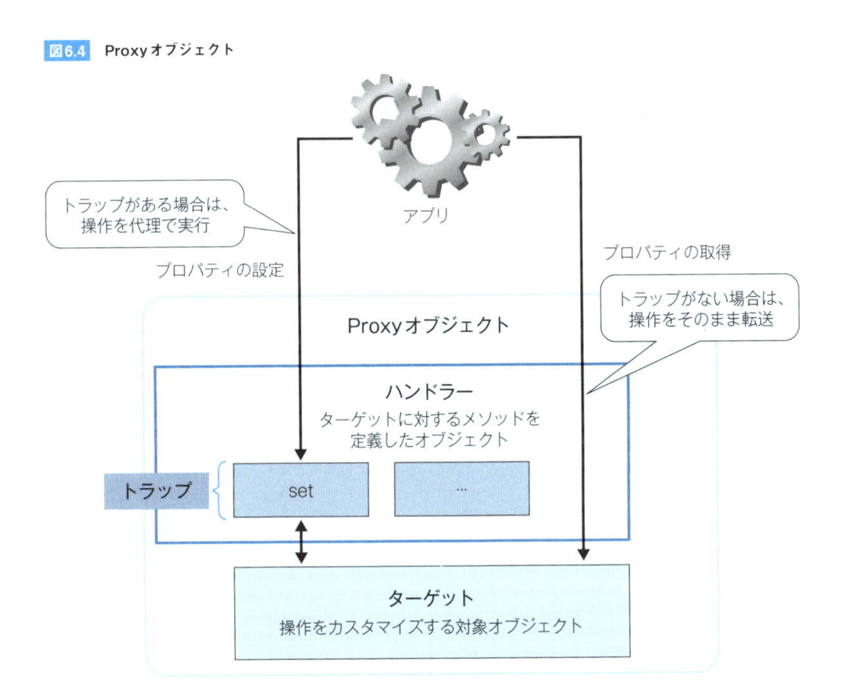

Proxyの世界では、操作をカスタマイズする対象のオブジェクトを**ターゲット**、カスタムの挙動（メソッド）を定義したオブジェクトを**ハンドラー**と呼びます。また、ハンドラーで定義されたカスタムメソッドのことを**トラップ**と言います。

Proxyオブジェクトは、呼び出し元とターゲットとの間に挟まって、ターゲットの代わりに操作を身代わりで実行する「代理役」（proxy）とも言えます。

Proxyの基本的な例

以下は、プロパティを設定する際に、その名前と値をログ出力するためのProxyの例です。

●proxy.js

```
let obj = { title: 'JSレシピ', price: 3000 };

let px = new Proxy(obj, {               ❶
  set(target, prop, value) {            ❷
    console.log(`${prop}：${value}`);  // 結果：publish：翔泳社
    obj[prop] = value;                  ❸
  }
});

px.publish = '翔泳社';
```

Proxyオブジェクトは、以下の構文で生成します（❶）。

構文 **Proxyコンストラクター**

```
new Proxy(target, handler)
```

target カスタマイズ対象のオブジェクト（ターゲット）
handler ターゲットに対する操作（ハンドラー）

ハンドラーで定義できるメソッドには、表6.3のようなものがあります。

表6.3 ハンドラーに登録できる主なメソッド（トラップ）

メソッド（トラップ）	戻り値	呼び出しのタイミング
construct(*target*, *args*)	オブジェクト	new演算子によるインスタンス化
defineProperty(*target*, *property*, *descriptor*)	―	プロパティ定義の設定／変更
deleteProperty(*target*, *property*)	boolean値	プロパティの削除
get(*target*, *property*, *receiver*)	任意の型	プロパティ値の取得
set(*target*, *property*, *value*, *receiver*)	boolean値	プロパティ値の設定
apply(*target*, *thisArg*, *args*)	任意の型	applyメソッドによる関数呼び出し
setPrototypeOf(*target*, *prototype*)	―	プロトタイプの設定
getPrototypeOf(*target*)	オブジェクト／null	プロトタイプの取得
has(*target*, *property*)	boolean値	in演算子によるメンバーの存在確認

❷では、setメソッドを実装して、プロパティ（prop）／値（value）をログに出力しています。❸は、本来のプロパティの設定動作です。

ここでは、ログを出力しているだけですが、実際の用途では「プロパティ値の設定／取得に際して、値検証／変換（加工）などの処理を加える」「プロパティ設定／オブジェクト生成をトリガーに、関連する処理を呼び出す」などの用途でも、Proxyは活用できるでしょう。

COLUMN

ブラウザー搭載の開発者ツール（2）——文書ツリー／スタイルシートの確認

［Elements］タブからは、現在のページ（文書ツリー）の状態を確認できます（図B）。JavaScriptによって操作された結果がリアルタイムに反映されるので、アプリの実行結果を確認する際にも利用できます（［ページのソースの確認］は、あくまでオリジナルの.htmlファイルを表示するだけです）。

図B ［Elements］タブで現在のページの状態を確認

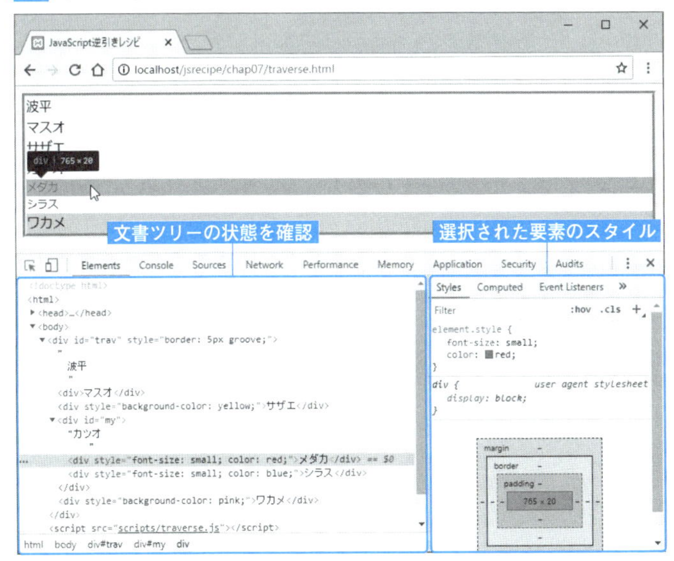

（Select an element in the page to inspect it）を選択すれば、ページをクリックすることで、対応するソースを選択状態にできますし、右の［Styles］ペインでは、選択された要素のスタイルも確認できます。開発者ツール上で、HTML／CSSを編集すれば、ページにもリアルタイムに反映されるので、細かな見た目の調整にも便利です（ファイルに反映されるわけではないので、あくまで暫定的な確認用途です）。

COLUMN ブラウザー搭載の開発者ツール（3）――JavaScriptのデバッグ

［Sources］タブは、主にデバッグのための機能を提供します（図C）。デバッグには、まず、コード左の行番号をクリックして、ブレイクポイントを設置します。**ブレイクポイント**とは、実行中のコードを一時停止させるための機能、または、停止のためのポイントです。

図C ［Sources］タブでのデバッグ

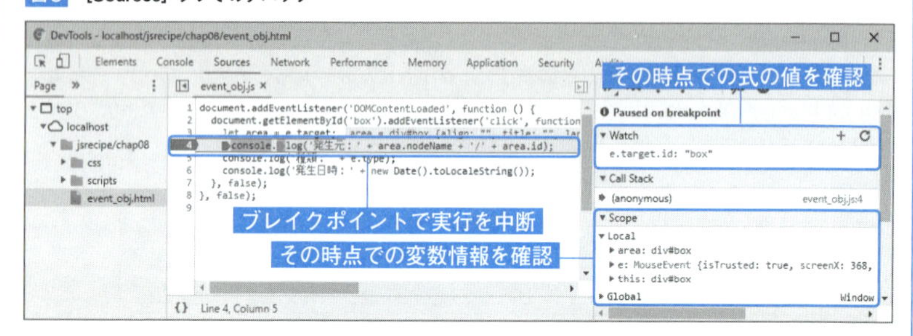

ブレイクポイントでコードが中断すると、図Cのように該当の行が反転します。この状態での変数情報は、右ペインの［Scope］から確認できます。特定の変数（式）の値を監視したい、という場合には［Watch］から特定の式を登録しておくこともできます。

また、ブレイクポイントからは、表Bのようなボタンを利用して、行単位にコードを進めることもできます（これを**ステップ実行**と言います）。

表B ステップ実行関連のボタン

ボタン	概要
	ステップイン（行単位に実行）
	ステップオーバー（行単位に実行。ただし、関数は実行した後、次へ）
	ステップアウト（現在の関数を呼び出し元に戻るまで実行）

デバッグでは、ブレイクポイントでコードを中断し、ステップ実行でその時どきの状態（変数）の変化を確認していくのが基本です。

ステップ実行を終了し、通常の実行モードに戻すには、（Resume script execution）ボタンをクリックしてください。

PROGRAMMER'S RECIPE

第 07 章

DOM [基本編]

166 id値をキーに要素を取得したい

要素 | getElementById

関連	170 セレクター式で要素を検索したい P.289
利用例	id値をキーに単一の要素を取り出したい場合

getElementByIdメソッドを利用します。

構文 getElementByIdメソッド

```
document.getElementById(id)
```

id 取得したい要素のid値

id値はページで一意のはずなので、getElementByIdメソッドの戻り値も単一の要素（Elementオブジェクト）です。

たとえば以下は、<span id="desc">要素のテキストを取得しています。

●上：elem_id.html／下：elem_id.js

```
<span id="desc">こんにちは、JavaScript！</span>
```

```
let desc = document.getElementById('desc');
console.log(desc.textContent);    // 結果：こんにちは、JavaScript！
```

NOTE

id値が重複した場合

ページ内に同じid値を持つ要素が存在した場合も、getElementByIdメソッドは最初に見つかった要素を返します。ただし、この挙動は、ブラウザーの種類／バージョンによって変化する可能性があります。本来、ページ内でid値は一意であるべきです。

167 タグ名をキーに要素を取得したい

要素 | getElementsByTagName

関　連	166 id値をキーに要素を取得したい P.284
利用例	特定のタグに対して一律になんらかの処理を施したい場合

getElementsByTagNameメソッドを利用します。

構文 getElementsByTagNameメソッド

```
document.getElementsByTagName(name)
```

name 取得したい要素（タグ）の名前

タグ名での検索では複数の要素がマッチする可能性があるので、getElementsByTagNameメソッドの戻り値も要素の集合（HTMLCollectionオブジェクト）です。引数nameに「*」を指定することで、すべての要素を取得することもできます。

たとえば以下は、ページ内のすべての<h1>要素を取得し、そのテキストを列挙する例です。

●上：doc_tag.html／下：doc_tag.js

```
<h1>春</h1>
<p>陽春の侯</p>
<h1>夏</h1>
<p>盛夏の侯</p>
<h1>秋</h1>
<p>初秋の候</p>
<h1>冬</h1>
<p>大寒の候</p>
```

```
let elems = document.getElementsByTagName('h1');
for (let i = 0; i < elems.length; i++) {
  console.log(elems.item(i).textContent);    // 結果：春、夏、秋、冬 ——❷ —❶
}
```

要素の集合（HTMLCollection）で利用できるメンバーは、表7.1の通りです。

表7.1 HTMLCollectionオブジェクトのメンバー

メンバー	概要
length	リスト内の要素数
item(*index*)	*index*番目（先頭は0）の要素を取得
namedItem(*name*)	id、またはname属性にマッチする要素を取得

❶であれば、インデックス番号を0~length-1の間で変化させることで、取得したすべての要素を順に取り出しています。

NOTE

ブラケット構文

item／namedItemメソッドは、ブラケット構文でも置き換え可能です。そのため、先ほどのかっこは、以下のように書いても同じ意味です。

```
console.log(elems[i].textContent);
```

MEMO

168 name属性をキーに要素を取得したい

要素 | getElementsByName

関連	166 id値をキーに要素を取得したい P.284
利用例	ラジオボタン／チェックボックスなど、同名のname属性を持つ要素を取り出したい場合

getElementsByNameメソッドを利用します。

構文 getElementsByNameメソッド

```
document.getElementsByName(name)
```

name 取得したい要素のname属性

主に<input>要素を取得するために利用します。ただし、単一の要素であればgetElementByIdメソッドを利用したほうが便利なので、name要素が同じで、複数の要素があることが前提となるラジオボタン／チェックボックスでの利用に限られるでしょう。

たとえば以下は、ラジオボタンを取得し、その値を列挙する例です。

●上：doc_name.html／下：doc_name.js

```
<form>
お使いのOSは？：
<label>
  <input type="radio" name="os" value="windows" />Windows
</label>
<label>
  <input type="radio" name="os" value="mac" />Mac OS
</label>
<label>
  <input type="radio" name="os" value="unix" />Unix
</label>
</form>
```

```
let elems = document.getElementsByName('os');
for (let i = 0; i < elems.length; i++) {
  console.log(elems.item(i).value);    // 結果：windows、mac、unix
}
```

getElementsByNameメソッドの戻り値はNodeList（ノードの集合）です。機能的には、前掲のHTMLCollectionとほぼ同じと捉えてかまいません（NodeListではnamedItemメソッドを利用できないくらいです）。

169 class属性をキーに要素を取得したい

要素 | getElementsByClassName

関　連	166　id値をキーに要素を取得したい　P.284
利用例	特定の役割を持った要素群をまとめて取得したい場合

getElementsByClassNameメソッドを利用します。

構文 **getElementsByClassNameメソッド**

```
document.getElementsByClassName(clazz)
```

clazz　取得したい要素のclass属性

特定の役割（意味）を持った要素にあらかじめ共通のクラス名（class属性）を付与しておくことで、まとめて目的の要素（群）を取得できます。

たとえば以下は、ページ内からclass属性が"keywd"である要素だけを取り出し、その値（テキスト）を列挙する例です。

●上：doc_clazz.html／下：doc_clazz.js

```
<p>「速習 ECMAScript 2018」（Kindle）発売中</p>
<p>手軽に読める速習シリーズ第6弾。
  <span class="keywd">ECMAScript</span>の新機能をサクッと学ぼう。<br/ >
  ES2017の<span class="keywd">async／await構文</span>や、
  ES2018の新たな<span class="keywd">正規表現</span>などなど、
  新時代のJavaScriptを学ぼう！
</p>
```

```
let elems = document.getElementsByClassName('keywd');
for (let i = 0; i < elems.length; i++) {
  console.log(elems.item(i).textContent);
}
```

▼結果

```
ECMAScript
async／await構文
正規表現
```

引数clazzには「c1 c2」のようにスペース区切りで複数のクラスを指定することもできます。その場合、class属性に**c1、c2の双方**がある要素を取得できます。

170 セレクター式で要素を検索したい

要素 | querySelector | querySelectorAll

関連	166 id値をキーに要素を取得したい P.284
利用例	属性値や階層、登場順序など、複雑な条件で要素を検索したい場合

querySelector／querySelectorAllメソッドを利用します。

構文 querySelector／querySelectorAllメソッド

```
document.querySelector(selectors)
document.querySelectorAll(selectors)
```

selectors セレクター式

querySelectorメソッドは最初にマッチした要素を1つだけ、querySelectorAllメソッドはマッチしたすべての要素を、それぞれ返します。最初から取得すべき要素が1つとわかっている場合、もしくは、要素群の最初の1つだけを取り出したい場合にはquerySelectorメソッドを、さもなくばquerySelectorAllメソッドを利用してください。

たとえば以下は、「id="menu"である要素配下から、すべての<a>要素を取り出し、href属性の値を列挙する」例です。

●上：doc_query.html／下：doc_query.js

```
<ul id="menu">
  <li><a href="http://www.wings.mwn.to/top.html">トップページ</a></li>
  <li><a href="http://www.wings.mwn.to/profile.html">会社概要</a></li>
  <li><a href="http://www.wings.mwn.to/access.html">アクセス</a></li>
  <li><a href="http://www.wings.mwn.to/bbs.html">Q&A掲示板</a></li>
  <li><a href="mailto:webmaster@wings.msn.to">お問い合わせ</a></li>
</ul>
```

```
let elems = document.querySelectorAll('#menu a');
for (let i = 0; i < elems.length; i++) {
  console.log(elems.item(i).href);
}
```

↓

▼結果

```
http://www.wings.mwn.to/top.html
http://www.wings.mwn.to/profile.html
http://www.wings.mwn.to/access.html
http://www.wings.mwn.to/bbs.html
mailto:webmaster@wings.msn.to
```

利用可能なセレクター式

引数selectorで指定できるセレクター式は、基本的にCSSのそれに準じます。表7.2に、主なものをまとめておきます。

このように、querySelector／querySelectorAllは複雑な検索条件も表現できる、高機能なメソッドですが、そのためにgetElement*Xxxxxx*系のメソッドに比べると、低速です。特定のid値、class／name属性で要素を特定できる場合には、まずはgetElement*Xxxxx*メソッドを利用してください。特に、getElementByIdメソッドは高速なので、それで賄える状況では、できるだけid値での検索を優先してください。

NOTE

要素オブジェクトを基点にもできる

ここまでに解説してきたgetElement*Xxxxx*／querySelector／querySelectorAllメソッドは、（documentオブジェクトではなく）特定の要素 ── Elementオブジェクトから呼び出すこともできます。その場合は、その要素の配下からのみ目的の要素を検索します。

```
let list = document.getElementById('list');       // 文書全体を検索
let opts = list.getElementsByTagName('option');   // 要素配下だけを検索
```

目的の要素が特定の親要素の配下にあることがわかっており、かつ、親要素がすでに取得できている場合には、それを基点にしたほうが検索は効率的です。

表7.2 引数selectorで利用できる構文

分類	構文	概要	例
基本	*	すべての要素を取得	*
	#*id*	指定したID値の要素を取得	#myself
	.*class*	指定したクラス（class属性）の要素を取得	.books
	element	指定したタグ名の要素を取得	h2
	selector1, *selector2*, *selectorN*	複数のセレクターのいずれかにマッチする要素をまとめて取得	#myself, h2
階層	*ancestor descendant*	要素ancestorを先祖とする子孫要素descendantをすべて取得	.main span
	parent > *child*	要素parentを親とする子要素childを取得	#myself > div
	prev + *next*	要素prevの次の要素nextを取得	#myself + div
	prev ~ *siblings*	要素prev以降の兄弟要素siblingsを取得	#myself ~ div
フィルタ（基本）	:*root*	ドキュメントのルート要素を取得	:root
	:not(*exp*)	セレクターexpにマッチしない要素を取得	p:not(.main)
	:lang(*lang*)	指定した言語要素をすべて取得	:lang(ja)
	:empty	子要素を持たない要素を取得	div:empty
フィルタ（属性）	[*attr*]	指定した属性を持つ要素を取得	div[class]
	[*attr* = *value*]	属性が値valueに等しい要素を取得	div[class = "main"]
	[*attr* ^= *value*]	属性がvalueで始まる値を持つ要素を取得	[id ^= "win"]
	[*attr* $= *value*]	属性がvalueで終わる値を持つ要素を取得	[id $= "er"]
	[*attr* *= *value*]	属性がvalueを含む値を持つ要素を取得	li[id *= "test"]
フィルタ（子要素）	:nth-child(*index* | even | odd)	引数（インデックス／偶数／奇数）番目の子要素を取得	li:nth-child(2)
	:nth-last-child(*index* | even | odd)	末尾から引数（インデックス／偶数／奇数）番目の子要素を取得	li:nth-last-child(even)
	:nth-of-type(*index* | even | odd)	指定した兄弟要素の中で引数（インデックス／偶数／奇数）番目の要素を取得	li:nth-of-type(even)
	:nth-last-of-type(*index* | even | odd)	指定した兄弟要素の中で末尾から引数（インデックス／偶数／奇数）番目の要素を取得	li:nth-last-of-type(even)
フィルタ（子要素）	:first-child	最初の子要素を取得	div:first-child
	:last-child	最後の子要素を取得	div:last-child
	:first-of-type	指定した兄弟要素の中で最初の要素を取得	div:first-of-type
	:last-of-type	指定した兄弟要素の中で最後の要素を取得	div:last-of-type
	:only-child	子要素を1つだけ持つ要素を取得	p:only-child
	:only-of-type	指定した要素名で他に兄弟要素を持たない要素をすべて取得	p:only-of-type
フィルタ（フォーム状態）	:enabled	有効な状態にある要素をすべて取得	:enabled
	:disabled	無効な状態にある要素をすべて取得	:disabled
	:checked	チェック状態にある要素をすべて取得	:checked
	:focus	フォーカスが当たっている要素を取得	:focus

171 要素の属性を設定したい

属性 | setAttribute

関　連	172　要素の属性を取得したい　P.294
利 用 例	要素を動的に生成する場合／既存の要素を編集する場合

setAttributeメソッドを利用します。

構文 **setAttributeメソッド**

```
element.setAttribute(name, value)
```

name　属性名
value　属性値

たとえば以下は、「rel="external"」であるアンカータグに対して、title属性を設定する例です。

●上：attr_set.html／下：attr_set.js

```
<ul>
  <li>
    <a href="books.html" target="_self">刊行書籍一覧</a></li>
  <li>
    <a href="article.html" target="_self">公開記事一覧</a></li>
  <li>
    <a href="https://codezine.jp/" target="_blank"
      rel="external">参考サイト（CodeZine）</a></li>
  <li>
    <a href="http://www.atmarkit.co.jp/" target="_blank"
      rel="external">参考サイト（@IT）</a></li>
</ul>
```

```
let exs = document.querySelectorAll('a[rel="external"]');
for (let i = 0; i < exs.length; i++) {
  exs[i].setAttribute('title', '外部サイトに移動します。');
}
```

▼結果 「rel="external"」であるアンカータグにtitle属性を設定

MEMO

172 要素の属性を取得したい

属性 | getAttribute | attributes

関連	171 要素の属性を設定したい P.292
利用例	既存の要素から特定の情報を取り出したい場合

getAttribute／attributesメソッドを利用します。

指定された属性を取得する

指定された属性を取得するのは、getAttributeメソッドの役割です。

構文 getAttributeメソッド

```
element.getAttribute(name)
```

name 属性名

たとえば以下は、「class="outer"」であるアンカータグのhref属性を取得します。

●上：attr_get.html／下：attr_get.js

```
<ul>
  <li>
    <a href="books.html">刊行書籍一覧</a></li>
  <li>
    <a href="article.html">公開記事一覧</a></li>
  <li>
    <a href="https://codezine.jp/"
      class="outer">参考サイト（CodeZine）</a></li>
  <li>
    <a href="http://www.atmarkit.co.jp/"
      class="outer">参考サイト（@IT）</a></li>
</ul>
```

```
let elems = document.getElementsByClassName('outer');
for (let i = 0; i < elems.length; i++) {
  console.log(elems.item(i).getAttribute('href'));
}
```

▼結果

```
https://codezine.jp/
http://www.atmarkit.co.jp/
```

すべての属性を取得する

現在の要素に含まれるすべての属性を取得するには、attributesプロパティを利用します。以下は、<img id="main">要素からすべての属性を列挙する例です。

●上：attr_all.html／下：attr_all.js

```
<img id="main" src="http://www.web-deli.com/image/linkbanner_s.gif"
  width="88" height="31" border="0"
  alt="WebDeli - Spicy Tools, Delicious Sites" />
```

```
let main = document.getElementById('main');
let attrs = main.attributes;
for (let i = 0; i < attrs.length; i++) {
  let attr = attrs.item(i);
  console.log(attr.name + ':' + attr.value);
}
```

▼結果

```
id:main
src:http://www.web-deli.com/image/linkbanner_s.gif
width:88
height:31
border:0
alt:WebDeli - Spicy Tools, Delicious Sites
```

attributesプロパティの戻り値は、属性の集合（NamedNodeMapオブジェクト）です。NamedNodeMapオブジェクトで利用できるメンバーは、表7.3の通りです。

表7.3 NamedNodeMapオブジェクトの主なメンバー

メンバー	概要
length	集合の要素数
getNamedItem(*name*)	属性名がnameの要素を取得
setNamedItem(*node*)	属性ノードnodeを設定
removeNamedItem(*name*)	属性名がnameの要素を削除
item(*index*)	index番目の要素を取得

HTMLCollection／NodeListにも似ていますが、個々の属性に対して設定／削除もできる点が異なります。

173 要素の属性を削除したい

属性 | removeAttribute

関連	172 要素の属性を取得したい P.294

利用例	既存の要素にひも付いた属性を破棄したい場合

removeAttributeメソッドを利用します。

構文 removeAttributeメソッド

```
element.removeAttribute(name)
```

name 属性名

たとえば以下は、すべてのアンカータグからtarget属性を削除する例です。

●上：attr_remove.html／下：attr_remove.js

```
<ul>
  <li>
    <a href="http://codezine.jp/" target="_blank">CodeZine</a></li>
  <li>
    <a href="http://www.wings.msn.to/" target="_self">WINGS</a></li>
  <li>
    <a href="http://www.web-deli.com/" target="_self">WebDeli</a></li>
</ul>
```

```
let elems = document.getElementsByTagName('a');
for (let i = 0; i < elems.length; i++) {
  elems.item(i).removeAttribute('target');
}
```

要素に削除すべき属性がなくても、removeAttributeメソッドは例外を発生しません。

174 要素に指定の属性が存在するかどうかを判定したい

属性 | hasAttribute

関連	172 要素の属性を取得したい P.294
利用例	属性を取得／設定する前などに有無そのものを確認したい場合

hasAttributeメソッドを利用します。

構文 hasAttributeメソッド

```
element.hasAttribute(name)
```

name 属性名

たとえば以下は<img>要素にsrc属性が設定されていない場合、src属性を設定する例です。

●上：attr_has.html／下：attr_has.js

```
<img src="images/docker.jpg" />
<img />
<img src="images/csharp.jpg" />
```

```
let elems = document.getElementsByTagName('img');
for (let i = 0; i < elems.length; i++) {
  if (!elems.item(i).hasAttribute('src')) {
    elems.item(i).setAttribute('src', 'images/noimage.jpg');
  }
}
```

▼結果 src属性がない場合にsrc属性を設定

175 要素のプロパティを取得／設定したい

属性 | プロパティ

関　連	172　要素の属性を取得したい　P.294
利用例	要素の状態（値、チェック、選択、有効／無効など）を知りたい場合

要素は、ほとんどの属性について同名のプロパティを提供しています。多くの状況で、プロパティを取得すると属性の値が取得できたり、プロパティ設定によって属性に反映されたりするので、一見して同じもののように見えますが、厳密には両者は異なる概念です。特に、以下の状況では、明確に双方を使い分ける必要があります。

フォーム要素への入力値

属性は要素の初期値を表すのに対して、プロパティは現在値を表します。つまり、getAttributeメソッドでユーザーからの入力値を受け取ることはできません。

●上：prop_value.html／下：prop_value.js

```
<form>
  <div>
    <label for="name">氏名：</label>
    <input id="name" type="text" name="name" value="名無権兵衛"/>
  </div>
  <input id="btn" type="button" value="送信" />
</form>
```

```
let name = document.getElementById('name');
document.getElementById('btn').addEventListener('click', function (e) {
  console.log(name.value);
  console.log(name.getAttribute('value'));
}, false);
```

▼結果　getAttributeでは入力値を取得できない

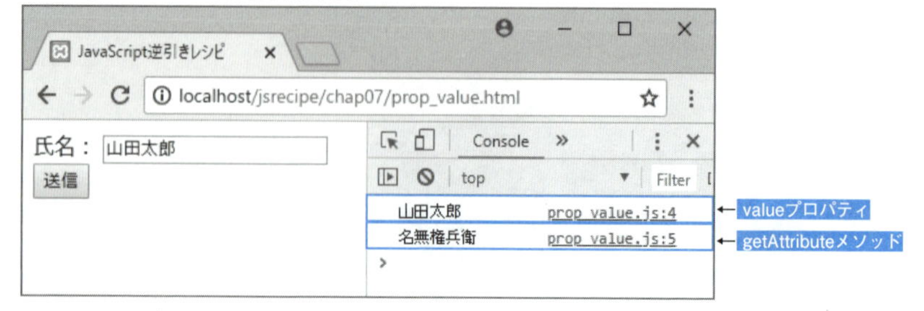

ブール属性

selected／checked／disabled／multipleなど、値がいらない（=属性名を指定するだけで意味がある）属性のことを**論理属性**、**ブール属性**と言います。これらの値にアクセスした場合、getAttributeはマークアップ上の属性値を返しますが、プロパティ構文ではtrue／falseを返します。コード上で扱う際には属性の表記によって値が変化するのは不便ですし、true／false値のほうが扱いやすいので、プロパティ構文を利用すべきです。

●上：prop_bool.html／下：prop_bool.js

```
<form>
  <div>
    <label for="name">氏名：</label>
    <input id="name" type="text" name="name" value="名無権兵衛" disabled/>
  </div>
  <div>
    <label for="os">使用OS：</label>
    <select id="os" multiple="multiple">
      <option id="win" value="windows" selected="">Windows</option>
      <option id="mac" value="mac">Mac OS</option>
      <option id="lin" value="linux">Linux</option>
    </select>
  </div>
</form>
```

```
let name = document.getElementById('name');
let os = document.getElementById('os');
let win = document.getElementById('win');

console.log(name.disabled);     // 結果：true
console.log(name.getAttribute('disabled'));     // 結果：(空白)
console.log(os.multiple);     // 結果：true
console.log(os.getAttribute('multiple'));     // 結果：multiple
console.log(win.selected);     // 結果：true
console.log(win.getAttribute('selected'));     // 結果：(空白)
```

パスを表す属性

href／srcのように、パス（URL）を表す属性があります。これらの属性は、getAttributeが属性値そのままを返すのに対して、プロパティ構文ではフルパスに解釈したものを返します。

●上：prop_url.html／下：prop_url.js

```
<a id="smp" href="../chap01/basic.html">サンプル</a>
```

```
let smp = document.getElementById('smp');
console.log(smp.href);     // 結果：http://localhost/jsrecipe/chap01/basic.html
console.log(smp.getAttribute('href'));     // 結果：../chap01/basic.html
```

専用のプロパティが用意されている属性

style レシピ201 、class レシピ202 など、操作のために専用のプロパティが用意されている属性があります。これらの属性では、プロパティ構文を利用してください。詳しくは、該当するレシピを参照してください。

そもそもプロパティにしかない（属性が存在しない）情報

表7.4のようなプロパティは、属性に対応するものがありません。これらは（当然）プロパティ構文を利用するしかありません。

表7.4 要素オブジェクトからアクセスできる主なプロパティ

プロパティ	概要
nodeName	ノードの名前
tagName	タグ名
nodeType	ノードの種類 レシピ192

逆に、<td>要素のcolspan／rowspanのように、属性には存在するが、対応するプロパティが存在しないものもあります。これらはgetAttributeメソッドでアクセスしなければなりません。

176 要素配下のテキストを設定したい

textContent | innerHTML

関連	172 要素の属性を取得したい P.294
利用例	アプリでの処理結果をページに反映する場合

textContent／innerHTMLプロパティを利用します。両者の違いは、タグ文字列を認識するかどうかです。もっと具体的には、textContentプロパティでは指定されたタグ文字列をそのまま埋め込みますが、innerHTMLプロパティではHTMLとして解釈します。

●上：text.html／下：text.js

```
<p id="cz"></p>
<p id="mz"></p>
```

```
let cz = document.getElementById('cz');
let mz = document.getElementById('mz');
cz.innerHTML = 'CodeZine<br /><img src="images/codezine.gif" />';
mz.textContent = 'MoneyZine<br /><img src="images/moneyzine.gif" />';
```

▼結果 textContent／innerHTMLプロパティでHTML文字列を設定

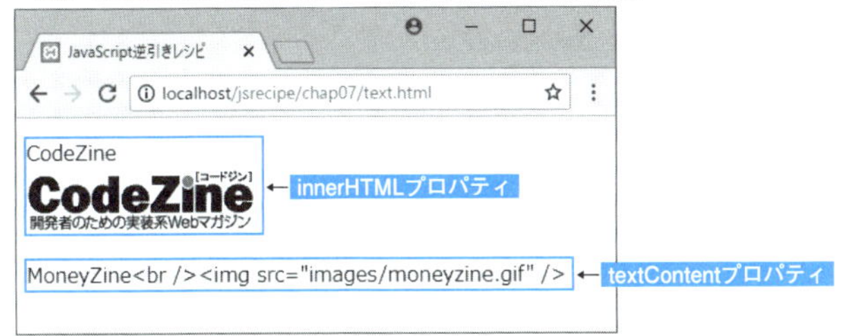

一般的には、意図してHTML文字列を埋め込むのでなければ、まずは、

textContentプロパティを利用する

ようにしてください。特に、ユーザーからの入力値や外部サービスから得た値を、そのままinnerHTMLプロパティに渡してはいけません。たとえば、入力値が「<div onclick="...">...</div>」のような文字列を含んでいた場合には、勝手に任意のコードが実行されてしまう原因になります。

NOTE

<script>要素は実行されない

ちなみに、innerHTML経由で挿入された<script>要素は実行されません（たとえば本文の例で「<script>alert('NG!!');</script>」のような文字列をinnerHTMLプロパティに渡してみましょう）。

これによって、innerHTMLでも最低限、脆弱性の混入を防止しているわけです。もっとも、本文でも触れたようにonclickなどの属性を使えば、<script>以外でもコードを混入させることは可能です。あくまでも一次的な対策と割り切り、可能な限り、textContentプロパティを優先して利用してください。

textContent／innerHTMLプロパティは取得する対象も異なる

textContent／innerHTMLプロパティでは、取得する対象も異なります。innerHTMLプロパティは、対象となる要素の配下をタグ込みでまとめて返しますが、textContentプロパティは、子要素それぞれからテキストだけを取り出して連結したものを返します。

●上：text_get.html／下：text_get.js

```
<div id="site">
  <p>CodeZine</p><p>MoneyZine</p>
</div>
```

```
let site = document.getElementById('site');
console.log(site.innerHTML);
console.log(site.textContent);
```

▼結果

```
<p>CodeZine</p><p>MoneyZine</p> ← innerHTMLメソッド
CodeZineMoneyZine ← textContentメソッド
```

177 テキストボックス／テキストエリアの値を取得／設定したい

テキストボックス | value

関 連	178 選択ボックスの値を取得／設定したい P.305
利用例	ユーザーから自由なテキストを入力させたい場合

valueプロパティを利用します。

●上：form_text.html／下：form_text.js

```
<form>
<div>
  <label for="name">氏名：</label><br />
  <input id="name" name="name" type="text" size="20" />
</div>
<div>
  <label for="profile">プロフィール：</label><br />
  <textarea id="profile" name="profile" rows="4" cols="30"></textarea>
</div>
<input id="btn" type="button" value="送信" />
</form>
```

```
let name = document.getElementById('name');
let profile = document.getElementById('profile');
document.getElementById('btn').addEventListener('click', function () {
  console.log(name.value);
  console.log(profile.value);
}, false);
```

▼結果 テキストボックス／テキストエリアの入力をコンソールに表示

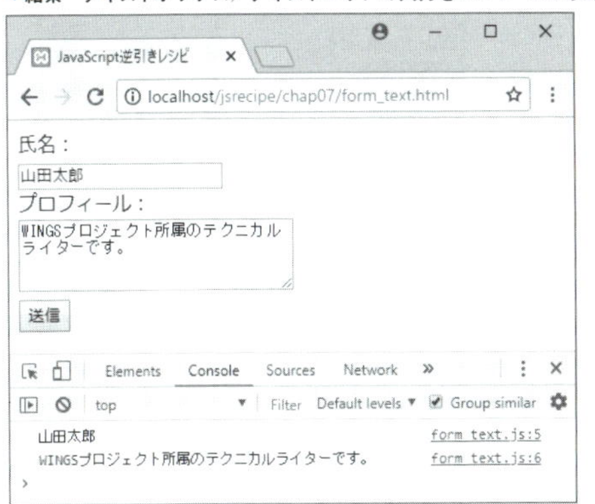

値を設定するならば、同じくvalueプロパティに値を代入してください。

```
name.value = '山田太郎';
```

さまざまな入力ボックス

<input>要素では、type属性を変更することで、用途に応じたさまざまな入力ボックスを表現できます。図7.1に、主なものをまとめておきます。

図7.1 HTMLで利用できる主なフォーム要素

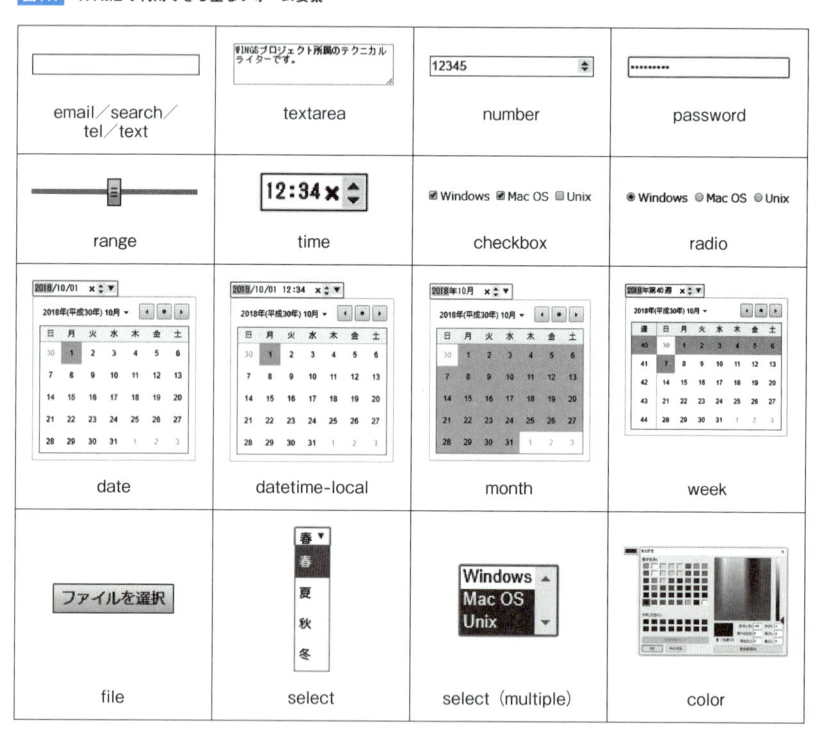

ブラウザーによっては対応できていないものもありますが、その場合も、標準的なテキストボックスが表示されるだけで、特に害があるわけではありません。できるだけ目的に応じたtype属性を設定するのが望ましいでしょう。

178 選択ボックスの値を取得／設定したい

選択ボックス | value

関連	177 テキストボックス／テキストエリアの値を取得／設定したい P.303
利用例	決められた候補値の中から1つだけを選ばせたい場合

valueプロパティを利用します。

●上：form_select.html／下：form_select.js

```
<form>
  <label for="season">四季：</label>
  <select id="season" name="season">
    <option value="spring">春</option>
    <option value="summer">夏</option>
    <option value="autumn">秋</option>
    <option value="winter">冬</option>
  </select>
</form>
```

```
let season = document.getElementById('season');
// 選択ボックス変更時に、その値を取得
season.addEventListener('change', function () {
  console.log(season.value);
}, false);
```

▼結果 選択ボックスの値をコンソールに表示

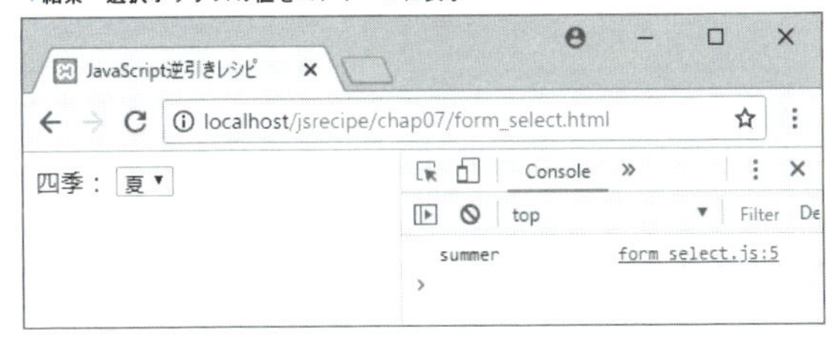

値を設定するならば、同じくvalueプロパティに値を代入してください。

```
season.value = 'autumn';
```

179 ラジオボタンの値を取得したい

ラジオボタン | checked

関連	177 テキストボックス／テキストエリアの値を取得／設定したい P.303
利用例	決められた候補値の中から1つだけを選ばせたい場合

個々のラジオボタンが選択されているかどうかは、checkedプロパティで判定できます。ただし、一般的には、ラジオボタンはグループで利用するものです。実用途としては、グループ内のラジオボタンを順に走査し、いずれが選択されているかを判定したうえで、選択されたものの値を取得する —— というコードを書く必要があります。以下は、そのためのコード例です。

●上：form_radio.html／下：form_radio.js

```
<form>
  <div>
    お使いのOSは？：
    <label>
      <input type="radio" name="os" value="windows" />Windows
    </label>
    <label>
      <input type="radio" name="os" value="mac" />Mac OS
    </label>
    <label>
      <input type="radio" name="os" value="unix" />Unix
    </label>
  </div>
  <input id="btn" type="button" value="送信" />
</form>
```

```
let getRadioButton = function (name) {
  let result = '';
  // 指定されたname属性のラジオボタンを取得
  let elems = document.getElementsByName(name);   ❶
  // ラジオボタンを順に走査し、選択状態にあるかを判定
  for (let i = 0; i < elems.length; i++) {        ❷
    if (elems[i].checked) {                       ❸
      result = elems[i].value;
    }
  }
  return result;
};
```

```
// [送信] ボタンクリックでラジオボタンの値を取得
document.getElementById('btn').addEventListener('click', function () {
  console.log(getRadioButton('os'));
}, false);
```

▼結果　ボタンクリック時に選択項目をコンソールに表示

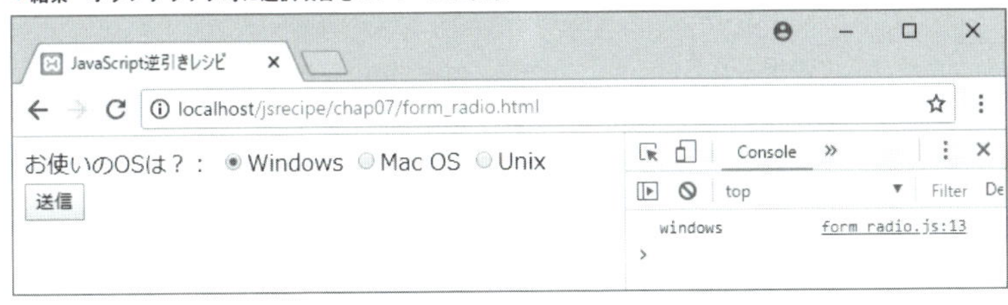

ラジオボタンのように、name属性が同じ要素群を取得するには、getElementsByNameメソッドを利用します（❶）。取得した要素群（NodeList）は、for命令で順に取り出せます（❷）。

あとは、checkedプロパティでラジオボタンがチェックされているかどうかを確認し、チェックされている場合には、そのvalueプロパティの値を返します（❸）。ラジオボタンではvalueプロパティは（選択の有無にかかわらず）value属性の値を返します。

180 チェックボックスの値を取得したい

チェックボックス | checked

関　連	179 ラジオボタンの値を取得したい P.306
利用例	オンオフを表すような選択ボタンを表現したい場合 決められた候補値の中から複数を選ばせたい場合

チェックボックスが選択されているかどうかは、checkedプロパティで判定できます。

ただし、チェックボックスが単一／複数いずれであるかによってコードも変化するので、それぞれについてコード例を見ておきます。

チェックボックスが単一の場合

チェックボックスをオン／オフを表すような用途で利用する場合です。これには、checkedプロパティを参照するだけで良いので、シンプルです。

●上：form_check.html／下：form_check.js

```
<form>
  <div>
    お知らせメールを希望しますか？：<br />
    <label><input id="mail" type="checkbox" name="mail" value="お知らせ希望" />
      希望する</label>
  </div>
</form>
```

```
let mail = document.getElementById('mail');
// チェックボックス変更時に、その値に応じてログを表示
mail.addEventListener('change', function () {
  if (mail.checked) {
    console.log(mail.value);
  } else {
    console.log('お知らせは、配信されません');
  }
}, false);
```

▼結果　チェック状態をコンソールに表示

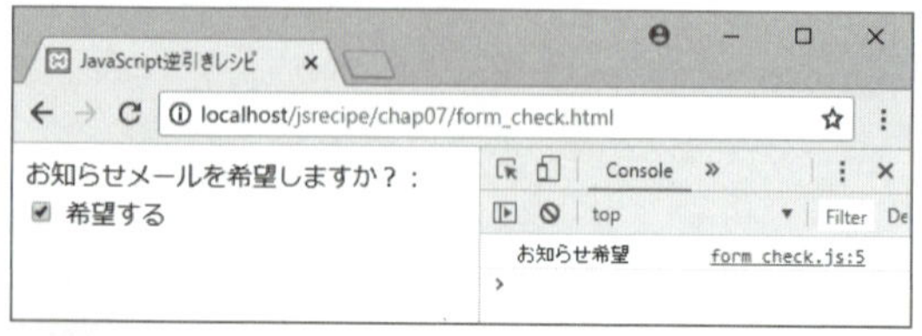

チェックボックスが複数の場合

チェックボックスを複数選択リストとして利用する場合には、以下のコードを書きます。

●上：form_check_multi.html／下：form_check_multi.js

```
<form>
  <div>
    お使いのOSは？：
    <label>
      <input type="checkbox" name="os" value="windows" />Windows
    </label>
    <label>
      <input type="checkbox" name="os" value="mac" />Mac OS
    </label>
    <label>
      <input type="checkbox" name="os" value="unix" />Unix
    </label>
  </div>
  <input id="btn" type="button" value="送信" />
</form>
```

```
let getCheckbox = function (name) {
  // 選択値を格納するための配列を準備
  let result = [];
  // 指定されたname属性のチェックボックスを取得
  let elems = document.getElementsByName(name);
  // チェックボックスを順に走査し、選択状態にあるかを判定
  for (let i = 0; i < elems.length; i++) {
    if (elems[i].checked) {
      result.push(elems[i].value);  ──── ❶
    }
  }
  return result;
};
// ［送信］ボタンクリックでチェックボックスの値を取得
document.getElementById('btn').addEventListener('click', function () {
  console.log(getCheckbox('os'));
}, false);
```

▼結果　チェックされた値のリストをコンソールに表示

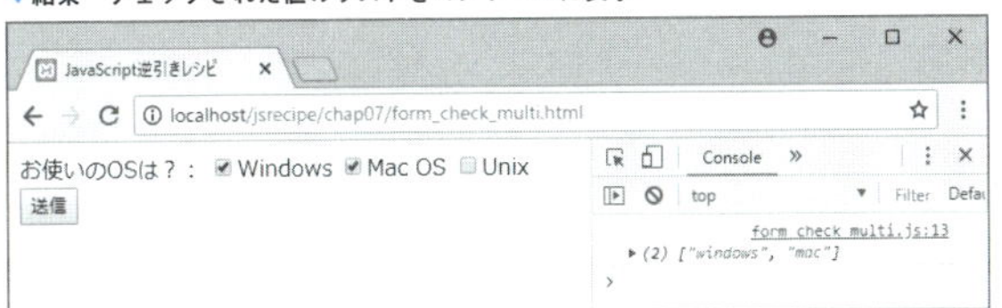

コードの流れは、レシピ179 とほぼ同じです。ただし、チェックボックスでは複数選択

される可能性があるので、チェックされた項目の値は配列（result）に格納している点に注目してください（❶）。

COLUMN　ブラウザー搭載の開発者ツール（4）——さまざまなブレイクポイント

P.282のように行単位にブレイクポイントを設置する他、以下のような特殊なブレイクポイントもあります。

（1）DOM Breakpoints

文書ツリーへの操作タイミングで、コードを中断します。具体的には

- 要素が削除されたとき
- 子要素が追加されたとき
- 属性が更新されたとき

に、コードを中断できます。

たとえば以下は、レシピ202のstyle_class.jsで、スタイル（属性）が変更されたタイミングで処理を中断する例です。[Elements] タブで<div id="elem">要素を右クリックし、[Break on...] → [Attribute modifications]（属性の変更）を選択してください（図D）。

この状態でサンプルを実行すると、<div>要素をクリックしたタイミングで処理を中断できます。中断時に [Source] タブから現在の変数の状態を確認できる点は、通常のブレイクポイントと変わりありません。

図D　要素に対してブレイクポイントを設置

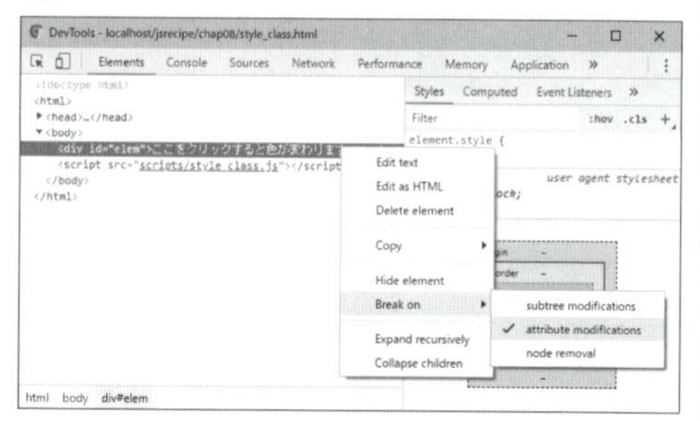

（2）Event Listener Breakpoints

特定のイベントリスナーでブレイクポイントを設置します。[Source] タブ右の [Event Listener Breakpoints] を開くと、イベントの一覧が表示されるので、たとえば [Mouse] → [click] でclickイベントで処理を中断できます（図E）。

図E　特定のイベントリスナーに対してブレイクポイントを設置

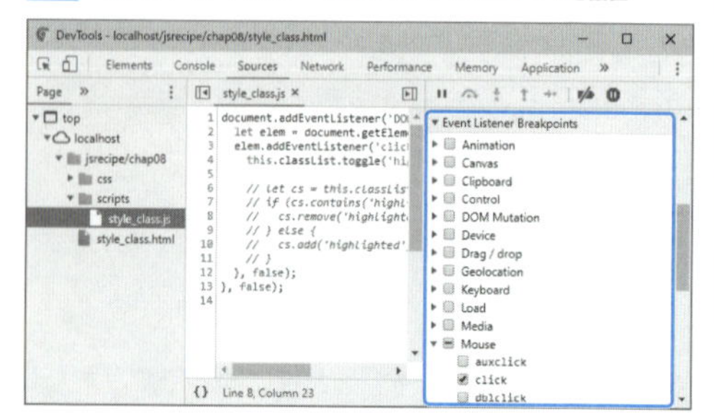

181 ラジオボタン／チェックボックスの値を設定したい

ラジオボタン | チェックボックス | checked

関　連	180 チェックボックスの値を取得したい P.308
利用例	ラジオボタン／チェックボックスに対して初期値を設定したい場合

ラジオボタン／チェックボックスを設定するには、以下のような手順を踏みます。

1. 目的の要素（群）を取得
2. for命令で個々の要素を走査
3. 要素のvalue属性と、設定したい値とを比較し、等しいもののcheckedプロパティをtrueに設定

ラジオボタンの設定

以下に、それぞれの具体的なコードも掲載しておきます。

●form_radio_set.js（form_radio_set.htmlは  レシピ179 のform_radio.htmlと同様）

```
// 引数name：ラジオボタンの名前、value：設定値
let setRadioButton = function (name, value) {
  let elems = document.getElementsByName(name);
  // ラジオボタンを走査し、該当する値（value属性）を持つものをチェック
  for (let i = 0; i < elems.length; i++) {
    if (elems[i].value === value) {
      elems[i].checked = true;
    }
  }
};
setRadioButton('os', 'mac');
```

▼結果　ラジオボタンosの現在値を設定

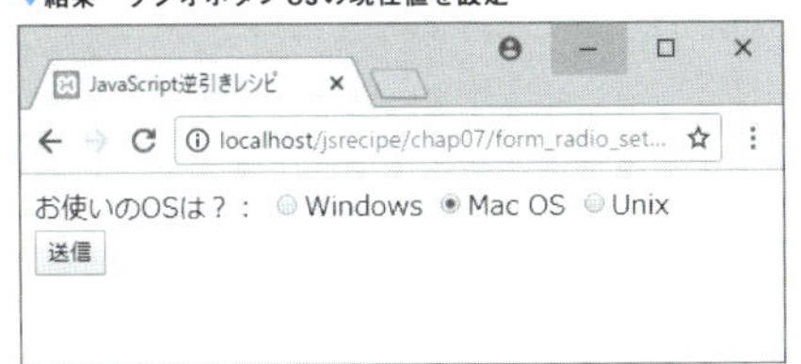

チェックボックスの設定

同じくチェックボックスの場合のコードは、以下です。コードの大まかな流れは、ラジオボタンの場合とほぼ同じですが、複数選択できるようにsetCheckboxメソッドでも引数valueは配列を受け取ります。

●form_check_set.js（form_check_set.htmlは レシピ180 のform_check_multi.htmlと同様）

```
// 引数name：チェックボックスの名前、value：設定値（配列）
let setCheckbox = function (name, value) {
  let elems = document.getElementsByName(name);
  // チェックボックスを走査し、該当する値（value属性）を持つものをチェック
  for (let i = 0; i < elems.length; i++) {
    if (value.indexOf(elems[i].value) > -1) {
      elems[i].checked = true;
    }
  }
};
setCheckbox('os', ['windows', 'mac']);
```

▼結果　チェックボックスosの現在値を設定

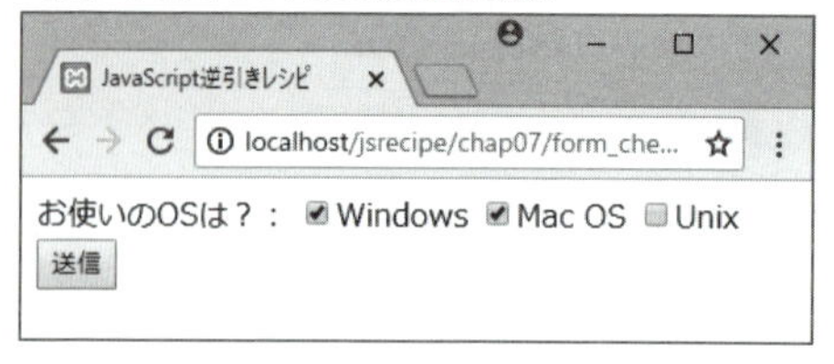

182 複数選択できるリストボックスの値を取得／設定したい

リストボックス | selected

関連	178 選択ボックスの値を取得／設定したい P.305
利用例	決められた候補値の中から複数を選ばせたい場合

<option>要素のselectedプロパティを利用します。<select>要素のvalueプロパティでは、選択された値の最初の1つしか取得できないので注意してください。

リストボックスの値を取得する

まずは、値取得のコードから見ていきます。

●上：form_list.html／下：form_list.js

```
<form>
  <div>
    <label for="os">お使いのOSは？：</label>
    <select id="os" multiple size="3">
      <option value="windows">Windows</option>
      <option value="mac">Mac OS</option>
      <option value="unix">Unix</option>
    </select>
  </div>
</form>
```

```
let getListbox = function (name) {
  // 選択値を格納するための配列を準備
  let result = [];
  // 指定されたリストボックス配下の<option>要素を取得
  let elems = document.getElementById(name).options;  ――❶
  // <option>要素を順に走査し、選択状態にあるかを判定
  for (let i = 0; i < elems.length; i++) {
    if (elems[i].selected) {
      result.push(elems[i].value);
    }
  }
  return result;
};
// リストボックス変更時に、その値を取得
document.getElementById('os').addEventListener('change', function () {
  console.log(getListbox('os'));
}, false);
```

リストボックス | selected

▼結果　選択された項目をコンソールに列挙する

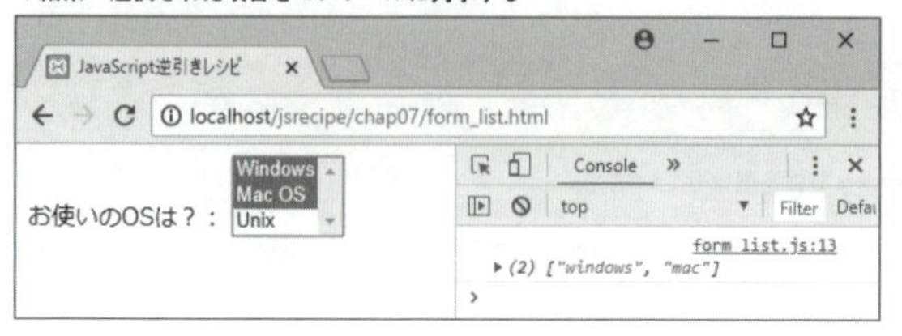

<option>要素は、<select>要素のoptionsプロパティで取得できます（❶）。<option>要素を取得できたら、あとは、順にselectedプロパティのtrue／falseを判定し、trueの場合に、そのvalueプロパティを結果配列に追加します。

リストボックスの値を設定する

リストボックスの値を設定する方法も同じ要領です。<option>要素を順に走査し、設定値（配列value）にvalue属性と等しい値が含まれる場合に、そのselected属性をtrueに設定します。

●form_list_set.js（form_list_set.htmlは レシピ182 のform_list.htmlと同様）

```
// 引数name：リストボックスの名前、value：設定値（配列）
let setListbox = function (name, value) {
  // 指定されたリストボックス配下の<option>要素を取得
  let elems = document.getElementById(name).options;
  // <option>要素を順に走査し、選択状態にあるかを判定
  for (let i = 0; i < elems.length; i++) {
    if (value.indexOf(elems[i].value) > -1) {
      elems[i].selected = true;
    }
  }
};
setListbox('os', ['windows', 'unix']);
```

▼結果　指定された値を選択状態に

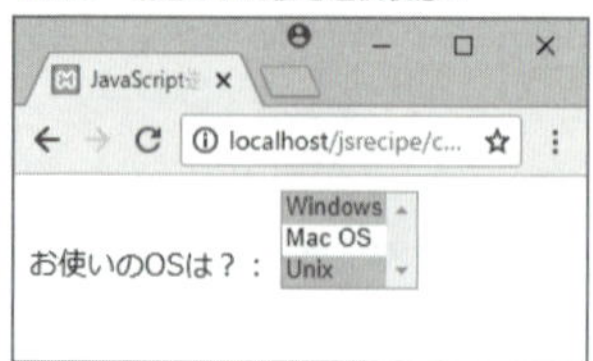

183 ファイルの情報を参照したい

ファイル選択ボックス | files | File

関 連	184 テキストファイルを読み込みたい P.317
利用例	指定されたファイルの情報（名前／サイズなど）を知りたい場合

<input type="file">要素のfilesプロパティを利用します。

●上：form_file.html／下：form_file.js

```
<form>
  <div>
    <label for="file">ファイル：</label>
    <input id="file" name="file" type="file" multiple />
  </div>
</form>
```

```
let fl = document.getElementById('file');
// 選択されたファイルの情報をログに表示
document.getElementById('file').addEventListener('change', function (e) {
  for (let i = 0; i < fl.files.length; i++) {
    let input = fl.files[i];
    console.log('ファイル名：' + input.name);
    console.log('種類：' + input.type);
    console.log('サイズ：' + input.size / 1024 + 'KB');
    console.log('最終更新日時：' + new Date(input.lastModified));
  }
}, false);
```

▼結果 選択したファイルの情報をリスト表示

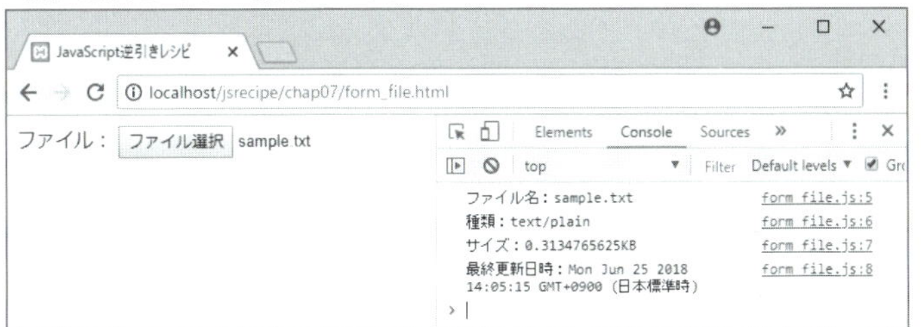

filesプロパティは、指定されたファイル群をFileListオブジェクトとして返します。そのため、❶でもfor命令で順に個々のファイル（Fileオブジェクト）を取り出しています。

NOTE

multiple属性

<input type="file">要素では、既定で1つのファイルしか指定できません。複数ファイルを指定するには、明示的にmultiple属性を付与しなければならない点に注意してください。

ただし、multiple属性の有無に関わらず、filesプロパティの戻り値はFileListです。あらかじめ単一指定であることがわかっている場合には、「~.files[0]」のように決め打ちで先頭要素を取得してください（具体的なコードはレシピ184でも示しています）。

Fileオブジェクトを取得できてしまえば、あとはそのプロパティから参照したい情報にアクセスするだけです。Fileオブジェクトの主なメンバーは、表7.5の通りです。

表7.5 Fileオブジェクトの主なメンバー

プロパティ	概要
name	ファイル名
type	コンテンツタイプ
size	サイズ（バイト単位）
lastModified	最終更新日

184 テキストファイルを読み込みたい

FileReader | readAsText

関連	183 ファイルの情報を参照したい P.315
利用例	テキストファイルの内容をもとに処理を行いたい場合

ファイルの内容を読み込むには、FileReaderオブジェクトを利用します。ただし、対象がテキストファイル、バイナリファイルいずれであるかによって、読み込みの方法が異なります。まずは、テキストファイルを読み込む例からです。

●上：form_file_text.html／下：form_file_text.js

```
<form>
  <label for="file">ファイル：</label>
  <input id="file" name="file" type="file" />
  <input id="btn" type="button" value="表示" />
</form>
<hr />
<div id="result"></div>
```

```
let file = document.getElementById('file');
let result = document.getElementById('result');
let reader = new FileReader();

// ロード時にその読み取り結果をページに反映
reader.addEventListener('load', function () {
  result.innerHTML = reader.result.replace(/(¥n|¥r)/g, '<br />');
}, false);
// 読み取りに失敗した場合はエラーメッセージを表示
reader.addEventListener('error', function () {
  console.log('エラー発生：' + reader.error.message);
}, false);

// ［表示］ボタンをクリックしたタイミングで、ファイルの内容を表示
document.getElementById('btn').addEventListener('click', function (e) {
  reader.readAsText(file.files[0], 'UTF-8');
}, false);
```

▼結果　ファイルの内容をテキスト表示

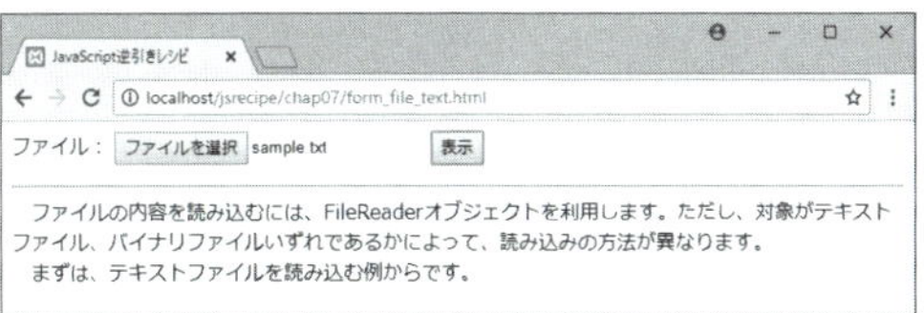

FileReaderを利用するにはまず、loadイベントリスナーを登録し、ファイルのロードに成功したときに実行すべき処理を定義します（❶）。ファイル内容にアクセスするには、resultプロパティを利用します（❷）。サンプルでは、replaceメソッドで改行文字を
要素に置き換えたうえで、ページに反映しています。

イベントリスナーの準備ができたら、あとはreadAsTextメソッドでファイルの内容をテキストとして読み込むだけです。文字コードがUTF-8の場合は、引数encodingを省略してもかまいません（❸）。

構文 **readAsTextメソッド**

```
reader.readAsText(file [,encoding])
```

file	読み込み対象のファイル
encoding	文字コード

❹はFileReaderオブジェクトがファイルの読み込みに失敗した場合に実行されるコードです。errorイベントリスナーの中では、error.messageプロパティでエラーメッセージを取得できます。

エラーを確認したい場合には、ファイルを選択したうえで［表示］ボタンをクリックする前に、そのファイルを削除してください。結果、errorイベントリスナーが読み込まれて、以下のようなエラーメッセージがログ出力されます。

```
A requested file or directory could not be found at the time an operation was processed.
```

NOTE

FileReaderのイベント

load／errorの他にも、FileReaderでは、表7.Aのようなイベントが用意されています。

表7.A FileReaderオブジェクトのイベント

イベント	発生タイミング
loadstart	読み込みを開始したとき
loadend	読み込みを終了したとき（成功／失敗に関わらない）
abort	読み込みが中断されたとき
progress	Blobコンテンツの読み込み時（読み込み中に連続して発生）

185 バイナリファイルを読み込みたい

FileReader | readAsDataURL

関連	183 ファイルの情報を参照したい P.315
利用例	指定されたバイナリファイルの内容をもとに処理を行いたい場合

readAsDataURLメソッドを利用します。たとえば次のサンプルは、画像ファイルを読み込み、<img>要素に反映する例です。

●上：form_file_bin.html／下：form_file_bin.js

```
<form>
  <label for="file">ファイル：</label>
  <input id="file" name="file" type="file" />
</form>
<hr />
<img id="result" />
```

```
let file = document.getElementById('file');
let reader = new FileReader();
// ロード時にその読み取り結果をページに反映
reader.addEventListener('load', function (e) {
  document.getElementById('result').src = reader.result;   ❷
}, false);

// ファイルを選択したタイミングで内容を表示
file.addEventListener('change', function (e) {
  // 先頭のファイルだけを認識
  let input = file.files[0];
  // ファイルをバイナリ（Data URL形式）で読み込み
  reader.readAsDataURL(input);   ❶
}, false);
```

▼結果　ファイルの内容を画像として表示

readAsDataURLメソッドは、ファイルの内容を**Data URL**形式で取得します（❶）。Data URLとは、URLにデータを直接埋め込むためのフォーマットで、次のような形式で表現できます。

```
data:[コンテンツタイプ][;base64],データ本体
```

Data URL形式は、それ自体がデータなので、画像や音声などのデータをいちいちファイルにすることなく、src／hrefなどの属性に埋め込めるというメリットがあります。サンプルでも、resultプロパティ経由で取得したデータを、そのまま<img>要素のsrc属性にセットしています（❷）。

MEMO

186 ファイルをアップロードしたい

File | fetch

IE×

関　連	269 非同期通信（fetch）でデータを取得したい P.474
利用例	任意のファイルをサーバーに保存したい場合

Fileオブジェクトを利用することで、指定されたファイルをサーバーにアップロードすることもできます。

●上：form_upload.html／下：form_upload.js

```
<form>
  <input id="upfile" name="upfile" type="file" />
</form>
<div id="result"></div>
```

```
let result = document.getElementById('result');
let upfile = document.getElementById('upfile');

// ファイル選択時にアップロードを実行
upfile.addEventListener('change', function (e) {
  // 先頭のファイルだけを認識
  let f = upfile.files[0];
  // アップロードファイルを準備
  let data = new FormData();
  data.append('upfile', f, f.name);  ❶
  // サーバーにデータを送信
  fetch('upload.php', {  ❷
    method: 'POST',
    body: data,
  })
    // 成功時にはアップロードしたファイル名を表示
    .then(function (response) {
      return response.text();
    })
    .then(function (text) {
      result.textContent = text;
    });
}, false);
```

File | fetch

▼結果 指定されたファイルをアップロード

filesプロパティ経由で取得したFileオブジェクトは、そのままではアップロードできません（＝fetchメソッドに引き渡せません）。そこでアップロードに適した形式に変換するのがFormDataオブジェクトの役割です。multipart/form-data形式のフォームデータを、キー／値の形式で表現します。

FormDataにファイル（データ）を追加するのは、appendメソッドの役割です（❶）。

構文 appendメソッド

```
data.append(name, value [,file])
```

name	キー名
value	値
file	ファイルの名前

あとは、このFormDataオブジェクトをfetchメソッドのbodyパラメーターに引き渡すだけです（❷）。サーバーサイドのコードについては本書の守備範囲を超えるので、紙面上は割愛します。upload.phpについては、本書の配布サンプルから参照してください。

187 フォームへの入力値の妥当性を検証したい

検証

関連	188 検証の成否に応じてスタイルを切り替えたい P.326
利用例	必須検証、範囲検証などの定型的な検証を実装したい場合

HTML/CSSの検証機能を利用します。具体的には、表7.6のような属性を利用することで、入力値を制限できます。

表7.6 入力値の制約に関わる属性

属性	検証内容
required	なんらかの値が入力されているか
pattern	正規表現 レシピ060 にマッチしているか（<textarea>では無効）
max	最大値を超えていないか（type="number"のみ）
min	最小値を下回っていないか（type="number"のみ）
maxlength	文字列長が指定値より長くないか
minlength	文字列長が指定値より短くないか
type="email"	正しいメールアドレスか
type="url"	正しいURL形式であるか

以上の属性を利用したフォーム例は、以下の通りです。

● form.html

```
<h2>ユーザー登録</h2>
<form id="fm">
<div>
  <label for="name">氏名：</label><br />
  <input id="name" type="text" name="name"
      minlength="2" maxlength="10" required />
</div>
<div>
  <label for="age">年齢：</label><br />
  <input id="age" type="number" name="age" min="20" max="60" />
</div>
<div>
  <label for="zip">郵便番号：</label><br />
  <input id="zip" type="text" name="zip" pattern="\d{3}-\d{4}" />
</div>
```

検証

```
<div>
  <label for="mail">メールアドレス：</label><br />
  <input id="mail" type="email" name="mail" />
</div>
<div>
  <label for="url">URL：</label><br />
  <input id="url" type="url" name="url" />
</div>
<input id="send" type="submit" value="送信" />
</form>
```

▼結果　不正な値を入力して送信した場合（Chromeでの例）

検証エラーの見え方は、ブラウザーの種類／バージョンによって変化します。たとえば図7.2にFirefox、Edgeの場合の結果も併記しておきます。

図7.2　不正な値を入力して送信した場合（左：Firefox／右：Edgeでの例）

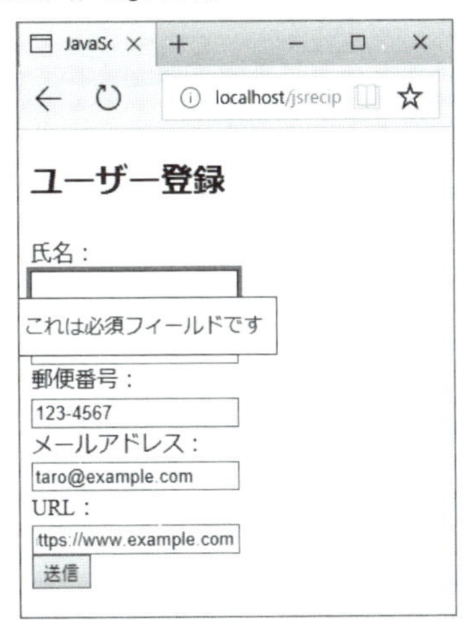

NOTE

クライアントサイド検証

クライアントサイド検証は、あくまで一次的な検証にすぎません。マークアップを改ざんしたり、（後述するJavaScriptの例であれば）JavaScriptを無効にすることで、比較的簡単に通過できてしまうからです。

サーバー側でデータを処理する前に、最終的な検証を行うようにしてください（現在よく利用されているフレームワークのほとんどは、検証機能を標準で備えています）。

188 検証の成否に応じてスタイルを切り替えたい

検証

関連	187 フォームへの入力値の妥当性を検証したい P.323
利用例	検証エラーをわかりやすくユーザーに伝えたい場合

スタイルシートでは、検証の状態を判定するために、表7.7のような疑似クラスを用意しています。

たとえば  レシピ187 の例で、検証に失敗した場合にのみ背景色をピンクにしたい場合には、以下のようなスタイルシートを用意します。

表7.7 検証関連の疑似クラス

疑似クラス	概要
:valid	検証に成功した
:invalid	検証に失敗した
:in-range	min〜max属性の範囲内にある
:out-of-range	min〜max属性の範囲外にある
:required	required属性が設定されている

●form.css

```
input:valid {
  background-color: rgb(255,255,255);
}

input:invalid {
  background-color: rgb(255,192,203);
}
```

▼結果　不正な値を入力して送信した場合

189 検証メッセージをカスタマイズしたい

検証 | validity

関連	187 フォームへの入力値の妥当性を検証したい P.323
利用例	検証メッセージをよりわかりやすく修正したい場合

HTML標準で表示される検証メッセージは、ブラウザーのロケール（地域）設定に依存しており、要素／属性から変更することはできません。ブラウザーのロケール設定とは別に言語を決めたい場合、そもそもアプリ独自のメッセージを表示したい場合には、JavaScriptの検証APIを利用してください。

以下は、レシピ187 の例を修正して［郵便番号］欄の入力値が正しくない場合（＝pattern属性に違反している場合）のエラーメッセージを独自のものに置き換えます。

●form2.js（form2.htmlは レシピ187 のform.htmlと同様）

```
let fm = document.getElementById('fm');
let zip = document.getElementById('zip');

fm.addEventListener('input', function (e) {
  if (zip.validity.patternMismatch) {                    ❶
    zip.setCustomValidity('郵便番号の形式が間違っています。');  ❷
  } else {
    zip.setCustomValidity('');
  }
}, false);
```

▼結果　カスタムメッセージが反映された

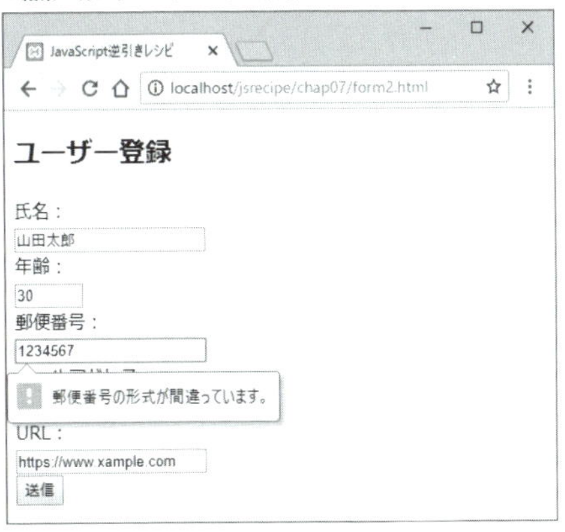

validityプロパティは、フォーム要素の検証結果（状態）を管理するValidityStateオブジェクトを返します。ValidityStateオブジェクトは、表7.8のようなプロパティを提供します。

表7.8 ValidityStateオブジェクトの主なプロパティ

プロパティ	概要
valid	入力値検証をすべて通過した場合にtrue
valueMissing	必須入力で値がない場合にtrue
patternMismatch	決められたパターンに一致しない場合にtrue
rangeOverflow	上限（max属性）を上回る場合にtrue
rangeUnderflow	下限（min属性）を下回る場合にtrue
tooLong	文字列長が上限（maxlength属性）を越える場合にtrue
tooShort	文字列長が下限（minlength属性）を下回る場合にtrue
typeMismatch	type属性で指定された形式にマッチしない場合にtrue
stepMismatch	step属性の幅に一致しない場合にtrue
customError	独自のエラー状態にある場合にtrue

この例であれば、❶でテキストボックスzipがpattern制約に反しているかを確認し、反している場合にはカスタムのメッセージを、反していなければ空メッセージを、それぞれ設定しています。フォーム要素にエラーメッセージを設定するのは、setCustomValidityメソッドの役割です（❷）。

190 JavaScript独自のエラー検証を実装したい

検証

関連	187 フォームへの入力値の妥当性を検証したい P.323
利用例	アプリで検証タイミングやエラーの見せ方を決めたい場合

レシピ187 でも見たように、HTMLによる検証ではエラーメッセージの見え方も、ブラウザーの実装によって変化します。また、検証が実施されるのはサブミット時です。

ブラウザー間でエラーの表示方法を統一したい、検証を入力中にも実施したいなど、アプリで独自に検証機能を実装するならば、HTML標準の検証機能を無効にしたうえで、JavaScriptの検証APIを利用します。

たとえば以下は、レシピ187 のフォームを独自の検証機能で置き換える例です。

●上：form_custom.html／下：form_custom.js

```
<h2>ユーザー登録</h2>
<form id="fm" novalidate>   ❶
<div>
  <label for="name">氏名：</label><br />
  <input id="name" type="text" name="name"
    minlength="2" maxlength="10" required />
</div>
<div id="name_error" class="error"></div>
...中略...
</form>
```

```
let fm = document.getElementById('fm');
let name = document.getElementById('name');
let nameError = document.getElementById('name_error');

// [名前] 欄の入力をチェック
function checkName() {
  if (name.validity.valueMissing) {   ❷
    nameError.innerHTML = '氏名が入力されていません。';
  } else {
    nameError.innerHTML = '';
  }
}
```

```
// サブミット／入力時に、入力値の検証を実施
fm.addEventListener('submit', function (e) {
  checkName();
  e.preventDefault();
}, false);

fm.addEventListener('input', function (e) {
  checkName();
}, false);
```
❸

▼結果　入力エラーをリアルタイムに反映＆ページ内に表示

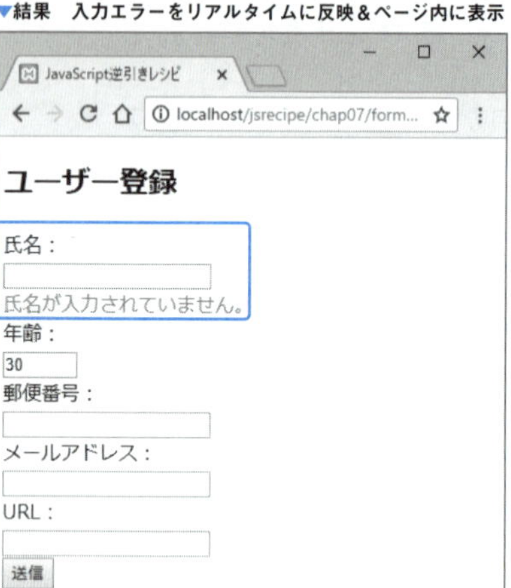

独自の検証機能を実装する場合、HTML標準の検証機能とバッティングしないよう、HTML側のそれは無効化しておきましょう。これには、<form>要素にnovalidate属性を付与するだけです（❶）。

あとは、レシピ189でも触れたように、validityプロパティでフォーム要素の状態をチェックし、その結果に応じて、エラーメッセージを反映します（❷）。ここでは、検証関数（checkName）をinput／submitイベントリスナーに割り当てているので、入力／サブミット時双方で検証処理を実行＆エラーメッセージを反映します（❸）。

191 親子／兄弟要素の間を行き来したい

要素

関　連	192 親子／兄弟ノードの間を行き来したい P.333
利用例	現在の要素の親子／兄弟要素に対してなんらかの操作を施したい場合

現在の要素を基点として、親子／兄弟要素を取得するには、図7.3のようなメソッドを利用します。ツリー図は、現在の要素を基点として、それぞれのメソッドがどのような範囲の要素にアクセスできるかを表します。

図7.3 要素の関係図

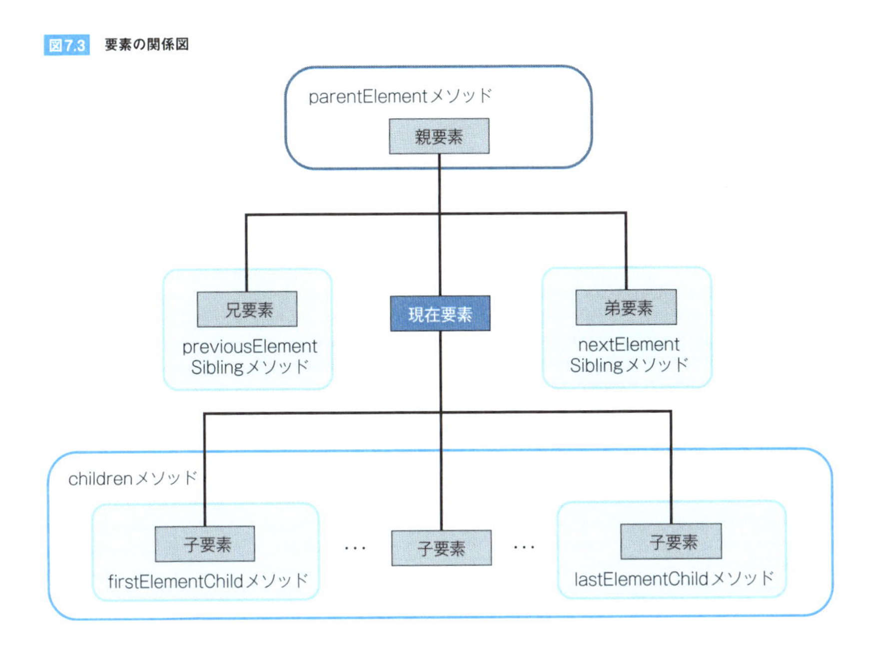

たとえば以下は、「id="my"である要素」を基点として、親子／兄弟要素に対して、スタイルを設定する例です。

●上：traverse.html／下：traverse.js

```
<div id="trav">
  波平
  <div>マスオ</div>
  <div>サザエ</div>
  <div id="my">カツオ
    <div>メダカ</div>
    <div>シラス</div>
  </div>
  <div>ワカメ</div>
</div>
```

```
let my = document.getElementById('my');
// 親要素
my.parentElement.style.border = 'groove 5px';
// 子要素群
for (let i = 0; i < my.children.length; i++) {
  my.children[i].style.fontSize = 'small';
}
// 最初の子要素
my.firstElementChild.style.color = 'Red';
// 最後の子要素
my.lastElementChild.style.color = 'Blue';
// 1つ前の要素
my.previousElementSibling.style.backgroundColor = 'Yellow';
// 1つ後の要素
my.nextElementSibling.style.backgroundColor = 'Pink';
```

▼結果　親子／兄弟要素に対してスタイルを適用

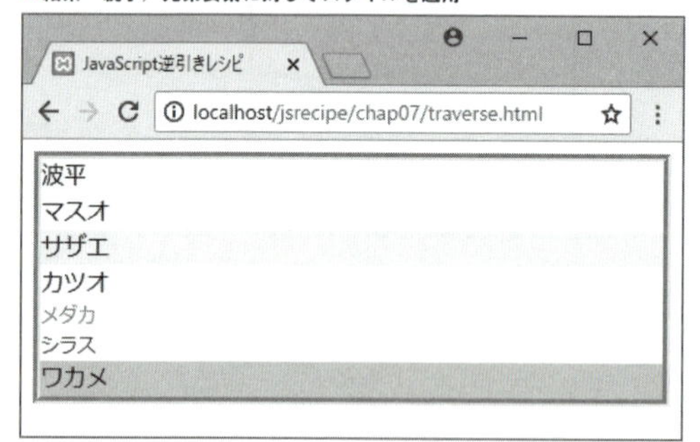

192 親子／兄弟ノードの間を行き来したい

ノード

関連	191 親子／兄弟要素の間を行き来したい P.331
利用例	現在の要素を基点に、親子／兄弟の要素／テキスト等になんらかの操作を施したい場合

ノードとは、文書を構成する要素や属性、テキスト、コメントといったオブジェクトのことです。レシピ191で扱ったparentElement／childrenなどは、これらノードの中でも要素だけを取得するためのプロパティでしたが、すべてのノードを対象にすることもできます。

具体的には、表7.9のプロパティを利用します。現在の要素とノードの関係は、レシピ191の図7.3も参考にしてください。

表7.9 要素以外のノードも取得するプロパティ

プロパティ	概要
parentNode	親ノードを取得
childNodes	子ノード群を取得
firstChild	最初の子ノードを取得
lastChild	最後の子ノードを取得
previousSibling	直前のノードを取得
nextSibling	直後のノードを取得

たとえば「id="my"である要素」の子ノード群を取得するのが、以下のコードです。

●traverse_node.js（traverse_node.htmlはレシピ191のtraverse.htmlと同様）

```
let my = document.getElementById('my');
for (let i = 0; i < my.childNodes.length; i++) {
  console.log(my.childNodes[i]);
}
```

▼結果

カツオ↵ ← テキストノード
␣␣␣␣
<div>メダカ</div> ← 要素ノード
#text ← テキストノード（空白）
<div>シラス</div> ← 要素ノード
#text ← テキストノード（空白）

ノード

結果に「カツオ␣␣␣␣」「#text」のような結果が追加されていることを確認してください。これは子要素（<div>）の間にあるテキスト／改行／タブがテキストノードと見なされるためです。childNodesプロパティでは、要素だけでなく、テキストも拾っているわけです。

ノードの種類を判定する

childNodesプロパティで取得したノードから、要素だけを絞り込みたい場合には、以下のようなコードを書きます（最初から要素だけを取り出したいならば、childrenプロパティを利用すれば良いので、あくまでサンプルのためのコードです）。

```
let my = document.getElementById('my');
for (let i = 0; i < my.childNodes.length; i++) {
  if (my.childNodes[i].nodeType === 1) {
    console.log(my.childNodes[i]);
  }
}
```

nodeTypeプロパティは、ノードの種類を表7.10のような値で返します。

表7.10 nodeTypeプロパティの戻り値

戻り値	概要
1	要素ノード
2	属性ノード
3	テキストノード
4	CDATAセクション（<![CDATA[~]]>）
5	実体参照ノード
6	実体宣言ノード
7	処理命令ノード
8	コメントノード
9	文書ノード
10	文書型宣言ノード
11	文書の断片（フラグメント）
12	記法宣言ノード

この例では、nodeTypeプロパティが1（要素）である場合にだけ、その値を出力しています。サンプルを実行すると、確かに、先ほどはあった「カツオ␣␣␣␣」「#text」などの出力が消えていることが確認できるはずです。

193 新規に要素を作成したい

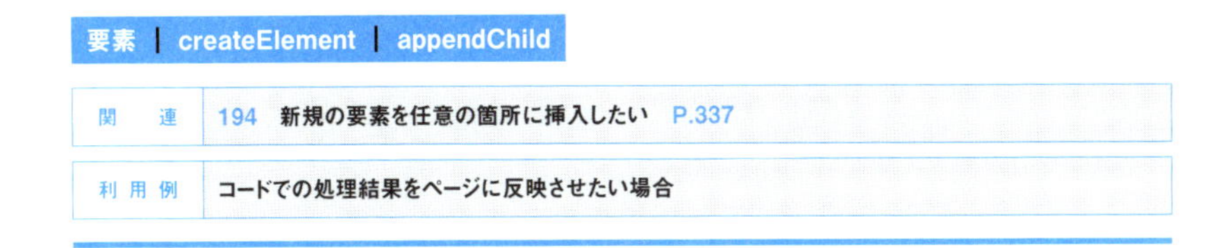

要素 | createElement | appendChild

関　連	194 新規の要素を任意の箇所に挿入したい P.337
利用例	コードでの処理結果をページに反映させたい場合

createElementメソッドを利用します。

構文 createElementメソッド

```
document.createElement(name)
```

name 要素名

たとえば以下は、<ul>／<li>要素に対して、新規の<li>要素を追加する例です。

●上：create.html／下：create.js

```
<ul id="coordinate">
  <li>シャツ</li>
</ul>
```

```
let ul = document.getElementById('coordinate');
let li = document.createElement('li');   ❶
li.textContent = 'ズボン';                ❶
ul.appendChild(li);                       ❷
```

▼結果　リストの末尾要素として追加

作成した要素（❶）は、その時点ではまだ、文書のどこにも関連付いていない、パズルのピースのようなものです。

これを文書にひも付けるのがappendChildメソッドの役割です（❷）。appendChildメソッドは、指定された要素を現在の要素の**最後の子要素**として追加します。

テキストをノードとして追加する

上の例では、テキストをtextContent経由で設定しましたが、createTextNodeメソッドでテキストノードを作成してから、これを<li>要素の子ノードとして追加することもできます。たとえば❶のコードは、以下のように書いても同じ意味です。

```
let li = document.createElement('li');
let text = document.createTextNode('ズボン');
li.appendChild(text);
ul.appendChild(li);
```

NOTE

その他のcreate*Xxxxx*メソッド

create*Xxxxx*メソッドには、その他にも、生成するノードに応じて、表7.Bのようなメソッドが用意されています。

表7.B 主なcreate*Xxxxx*メソッド

メソッド	概要
createAttribute(*name*)	属性ノード
createCDATASection(*data*)	CDATAセクション
createComment(*data*)	コメントノード
createDocumentFragment()	ドキュメントの断片
createElement(*tag*)	要素ノード
createProcessingInstruction(*target*, *data*)	処理命令ノード
createTextNode(*data*)	テキストノード

194 新規の要素を任意の箇所に挿入したい

要素 | insertBefore

関連	193 新規に要素を作成したい P.335
利用例	なんらかの処理結果から要素を作成して、ページに反映する場合

insertBeforeメソッドを利用します。

構文 insertBeforeメソッド

```
node.insertBefore(inserted, ref)
```

inserted	挿入する要素
ref	挿入される箇所

これで「node配下のノードrefの直前に、新規のノードinsertedを挿入する」という意味になります。appendChildメソッド レシピ193 にも似ていますが、引数refの指定によって挿入位置を自在に指定できる点が異なります。

● insert.js（insert.htmlは レシピ193 のcreate.htmlと同様）

```
let ul = document.getElementById('coordinate');
let li1 = document.createElement('li');
li1.textContent = 'ジャケット';
let li2 = document.createElement('li');
li2.textContent = 'ズボン';
let p1 = document.createElement('p');
p1.textContent = 'ぼうし';
let p2 = document.createElement('p');
p2.textContent = 'くつ';

// 最初の子要素
ul.insertBefore(li1, ul.firstElementChild);                    ❶
// 最後の子要素
ul.insertBefore(li2, null);                                     ❷
// 要素の直前（親要素から見て、子要素ulの前）
ul.parentNode.insertBefore(p1, ul);                             ❸
// 要素の直後（親要素から見て、子要素ulの次の要素の前）
ul.parentNode.insertBefore(p2, ul.nextSibling);                 ❹
```

▼結果　既存のリストに対して要素を挿入

ul.parentNode
ぼうし p1
ul
● ジャケット li1
● シャツ
● ズボン li2
くつ p2
ul.parentNode.insertBefore(p1, ul);
要素ulの直前に挿入
ul.insertBefore(li1, ul.firstElementChild);
子要素先頭に挿入
ul.insertBefore(li2, null);
子要素最後に挿入
ul.parentNode.insertBefore(p2, ul.nextSibling);
要素ulの直後に挿入

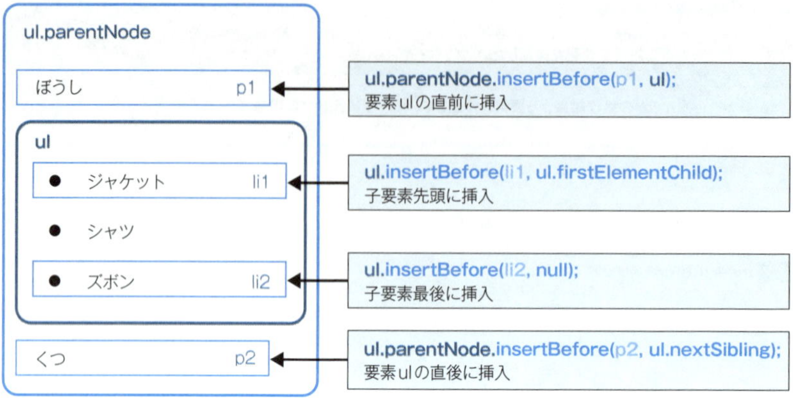

引数refにnullを指定した場合には、「後ろに何もない（＝最後の子要素）」として追加されます。そのため、❷は

```
ul.appendChild(li2);
```

としても同じ意味です（そして、そのほうがシンプルです）。

195 既存の要素を移動したい

要素 | appendChild | insertBefore

関連	194 新規の要素を任意の箇所に挿入したい P.337
利用例	ページ上の要素を別の場所に移したい場合

既存の要素を移動するときも、appendChild／insertBeforeメソッドが利用できます。レシピ194の例では、appendChild／insertBeforeに新規の要素（＝文書ツリーにひも付いていない要素）を渡していましたが、移動ではすでにある要素を渡すだけです。これで、既存の要素を○○に挿入しなさい（＝移動しなさい）という意味になります。

たとえば以下は、「id="shoes"」である要素を移動する例です。

●上：insert_move.html／下：insert_move.js

```
<p id="hat">ぼうし</p>
<ul id="coordinate">
  <li>ジャケット</li>
  <li>シャツ</li>
  <li>ズボン</li>
</ul>
<p id="shoes">くつ</p>
```

```
let shoes = document.getElementById('shoes');
let coordinate = document.getElementById('coordinate');
coordinate.parentNode.insertBefore(shoes, coordinate);
```

▼結果 「id="shoes"」である要素を「id="coordinate"」である要素の直前に移動

196 複雑なコンテンツを動的に組み立てたい

フラグメント | createFragment

関　連	193 新規に要素を作成したい P.335
利用例	オブジェクト配列などから表組み／リストなどを生成したい場合

たとえば以下は、オブジェクト配列articlesをもとにリストを生成する例です。

●上：fragment.html／下：fragment.js

```
<ul id="list">
</ul>

let articles = [
  {
    title: 'Angular TIPS',
    author: '山田祥寛',
    url: 'https://www.buildinsider.net/web/angulartips',
  },
  {
    title: 'jQuery逆引きリファレンス',
    author: 'WINGSプロジェクト',
    url: 'https://www.buildinsider.net/web/jqueryref',
  },
  {
    title: 'IDDD本から理解するドメイン駆動設計',
    author: '青木淳夫',
    url: 'https://codezine.jp/article/detail/10776',
  },
];

let list = document.getElementById('list');
// 配列articlesの内容を順に<li>要素に整形
articles.forEach(function (a) {
  let li = document.createElement('li');
  let anchor = document.createElement('a');
  anchor.href = a.url;
  anchor.textContent = a.title + '（作・' + a.author + '）';
  li.appendChild(anchor);
  list.appendChild(li); ――― ❶
});
```

▼結果　オブジェクト配列から記事リストを生成

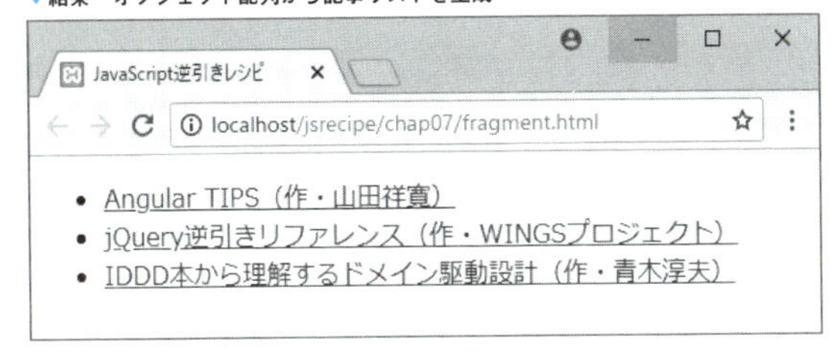

上のコードは正しく動作しますが、望ましくありません。というのも、文書ツリーに<li>要素を追加するたび（❶）、内部的にはコンテンツを再描画するからです。再描画はメモリ内部での操作に比べると、格段にオーバーヘッドも高いので、頻繁に発生するのは避けるべきです。

このような状況では、DocumentFragmentオブジェクト（フラグメント）を利用すべきです。フラグメントとは、名前の通り、文書の断片を表すためのオブジェクト。組み立てたノードを一時的に格納するための仮の器、と言い換えても良いでしょう。

以下は、先ほどの例を、DocumentFragmentを使って書き換えたものです。

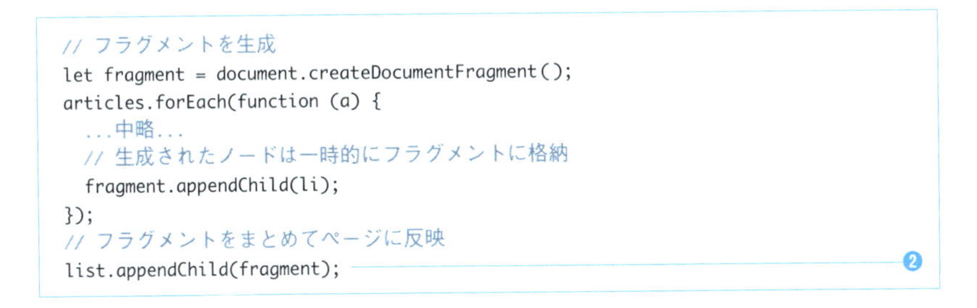

```
// フラグメントを生成
let fragment = document.createDocumentFragment();
articles.forEach(function (a) {
  ...中略...
  // 生成されたノードは一時的にフラグメントに格納
  fragment.appendChild(li);
});
// フラグメントをまとめてページに反映
list.appendChild(fragment); ――――――――――――――――――――――――― ❷
```

フラグメントを利用することで、文書ツリーそのものの更新は❷の一度となります。これによって、再描画にかかるオーバーヘッドを最小限に抑えられます。

197 既存の要素を別の要素で置き換えたい

要素 | replaceChild

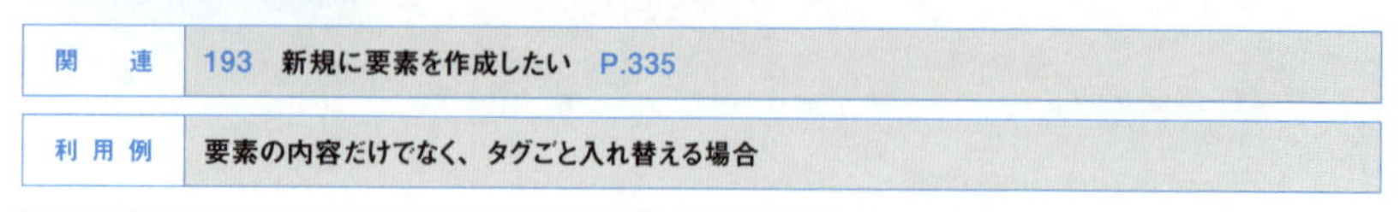

関連	193 新規に要素を作成したい P.335
利用例	要素の内容だけでなく、タグごと入れ替える場合

replaceChildメソッドを利用します。

構文 replaceChildメソッド

```
node.replaceChild(new, old)
```

new 置き換えるノード
old 置き換え前の子ノード

たとえば以下は「id="hat"」である要素を、新たな<li>要素で置き換える例です。

●上：replace.html／下：replace.js

```
<ul id="coordinate">
  <li id="hat">ぼうし</li>
  <li>ジャケット</li>
  <li>シャツ</li>
  <li>ズボン</li>
</ul>
```

```
let hat = document.getElementById('hat');
let list = document.getElementById('coordinate');
let cap = document.createElement('li');
cap.textContent = '野球帽';
list.replaceChild(cap, hat);
```

▼結果 「id="hat"」である要素を、新たな<li>要素で置換

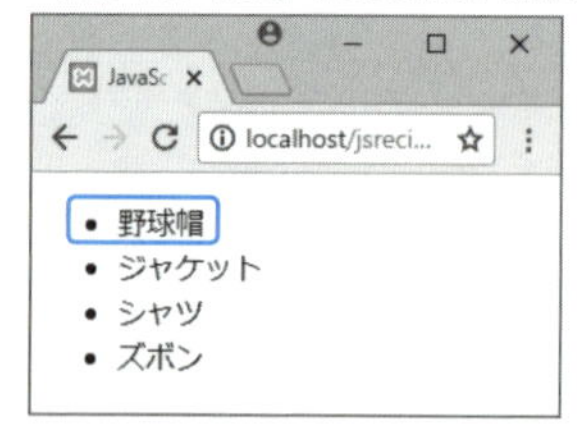

198 要素を複製したい

要素 | cloneNode

関連	193 新規に要素を作成したい P.335
利用例	既存の要素をコピーしたい場合

cloneNodeメソッドを利用します。

構文 cloneNodeメソッド

```
node.cloneNode(deep)
```

deep 子孫ノードまで複製するか

たとえば以下は、最初の<li>要素を複製し、リスト末尾に追加する例です。

●上：clone.html／下：clone.js

```
<ul id="coordinate">
  <li class="wear">ぼうし</li>
  <li>ジャケット</li>
  <li>シャツ</li>
  <li>ズボン</li>
</ul>
```

```
let list = document.getElementById('coordinate');
let li = list.firstElementChild.cloneNode(true);
list.appendChild(li);
```

▼結果 先頭の<li>要素を複製し、末尾に挿入

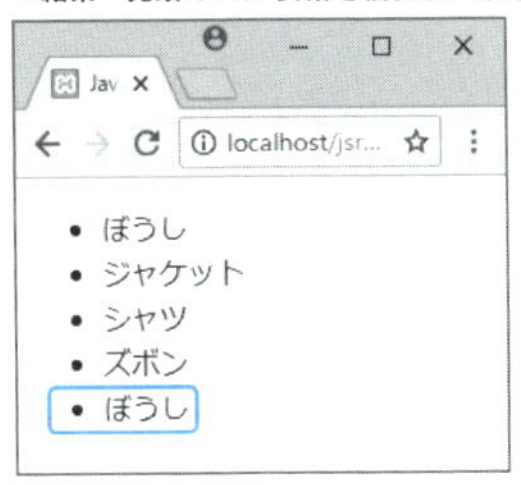

cloneNodeメソッドを利用した場合、文書内でid値が重複する可能性があります。複製を挿入する際には、事前にid値をチェックしてください。

199 異なる要素同士を入れ替えたい

要素 | cloneNode | replaceChild

関　連	198 要素を複製したい P.343
利用例	異なる場所にある2つの要素を入れ替えたい場合

cloneNodeメソッド レシピ198 で対象の要素を複製したうえで、replaceChildメソッド レシピ197 で既存の要素を置き換えます。

●上：swap.html／下：swap.js

```
<ul id="coordinate">
  <li>ぼうし</li>
  <li>ジャケット</li>
  <li>シャツ</li>
  <li>ズボン</li>
</ul>
```

```
let list = document.getElementById('coordinate');
// 先頭／末尾の<li>要素を複製
let first = list.firstElementChild.cloneNode(true);
let last = list.lastElementChild.cloneNode(true);
// 先頭（複製）を末尾（既存）と、末尾（複製）を先頭（既存）と入れ替え
list.replaceChild(first, list.lastElementChild);
list.replaceChild(last, list.firstElementChild);
```

▼結果　先頭の<li>要素と末尾の<li>要素を入れ替え

200 既存の要素を削除したい

要素 | removeChild

関　連	195　既存の要素を移動したい　P.339
利用例	不要になった要素を破棄したい場合

removeChildメソッドを利用します。

構文 removeChildメソッド

```
node.removeChild(child)
```

child　削除する子ノード

以下は、<ul>リストの配下から最初の<li>要素を除去する例です。

●remove.js（remove.htmlは レシピ199 のswap.htmlと同様）

```
let list = document.getElementById('coordinate');
list.removeChild(list.firstElementChild);
```

▼結果　<ul>リストの最初の子要素（<li>ぼうし</li>）を削除

自分自身を削除する

removeChildメソッドで、自分自身を削除することもできます。以下は、<ul>要素全体を削除します。

●remove_self.js（remove_self.htmlは レシピ199 のswap.htmlと同様）

```
let list = document.getElementById('coordinate');
list.parentNode.removeChild(list);
```

removeChildメソッドの引数childには、現在の要素に対して子供の関係にあるノードしか指定できません。そのため、ここでもいったん、現在の要素の親ノードを取得したうえで、引数childに現在の要素を引き渡しています。

要素の中身を破棄する

remove_self.jsでは、あくまで要素そのものを削除します。もしも要素の中身を破棄したい（＝要素そのものは残したい）場合には、textContentプロパティに空文字列を設定します。

●**remove_empty.js（remove_empty.htmlは レシピ199 のswap.htmlと同様）**

```
let list = document.getElementById('coordinate');
list.textContent = '';
```

MEMO

PROGRAMMER'S RECIPE

第 08 章

DOM
[スタイル／イベント編]

201 要素のスタイルを変更したい

style

関　連	202 **スタイルクラスを設定／除外したい** P.350
利用例	**要素のスタイルを動的に変更したい場合**

styleプロパティでスタイルプロパティを直接指定できます。スタイルを操作するのに、最も手軽な手段です。

構文 styleプロパティ

```
elem.style.prop = value
```

prop	スタイルプロパティ名
value	設定値

スタイルプロパティ名（prop）は、CSS本来のハイフン記法（すべて小文字で、単語の区切りはハイフン）ではなく、camelCase記法（単語の区切りは大文字）で表します。たとえばbackground-colorであれば、backgroundColorです。

●**上：style.html／下：style.js**

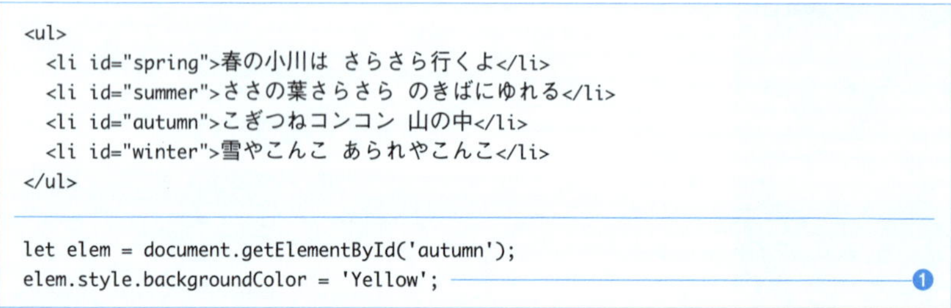

```
<ul>
  <li id="spring">春の小川は さらさら行くよ</li>
  <li id="summer">ささの葉さらさら のきばにゆれる</li>
  <li id="autumn">こぎつねコンコン 山の中</li>
  <li id="winter">雪やこんこ あられやこんこ</li>
</ul>
```

```
let elem = document.getElementById('autumn');
elem.style.backgroundColor = 'Yellow'; ———❶
```

▼**結果 「id="autumn"」である要素の背景色を黄色に**

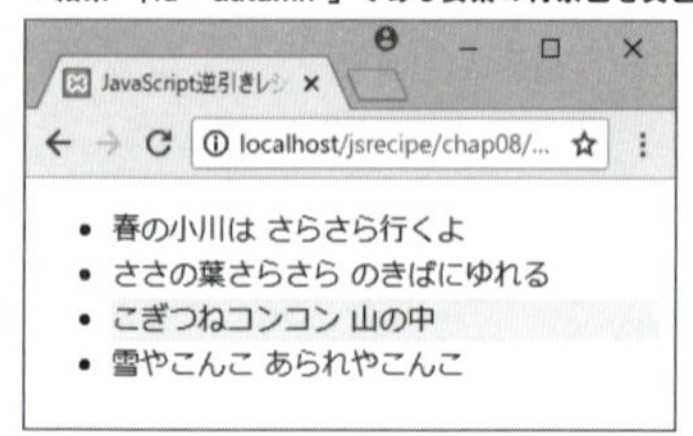

スタイルプロパティを初期化するには、以下のように値としてnullを設定します。

```
elem.style.backgroundColor = null;
```

NOTE

ブラケット構文

ブラケット構文を利用することで、本来のハイフン記法でスタイルプロパティを表記することもできます（ただし、冗長なだけでさほどメリットはないので、素直にプロパティ構文を利用するのが無難でしょう）。

```
elem.style['background-color'] = 'Yellow';
```


setAttributeメソッドは利用しない

❶のコードは、以下のように表しても同じ結果を得られます。

```
elem.setAttribute('style', 'background-color: Yellow');
```

しかし、この記法は避けてください。というのも、setAttributeメソッドは、現在のstyle属性を上書きします。つまり、既存のインラインスタイルがあった場合、これを打ち消してしまうからです。

styleプロパティは、既存のスタイルとマージするので、上のような問題はありません。

202 スタイルクラスを設定／除外したい

classList

関連	201 要素のスタイルを変更したい P.348
利用例	JavaScriptで操作するスタイルもCSSでまとめて管理する場合

styleプロパティはスタイルを設定するのに手軽な手段ですが、JavaScriptのコードにスタイル定義が混在するのは、コードの保守性という意味でも望ましくありません。スタイル定義はできるだけスタイルシートに分離し、コードからはスタイルの着脱だけを行うことをお勧めします。これを行うのがclassListプロパティの役割です。

classListプロパティは、現在の要素にひも付いたスタイルクラス（class属性の値）をDOMTokenListオブジェクトとして返します。DOMTokenListオブジェクトで利用できるメンバーには、表8.1のようなものがあります。

たとえば以下は、要素をクリックするたびに、背景色を黄色⇔透明と交互に切り替える例です。

●上：style_class.html／中：style_class.css／下：style_class.js

```
<link rel="stylesheet" href="css/style_class.css" />
...中略...
<div id="elem">ここをクリックすると色が変わります。</div>
```

```
.highlighted {
  background-color: Yellow;
  color: Red
}
```

```
let elem = document.getElementById('elem');
// クリック時にhighlightedクラスを着脱
elem.addEventListener('click', function () {
  this.classList.toggle('highlighted');  ❶
}, false);
```

▼結果　クリックごとに背景色を黄色⇔透明で切り替え

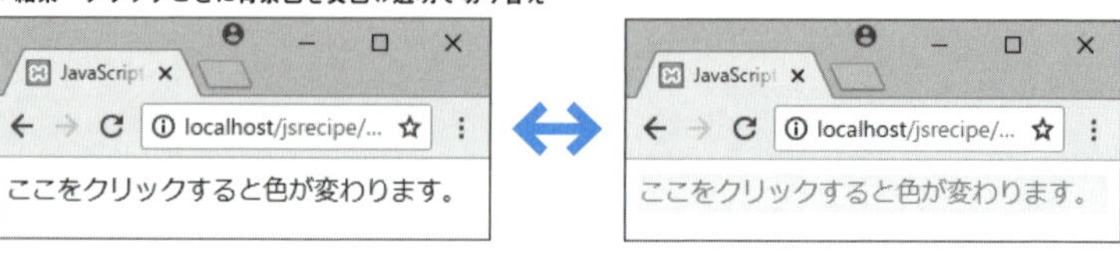

表8.1 classListプロパティ（DOMTokenListオブジェクト）の主なメンバー

メンバー	概要
length	リストの長さ
item(*index*)	index番目のクラスを取得
add(*clazz*)	リストにクラスclazzを追加
remove(*clazz*)	リストからクラスclazzを削除
replace(*old*, *new*)	クラスoldを新たなクラスnewで置き換え
toggle(*clazz*)	クラスclazzのオンオフを切り替え
contains(*clazz*)	指定したクラスclazzが含まれているか

❶のコードは、add／remove／containsメソッドを使って、以下のように表すことも可能です。冗長になるだけで、あえてそうする意味はありませんが、add／remove／containsメソッドの用例として示しておきます。

```
let cs = this.classList;
// highlightedクラスがあれば削除、なければ追加
if (cs.contains('highlighted')) {
  cs.remove('highlighted');
} else {
  cs.add('highlighted');
}
```


classNameプロパティは利用しない

classListによく似たプロパティとして、classNameもあります。たとえば以下は、highlighted／frameクラスを適用する例です。

```
let elem = document.getElementById('elem');
elem.className = 'highlighted frame';
```

ただし、classNameプロパティは現在のclass属性を上書きします。また、class属性の値を文字列として操作するため、複数のクラスを操作するのは面倒です。

本書では、他人の書いたコードを理解するという意味でのみ触れておきますが、まずはclassListプロパティを優先して利用してください。

203 イベントの発生に応じて処理を実行したい

イベント | イベントリスナー

関　連	204　ブラウザー上で利用できるイベントを理解したい　P.354
利用例	ユーザーの操作に応じてインタラクティブな操作を実装する場合

クライアントJavaScriptでは、アプリの中で発生した出来事（イベント）に応じて、なんらかの処理を実行するのが基本です。このようなイベント処理のことを**イベントリスナー**と言います。JavaScriptでイベントリスナーを設定するのは、addEventListenerメソッドの役割です。

構文 **addEventListenerメソッド**

```
elem.addEventListener(type, listener, capture)
```

type	イベントの種類
listener	イベントに応じて実行する処理
capture	イベントの方向 レシピ212

たとえばマウスポインターが重なったときに、画像（id="pic1"）を切り替え、外れたら元に戻すならば、次のようなコードを書きます。

●上：event.html／下：event.js

```
<img id="pic1" src="images/webdeli_logo.gif" />
```

```
let pic = document.getElementById('pic1');
// マウスポインターが画像に乗ったとき
pic.addEventListener('mouseenter', function(e) {   ❶
  this.src = 'images/webdeli_logo.gif';
}, false);
// マウスポインターが画像から外れたとき
pic.addEventListener('mouseleave', function(e) {
  this.src = 'images/webdeli_logo.gif';
}, false);
```

▼結果　マウスポインターの出入りによって画像を切り替え

イベントリスナーの配下では、thisキーワードでイベントの発生元にアクセスできます。この例であれば、thisと変数picとは同じ意味です。

NOTE

アロー関数

ES2015以降の環境であれば、アロー関数を利用することもできます。ただし、アロー関数を利用した場合、thisの示す先は、それを含む関数のthisとなります（この例であれば、documentオブジェクト）。thisが定義方法によって変化する点に注意してください。

```
pic.addEventListener('mouseleave', (e) => {
  pic.src = 'images/webdeli_logo.gif';
}, false);
```

onxxxxxプロパティによる設定

イベントに対応する処理は、on*xxxxx*プロパティ（*xxxxx*はイベントの名前）でも割り当てられます。たとえば、❶のコードは、以下のように書いても、ほぼ同じ意味です。

```
pic.onmouseenter = function (e) {
  this.src = 'images/webdeli.gif';
};
```

ただし、on*xxxxx*プロパティでは

同一の要素／同一のイベントに対して、複数の処理をひも付けられない

という制約があります。addEventListenerが導入される前の古い記法でもあるので、特別な理由がないならば、addEventListenerメソッドを利用するべきです。

204 ブラウザー上で利用できるイベントを理解したい

イベント | イベントリスナー

関連	203 イベントの発生に応じて処理を実行したい P.352
利用例	マウスやキーボードなどによる操作に応じてコードを実行する場合

ブラウザー上で利用できるイベントには、表8.2のようなものがあります。

表8.2 ブラウザー上で利用できる主なイベント

分類	イベント	発生タイミング
マウス	click	要素をクリックした
	dblclick	要素をダブルクリックした
	mousedown	マウスのボタンを押した
	mouseenter	要素にマウスポインターが乗った
	mouseleave	要素からマウスポインターが外れた
	mousemove	要素の中をマウスポインターが移動した
	mouseout	要素からマウスポインターが外れた
	mouseover	要素にマウスポインターが乗った
	mouseup	マウスのボタンを放した
キー	keydown	キーを押した
	keypress	キーを押し続けている
	keyup	キーを離した
フォーム	blur	要素からフォーカスが外れた
	focus	要素にフォーカスが入った
	focusin	要素にフォーカスが入った（イベントバブリング レシピ212 あり）
	focusout	要素からフォーカスが外れた（イベントバブリングあり）
	input	要素の値を変更した（入力都度）
	change	要素の値を変更した（変更後、フォーカスを外したとき）
	select	テキストボックス／テキストエリアのテキストを選択した
	submit	フォームから送信した
その他	resize	ウィンドウのサイズを変更した
	scroll	ページや要素をスクロールした
	contextmenu	コンテキストメニューを表示する前

ほとんどが直感的に理解できるイベントばかりなので、以降では特筆すべきイベントについてのみ補足します。

mouseenter／mouseleaveとmouseover／mouseout

mouseenter／mouseleaveとmouseover／mouseoutは、いずれも要素に対してマウスポインターが出入りしたタイミングで発生するイベントですが、微妙に挙動が異なります。具体的には、次のように要素が入れ子になっている状況です。イベントリスナーは、外側の要素（id="outer"）に対して設定されているものとします。

この場合、mouseenter／mouseleaveイベントは対象要素の出入りに際してのみイベントが発生しますが、mouseover／mouseoutイベントは内側の要素へ出入りしたときにも発生します。思わぬ挙動に悩まないためにも、両者の違いを理解してください。

●上：event_mouse.html／下：event_mouse.js

```
<div id="outer">
  外側（outer）
  <p id="inner">
    内側（innner）
  </p>
</div>
<div id="result"></div>
```

```
let outer = document.getElementById('outer');
let result = document.getElementById('result');

// マウスポインターが領域に入ったとき
outer.addEventListener('mouseenter', function (e) {
  result.innerHTML = result.innerHTML + 'mouseenter:' + e.target.id + '<br />';
}, false);
// マウスポインターが領域から外れたとき
outer.addEventListener('mouseleave', function (e) {
  result.innerHTML = result.innerHTML + 'mouseleave:' + e.target.id + '<br />';
}, false);

/* mouseover／mouseoutイベントの場合
// マウスポインターが領域に入ったとき
outer.addEventListener('mouseover', function (e) {
  result.innerHTML = result.innerHTML + 'mouseover:' + e.target.id + '<br />';
}, false);
// マウスポインターが領域から外れたとき
outer.addEventListener('mouseout', function (e) {
  result.innerHTML = result.innerHTML + 'mouseout:' + e.target.id + '<br />';
}, false);
*/
```

▼結果　マウスを要素の左から右に横切るように動かした結果

mouseenter／mouseleaveの場合

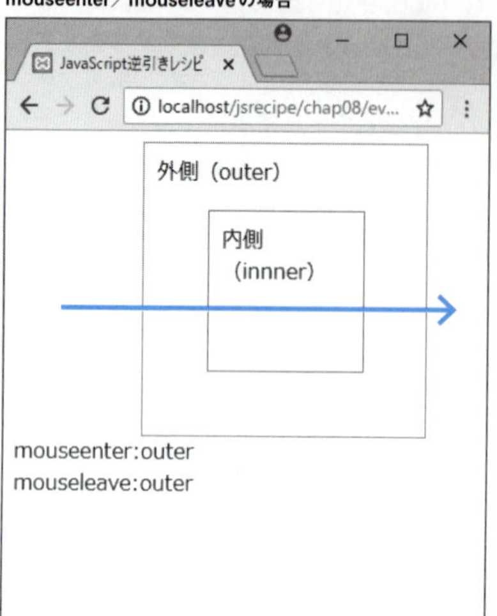

mouseover／mouseoutの場合

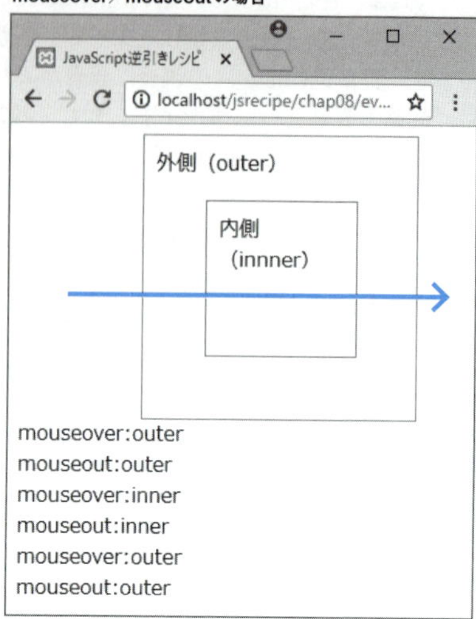

※それぞれのイベントリスナーを有効／無効化して実行してください。

focus／blurとfocusin／focusout

focus／blurとfocusin／focusoutの関係も、mouseenter／mouseleaveとmouseover／mouseoutのそれによく似ています。入れ子になった要素で、前者が内側の要素でのフォーカスイン／アウトを認識できないのに対して、後者では内外の要素いずれへのフォーカスイン／アウトも認識できます。

●上：event_focus.html／下：event_focus.js

```
<form id="fm">
  名前：<br />
  <input type="text" name="name" />
</form>
<hr />
<ul>
  <li>focus：<span id="focus">—</span></li>
  <li>blur：<span id="blur">—</span></li>
  <li>focusin：<span id="focusin">—</span></li>
  <li>focusout：<span id="focusout">—</span></li>
</ul>
```

```
let fm = document.getElementById('fm');
let focusin = document.getElementById('focusin');
let focusout = document.getElementById('focusout');
let focus = document.getElementById('focus');
let blur = document.getElementById('blur');
// フォーカスしたとき
fm.addEventListener('focusin', function (e) {
  focusin.textContent = '実行しました';
}, false);
// フォーカスを外したとき
fm.addEventListener('focusout', function (e) {
  focusout.textContent = '実行しました';
}, false);

/* focus／blurの場合
// フォーカスしたとき
fm.addEventListener('focus', function (e) {
  focus.textContent = '実行しました';
}, false);
// フォーカスを外したとき
fm.addEventListener('blur', function (e) {
  blur.textContent = '実行しました';
}, false);
*/
```


▼結果　テキストボックスにフォーカスを当てて、外した結果

focusin／focusoutの場合

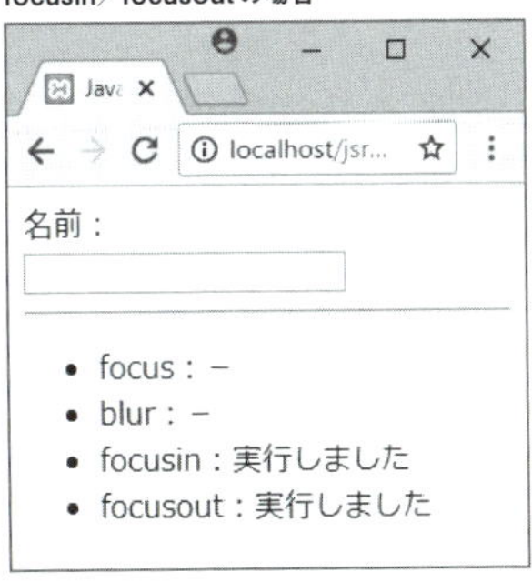

focus／blurの場合

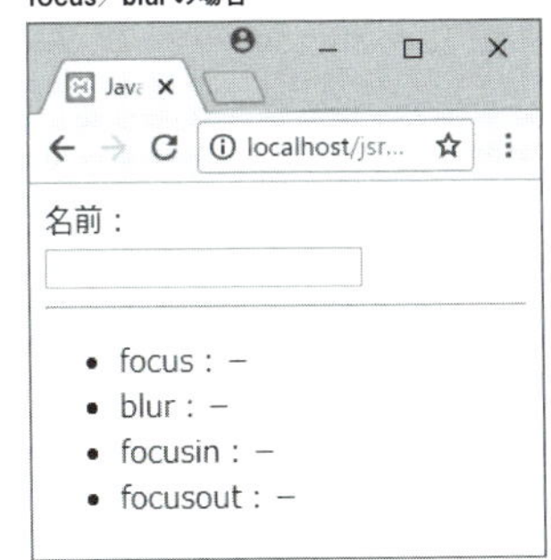

※それぞれのイベントリスナーを有効／無効化して実行してください。

focus／blurイベントでは、テキストボックス（内側の要素）で発生したイベントは、外側の要素（フォーム）に伝播しません。結果、テキストにも反映されません。

205 文書のロードが完了してからコードを実行したい

DOMContentLoaded

関　連	203　イベントの発生に応じて処理を実行したい　P.352
利用例	JavaScriptでページ内の要素を操作したい場合

JavaScriptのコードは上から順に読み込まれ、実行されるのが基本です。ということは、たとえば次のようなコードは正しく動作しないということです。

●上：load_bad.html／下：load_bad.js

```
<script src="scripts/load_bad.js"></script>
...中略...
<p><a id="site" href="http://www.wings.msn.to/">WINGS</a>をよろしく。</p>
```

```
let link = document.getElementById('site');
link.style.backgroundColor = 'Yellow';
```

<script>要素が実行されるタイミングでは、<p>要素が読み込まれていないので、getElementByIdメソッドが目的の要素を取り出せないのです。 レシピ001 で触れたように、<script>要素をページの末尾に持ってきたり、defer属性を利用したりすれば問題は解決しますが、HTML側の記述によって動作が変化してしまうのはあまり望ましい状態ではありません。

そこで、JavaScriptで書かれたコード全体をDOMContentLoadedイベントリスナーでくくることをお勧めします。

```
document.addEventListener('DOMContentLoaded', function(e) {
  let link = document.getElementById('site');
  link.style.backgroundColor = 'Yellow';
}, false);
```

DOMContentLoadedイベントリスナーは、「ページがロードされたタイミングで処理を実行しなさい」という意味です。これで、リスナー実行時に目的の要素が存在することを保証できるわけです（本書の配布サンプルでも、ページを操作するコードはすべてDOMContentLoadedイベントリスナーでくくっています）。

ちなみに、よく似たイベントにloadがあります。ただし、こちらはページそのものだけでなく、参照している**すべての画像がロードされた**ところで発生します。一般的には、画像のロードを待つ必要はないはずなので、DOMContentLoadedを利用することで、スクリプトの開始タイミングを早められます。

206 既存のイベントリスナーを削除したい

removeEventListener

関連	203 イベントの発生に応じて処理を実行したい P.352
利用例	既存のイベント処理を無効化したい場合

removeEventListenerメソッドを利用します。

構文 removeEventListenerメソッド

```
target.removeEventListener(type, listener [,capture])
```

type イベントの種類
listener 削除するリスナー
capture イベントの伝播方向 レシピ212

たとえば以下は、クリックイベントを登録した直後に、削除する例です。

●上：event_remove.html／下：event_remove.js

```
<form>
  <input id="btn" type="button" value="ログを表示" />
</form>
```

```
let btn = document.getElementById('btn');
let onclick = function () {                        ❶
  console.log('こんにちは、JavaScript !');
};
btn.addEventListener('click', onclick, false);
btn.removeEventListener('click', onclick, false);  ❷
```

removeEventListenerメソッドを利用する場合には、引数listenerで削除すべきリスナーを指定しなければなりません。そのため、リスナー関数は（匿名関数でなく）明示的に命名しておくようにしてください（ここでは❶のonclick）。

サンプルを実行し、ボタンをクリックしてもログが出力され**ない**こと、続いて、❷をコメントアウトすることで出力されることを確認してください。

> **NOTE**
>
> **引数captureまで一致していること**
>
> removeEventListenerメソッドでは、引数type／listenerだけでなく、引数captureもaddEventListenerメソッドでの宣言時と一致していなければなりません。さもないと、異なるリスナー宣言と見なされて、削除は失敗します。

207 イベントに関わる情報を取得したい

イベントオブジェクト

関　連	203 イベントの発生に応じて処理を実行したい P.352
利用例	イベント発生時の情報を参照したい場合

すべてのイベントリスナーは、引数として**イベントオブジェクト**と呼ばれるオブジェクトを受け取ります。リスナーの配下では、イベントオブジェクトのプロパティにアクセスすることで、イベント発生時のさまざまな情報にアクセスできます。

たとえば以下は、ボタンをクリックしたときに、イベント発生元のタグ名、id値、イベントの種類、発生時刻などをログ出力する例です。

●上：event_obj.html／下：event_obj.js

```
<div id="box">ここをクリックしてください</div>
```

```
document.getElementById('box').addEventListener('click', function (e) {
  let area = e.target;
  console.log('発生元：' + area.nodeName + '/' + area.id);
  console.log('種類：' + e.type);
  console.log('タイムスタンプ：' + e.timeStamp);
}, false);
```

▼結果

```
発生元：DIV/box
種類：click
タイムスタンプ：4297.599999998056
```

イベントオブジェクトを参照するには、リスナーに引数を指定するだけです。引数の名前は任意に決められますが、「e」「ev」「event」などとするのが一般的です。イベントオブジェクトを利用しない場合には、引数は省略してもかまいません。

この例であれば、イベントオブジェクトを介して、target（イベントの発生元）、type（イベントの種類）、timeStamp（イベント発生からの経過時間。ミリ秒）などの情報を取得しています。イベントオブジェクトは、この他にも、さまざまなメンバーを提供しています。具体的な例は レシピ208 レシピ209 で触れています。

208 イベント発生時のマウス情報を取得したい

イベントオブジェクト

関連	203 イベントの発生に応じて処理を実行したい P.352
利用例	イベント発生時の情報を参照したい場合

イベントオブジェクトから、表8.3のプロパティにアクセスします。

それぞれの座標は、どこを基点とするかが異なります（図8.1）。

表8.3 イベントオブジェクトのマウス関連プロパティ

プロパティ	概要
button	ボタンの種類（0：左、1：中央、2：右）
screenX	スクリーン上のX座標
screenY	スクリーン上のY座標
pageX	ページ上のX座標
pageY	ページ上のY座標
clientX	表示領域上のX座標
clientY	表示領域上のY座標
offsetX	要素領域上のX座標
offsetY	要素領域上のY座標

図8.1 マウス関連プロパティ

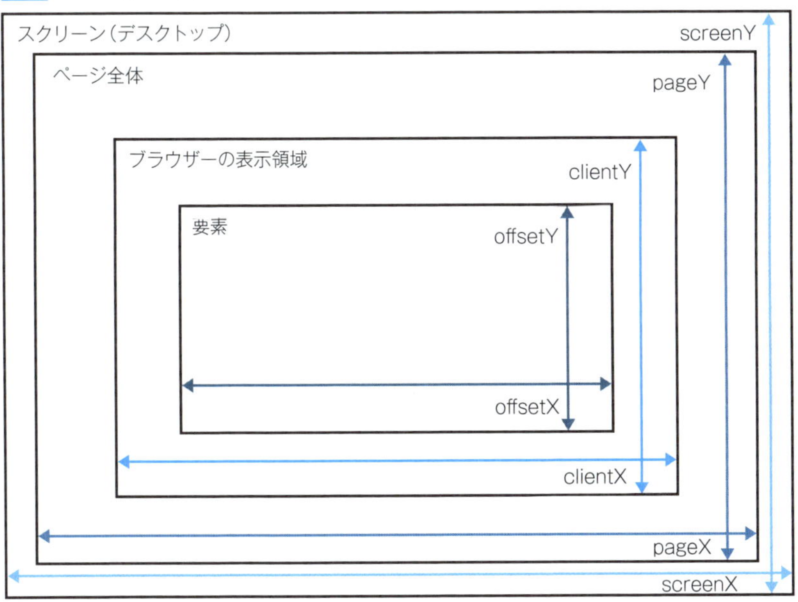

それぞれのプロパティで得られる値を、具体的な例でも確認してみましょう。

●上：event_point.html／下：event_point.js

```
<div id="main" style="position:absolute; margin:50px; top:30px; left:30px;
  width:300px; height:300px; border:solid 1px #000"></div>
```

```
let main = document.getElementById('main');
main.addEventListener('mousemove', function (e) {
  main.innerHTML = 'screen：' + e.screenX + '/' + e.screenY + '<br />' +
  'page ：' + e.pageX + '/' + e.pageY + '<br />' +
  'client：' + e.clientX + '/' + e.clientY + '<br />' +
  'offset：' + e.offsetX + '/' + e.offsetY + '<br />';
}, false);
```

▼結果　「id="main"」である要素配下の座標情報を取得

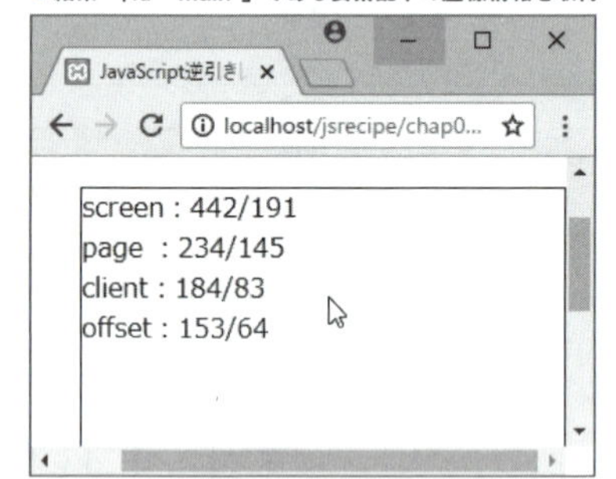

209 イベント発生時のキー情報を取得したい

イベントオブジェクト

関 連	203 イベントの発生に応じて処理を実行したい P.352
利用例	キーボード操作に応じて、処理を分岐する場合

イベント発生時のキー情報を取得するには、イベントオブジェクトの表8.4のプロパティにアクセスします。

表8.4 イベントオブジェクトのキー関連プロパティ

プロパティ	概要
altKey	Alt キーを押したか
ctrlKey	Ctrl キーを押したか
shiftKey	Shift キーを押したか
metaKey	メタキーを押したか（Windowsでは ⊞ キー、macOSでは⌘キー）
key	押されたキーの種類

以下は、押下されたキーの種類を取得します。押されたキーが制御／特殊文字の場合、あらかじめ決められたキー値を返します。具体的な値は、Key Values（https://developer.mozilla.org/ja/docs/Web/API/KeyboardEvent/key/Key_Values）のページも参照してください。

●上：event_key.html／下：event_key.js

```
<form>
  キーボード入力：
  <input type="text" id="key" size="10" />
</form>
<p>入力したキーコード：<span id="code">—</span></p>
```

```
let key = document.getElementById('key');
let code = document.getElementById('code');
// キー押下時に、キーの種類を表示
key.addEventListener('keydown', function (e) {
  code.textContent = e.key;
}, false);
```

▼結果　入力されたキーを表示

COLUMN　ブラウザー搭載の開発者ツール（5）―― コードの整形

最近のJavaScriptライブラリは、ダウンロード時間を短縮するためにあらかじめ圧縮しておくのが一般的です。この場合の圧縮とは、コード内の不要な空白／改行、コメントを除去することを言います。

しかし、圧縮されたコードは人間にとっては読みにくいものです。そこで［Sources］タブでは下部の {} （Pretty print）をクリックすることで、コードを改行／インデント付きの読みやすい形式に整形できます（図A）。

図A　Pretty printで圧縮されたコードを読みやすくレイアウト

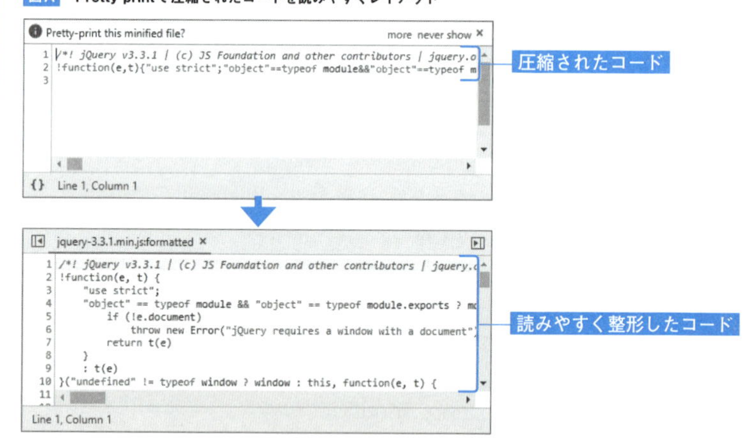

本格的にアプリを開発するようになると、自分のコードだけでなく、ライブラリ／フレームワークの中身を確認する機会は増えてきます。そのような場合に、開発時だけは非圧縮版のライブラリを利用する方法もありますが、それができない（面倒くさい）という場合には、Pretty print機能を積極的に利用していくと良いでしょう。

210 独自データ属性でイベントリスナーに値を渡したい

イベントリスナー

関連	203 イベントの発生に応じて処理を実行したい P.352
利用例	イベントリスナーの実行に必要なパラメーターをHTML側で指定したい場合

独自データ属性とは、タグに対して任意で付与できる属性のことです。data-*xxxxx*の形式で開発者が自由に値を設定できます。*xxxxx*の部分も、小文字のアルファベット+ハイフン+アンダースコアの組み合わせで自由に命名できます。

たとえば以下は、ボタンをクリックしたタイミングで、ログを出力する例です。イベントリスナーは共通とし、押されたボタンによって表示テキストを変更している点がポイントです。

●上：event_param.html／下：event_param.js

```
<input type="button" value="朝の挨拶" data-text="おはよう" />
<input type="button" value="昼の挨拶" data-text="こんにちは" />
<input type="button" value="夜の挨拶" data-text="こんばんは" />
```
❶

```
let data = document.querySelectorAll('input[data-text]');
for (let i = 0; i < data.length; i++) {
  data[i].addEventListener('click', function (e) {
    console.log(this.getAttribute('data-text'));
  }, false);
}
```
❷ ❸

▼結果　ボタンに応じて異なるメッセージを表示（左から順にクリックした場合）

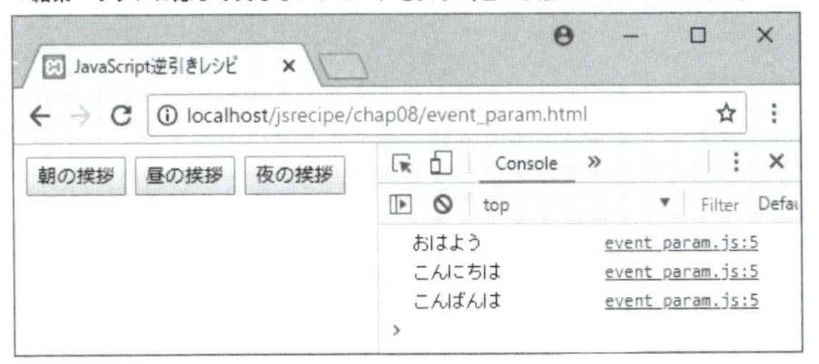

イベントリスナー

ここでは、❶のdata-textが独自データ属性です。ログに表示すべきテキストをそれぞれ宣言しておきます。

リスナーに渡すべき情報の準備ができたら、あとは、❷のように属性の有無で目的の要素を絞り込み、そのイベントリスナーを設定するわけです。ここでは、data-text属性を持つ<input>要素についてclickイベントリスナーを設定し、ログに表示しています。

data-*xxxxx*属性の値は、getAttributeメソッド（❸）で取得する他、datasetプロパティでアクセスすることもできます。

構文 datasetプロパティ

```
elem.dataset.name
```

name　data-*xxxxx*属性の名前

nameには、data-*xxxxx*の*xxxxx*をcamelCase形式で指定します（たとえばdata-valid-textであれば、validTextです）。そのため、❸のコードは以下のように表しても同じ意味です。

```
console.log(this.dataset.text);
```

MEMO

211 イベントリスナーにパラメーターを渡したい

イベントリスナー

関　連	203 イベントの発生に応じて処理を実行したい P.352
利用例	イベントリスナーの実行に必要なパラメーターをオブジェクトとして渡したい場合

addEventListenerメソッドの第2引数に、(リスナー関数の代わりに) EventListenerオブジェクトを渡します。EventListenerオブジェクトのルールは、

リスナー関数に相当するhandleEventメソッドを持つこと

だけ。その他は、任意のプロパティを持てるので、これをパラメーターとして利用できるわけです。

たとえば以下は、あらかじめ用意されたオブジェクトmemberをリスナーとして渡す例です。

●上：event_handle.html／下：event_handle.js

```
<input id="btn" type="button" value="クリック" />
```

```
// EventListenerオブジェクトを準備
let member = {
  mid: 'y001',
  name: '山田太郎',
  age: 40,
  handleEvent: function () {
    console.log(this.mid + '：' + this.name + '（' + this.age + '歳）');
  }
};

document.getElementById('btn').addEventListener('click', member, false); ――❶
```

▼結果　ボタンクリック時にログを表示

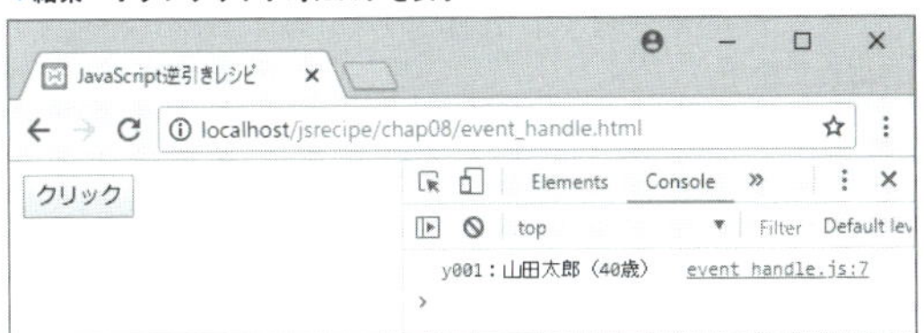

thisの変化に注意

❶を、以下のように書いてはいけません。

```
document.getElementById('btn').addEventListener(
  'click', member.handleEvent, false);
```

この場合、出力は「undefined：(undefined歳)」のようになります。これは、メソッド（関数）として渡した場合、handleEvent配下のthisはイベントの発生元を表すためです。イベントの発生元（ここではボタン）はmid／ageなどのプロパティを持たないので、undefinedを返すわけです。

EventListenerオブジェクトとして渡した場合には、handleEventメソッド配下のthisはEventListenerオブジェクト自身で固定されるので、こうした問題は発生しません。

NOTE

bindメソッド

本文の問題はbindメソッドを利用することでも回避できます（もちろん、この例であればEventListenerオブジェクトを利用すれば良いので、あくまで説明のためのコードとして見てください）。

```
document.getElementById('btn').addEventListener(
  'click', member.handleEvent.bind(member), false);
```

bindメソッドの構文は、以下です。

構文 bindメソッド

```
func.bind(that [,arg1 [,arg2 [,...]]])
```

that	関数の中でthisキーワードが指すもの
arg1、*arg2*...	関数に渡す引数

bindメソッドを利用することで、関数func配下のthisを強制的に引数thatにひも付けできます。この例であれば、thisがオブジェクトmemberを指すようになるので、今度はthis.name／ageなどが、意図した値を返すようになります。

212 イベントの伝播について理解したい

キャプチャ | バブリング

関　連	213 イベントの伝播をキャンセルしたい P.372
利用例	イベント発生までの過程を知りたい場合

イベントは、内部的には図8.2のようなプロセスを経て、特定の要素に到達しています。

図8.2 イベントの伝播

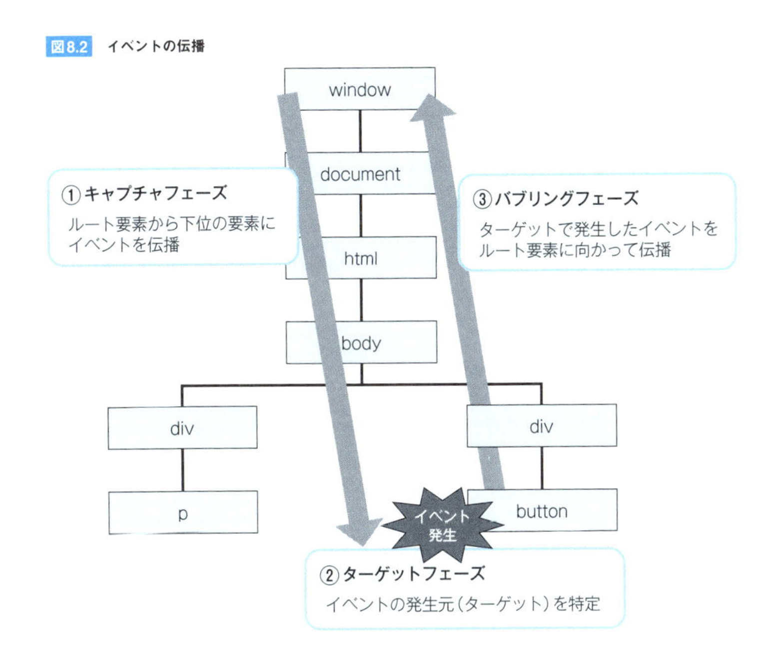

まずは、**キャプチャフェーズ**で、最上位のwindowオブジェクトから文書ツリーをたどって、下位の要素にイベントが伝播します（①）。そして、**ターゲットフェーズ**でイベントの発生元（ターゲット）を特定します（②）。

バブリングフェーズは、ターゲットから再びルート要素に向かって、イベントが伝播するフェーズです（③）。イベントは、最終的に、最上位のwindowオブジェクトまで到達したところで伝播を終えます。

イベントリスナーを利用する際には、イベント発生元の要素でだけ実行されるわけでなく、

キャプチャ／バブリングの過程で、対応するイベントリスナーが存在する場合は、それらも順に実行される

という点を押さえておきましょう。
具体的な例を見ておきます。

●上：event_bubble.html／下：event_bubble.js

```
<div id="outer">
  <p>外側（outer）</p>
  <a id="inner" href="http://www.wings.msn.to">内側（inner）</a>
</div>
```

```
document.getElementById('inner').addEventListener('click', function (e) {   ❶
  window.alert('#innerリスナー1が発生');
}, false);

document.getElementById('inner').addEventListener('click', function (e) {
  window.alert('#innerリスナー2が発生');
}, false);

document.getElementById('outer').addEventListener('click', function (e) {
  window.alert('#outerリスナーが発生');
}, false);
```

入れ子の関係にある<div>／<a>要素に対して、それぞれclickイベントリスナーを設定しています。この状態でリンクをクリックすると、以下のような結果を得られます。

- ダイアログ表示（#innerリスナー1が発生）
- ダイアログ表示（#innerリスナー2が発生）
- ダイアログ表示（#outerリスナーが発生）
- リンクによるページ移動

ターゲットを基点として、文書ツリーの上位方向に向けて、順にリスナーが実行されています。バブリングフェーズでリスナーが実行されている、とも言えます。同じ要素に対してリスナーがひも付いている場合には、定義順に実行されます。

この挙動は、addEventListenerメソッドの第3引数で変更できます。サンプルの太字をtrueに変更してみましょう。以下のような結果が得られるはずです。

- ダイアログ表示（#outerリスナーが発生）
- ダイアログ表示（#innerリスナー1が発生）
- ダイアログ表示（#innerリスナー2が発生）
- リンクによるページ移動

今度は、上位要素からターゲットに向かって、順にリスナーが実行されています。キャプチャフェーズでイベントが処理されているわけです。

NOTE

addEventListenerメソッドの第3引数

addEventListenerメソッドの第3引数には、true／false値の他、オブジェクトで動作オプションを渡すこともできます。たとえば、サンプルの❶は、以下のように書き換えても同じ意味です。

```
document.getElementById('inner').addEventListener('click', function (e) {
  window.alert('#innerリスナー1が発生');
}, { capture: false });
```

capture以外のオプションについては、レシピ216でも解説します。

213 イベントの伝播をキャンセルしたい

stopPropagation | stopImmediatePropagation

関連	212 イベントの伝播について理解したい P.369
利用例	イベントリスナーの移行の処理を中断したい場合

イベントオブジェクトのstopPropagationメソッドを利用します。
以下は、レシピ212のサンプルで、stopPropagationメソッドを呼び出した例です。

●上：event_bubble.html／下：event_bubble.js

```
<div id="outer">
  <p>外側（outer）</p>
  <a id="inner" href="http://www.wings.msn.to">内側（inner）</a>
</div>
```

```
document.getElementById('inner').addEventListener('click', function (e) {
  window.alert('#innerリスナー1が発生');
  e.stopPropagation();
}, false);

document.getElementById('inner').addEventListener('click', function (e) {
  window.alert('#innerリスナー2が発生');
}, false);

document.getElementById('outer').addEventListener('click', function (e) {
  window.alert('#outerリスナーが発生');
}, false);
```

この状態でリンクをクリックすると、以下のような結果を得られます。

- ダイアログ表示（#innerリスナー1が発生）
- ダイアログ表示（#innerリスナー2が発生）
- リンクによるページ移動

stopPropagationメソッドによって、イベントのバブリングが中断されていることが確認できます。もちろん、リスナーがキャプチャフェーズで動作している場合には、下位要素への伝播をキャンセルできます。

イベントの伝播を「直ちに」キャンセルする

上の例では、上位／下位要素への伝播を中止しました。これを、その場で伝播を中止する（＝同じ要素に登録されたリスナーも実行しない）には、stopImmediatePropagationメソッドを利用してください。

同じく、サンプルの太字部分を、以下のように書き換えてみます。

```
e.stopImmediatePropagation();
```

実行結果は、以下のように変化します。

- ダイアログ表示（#innerリスナー1が発生）
- リンクによるページ移動

確かに、アンカータグに対して設定した2個目のリスナーも呼び出されなくなっていることが確認できます。

MEMO

214 イベント本来の挙動をキャンセルしたい

preventDefault

関連	213 イベントの伝播をキャンセルしたい P.372
利用例	アンカータグによるページ移動を止める場合 特定の条件でテキストボックスへの入力を無効化する場合 フォームの送信(サブミット)を止めたい場合

イベント本来の挙動とは、たとえば「アンカータグのクリックによってページを移動する」「テキストボックスへの入力で文字を反映する」「サブミットボタンのクリックでフォームを送信する」など、ブラウザー標準で決められた動作のことです。

これらの動作を抑制するのが、preventDefaultメソッドの役割です。たとえばアンカータグを処理のトリガーとして利用したい(でも、ページを移動してほしくない)という場合には、リスナーの末尾でpreventDefaultメソッドを呼び出します。これによって、リンクをボタンのように利用できるわけです。

実際の挙動も確認してみましょう。以下は、レシピ212のサンプルを書き換えたものです。

●上:event_bubble.html/下:event_bubble.js

```
<div id="outer">
  <p>外側(outer)</p>
  <a id="inner" href="http://www.wings.msn.to">内側(inner)</a>
</div>
```

```
document.getElementById('inner').addEventListener('click', function (e) {
  window.alert('#innerリスナー1が発生');
  e.preventDefault();
}, false);

document.getElementById('inner').addEventListener('click', function (e) {
  window.alert('#innerリスナー2が発生');
}, false);

document.getElementById('outer').addEventListener('click', function (e) {
  window.alert('#outerリスナーが発生');
}, false);
```

実行結果は、以下のように変化します。

- ダイアログ表示（#inner リスナー1 が発生）
- ダイアログ表示（#inner リスナー2 が発生）
- ダイアログ表示（#outer リスナーが発生）

すべてのリスナーが実行された後も、ページが移動しない（=リンクそのものの挙動が無効化されている）ことが確認できます。

キャンセルの可否を確認する

ただし、イベントによってはpreventDefaultによるキャンセルを許可していないものもあります。たとえばfocusin、focusoutなどです。

キャンセル可能なイベントであるかどうかは、イベントオブジェクトのcancelableプロパティで確認できます。cancelableは、キャンセル可能な場合にはtrueを返します。

NOTE

キャンセル系メソッドのまとめ

レシピ213 と レシピ214 で扱ったキャンセル系メソッドの違いを、改めて表8.Aにまとめておきます。

表8.A イベントのキャンセル

メソッド	伝播	別のリスナー	既定の動作
stopPropagation	停止	–	–
stopImmediatePropagation	停止	停止	–
preventDefault	–	–	停止

そのため、イベントの伝播、本来の挙動を完全にキャンセルするには、stopImmediatePropagation＋preventDefaultを呼び出せば良い、ということになります。

215 まだない要素にイベントリスナーを登録したい

イベント

関連	203 イベントの発生に応じて処理を実行したい P.352
利用例	あとから動的に生成される要素に対してもイベントリスナーを生成する場合

addEventListenerメソッドを工夫することで、あとからページに動的に追加される（であろう）要素に対して、あらかじめイベントリスナーを登録しておくこともできます。たとえば以下は、クリックするたびに増えていくボタンの例です。元からあるボタンだけでなく、あとから追加されたボタンをクリックしてもボタンが増えます。

●上：event_live.html／下：event_live.js

```
<form id="container">
  <input type="button" class="add-btn" value="増やす" />
</form>
```

```
let cont = document.getElementById('container');

// 監視したい要素をくくった領域（要素）に対してリスナーを登録
cont.addEventListener('click', function (e) {            ─┐
  // イベントの本来の発生元を確認                           │
  if (e.target.classList.contains('add-btn')) {    ─┐     │
    let btn = document.createElement('input');      │     │
    btn.type = 'button';                            │     │
    btn.className = 'add-btn';                      ├❷    ├❶
    btn.value = '増やす';                            │     │
    cont.appendChild(btn);                          │     │
  }                                                ─┘     │
}, false);                                               ─┘
```

▼結果　クリックの都度、ボタンが増殖

❶では、ボタンそのものではなく、その上位要素（ここでは<form id="container">）にイベントリスナーを設定しています。この場合も下位要素で設定されたイベントは、バブリングのルール レシピ212 によって上位要素に伝播するのでした。

あとはtargetプロパティでイベントの発生元を確認し、（この例であれば）class属性にadd-btnが含まれていれば、本来のイベント処理を実施します（❷）。

このように、イベントリスナーの管理を上位要素に委ねることで、あとから追加された子要素にもイベント処理を適用できます（図8.3）。

図8.3　イベントリスナーの登録

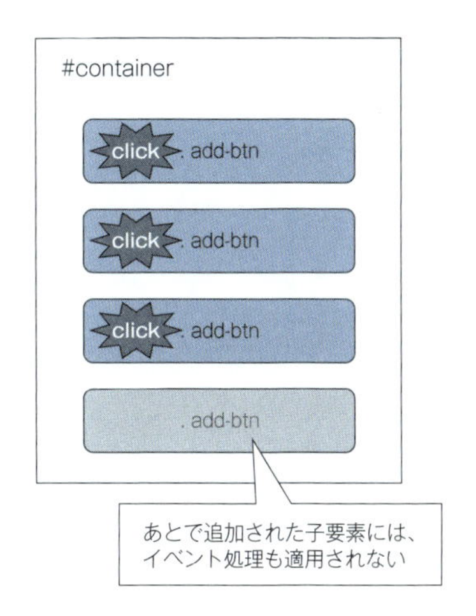

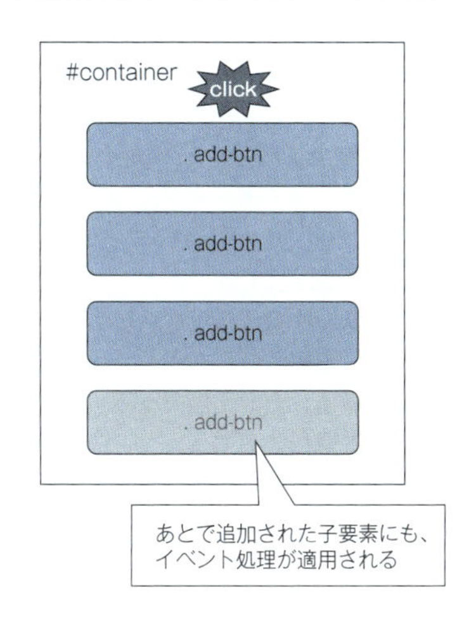

ここでは、<form id="container">要素の配下をイベント監視の対象としていますが、もしもページ全体を対象にしたい場合には、documentオブジェクトに対してリスナーを登録してください。

```
document.addEventListener('click', function(e) { ... }, false);
```

また、class属性ではなく、id属性で対象を特定したいならば、❷は以下のように書き換えられます（あまりないかもしれませんが、タグ名や属性値で対象を特定したい場合にも、同じ要領で条件式を書き換えます）。

```
if (e.target.id === 'btn') { ... }
```

パフォーマンス改善にも役立つ

この構文のメリットは、動的に追加された要素を認識できるというだけではありません。対象となる要素が大量になった場合にも、イベントリスナーを効率的に登録できるという、パフォーマンス上のメリットもあります。

先ほどの図8.3を見てもわかるように、通常は、対象となる要素1つ1つに対してイベントリスナーを登録します。しかし、本項の書き方では、親要素に対して1つだけイベントリスナーを登録します。

その性質上、たとえば何十行、何百行に及ぶテーブルの個々のセルに対して、イベントリスナーを登録するようなケースでは、本項の方法を利用することで、イベントリスナー登録のオーバーヘッドを軽減できます。

```
// △ 個々のセルにリスナーを登録
let tds = document.querySelectorAll('#tbl td');
tds.forEach(function(td) {
  td.addEventListener('click', function(e) { ... });
});
```

```
// ○ 親テーブルに単一のリスナーを登録
let tbl = document.getElementById('tbl');
tbl.addEventListener('click', function(e) {
  if (e.target.nodeName === 'TD') { ... }
});
```

216 初回のクリック時にだけ処理を実行したい

addEventListener

IE×

関連	203 イベントの発生に応じて処理を実行したい P.352
利用例	ゲームやクイズなどで、初回の操作だけを有効にしたい場合

addEventListenerメソッドのonceオプションを有効にします。これによって、指定されたイベントを初回だけ検出し、イベントリスナーを実行できます。2回目以降のイベント発生は無視されます。

●上：event_once.html／下：event_once.js

```
<h2>今日の運勢</h2>
<input type="button" id="btn" value="うらなう" />
<p>今日の総合点は<span id="result">—</span>点です。</p>
```

```
let btn = document.getElementById('btn');
let result = document.getElementById('result');
btn.addEventListener('click', function (e) {
  // 0～100の値を反映
  result.textContent = Math.round(Math.random() * 100);
}, { once: true });
```

▼結果　今日の運勢を0～100の値で表示（初回のみ、2回目以降は無視）

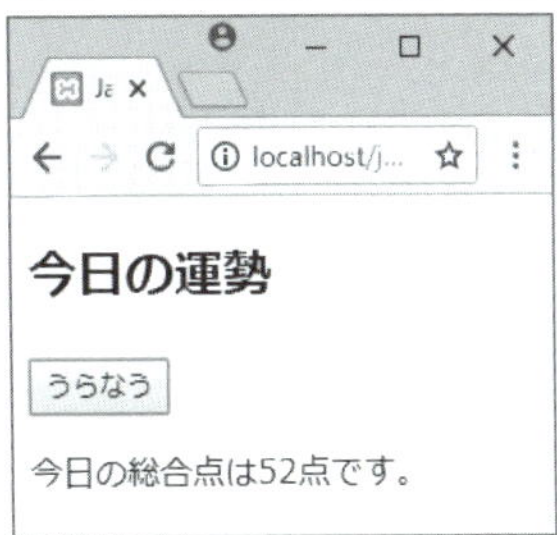

addEventListener

addEventListenerメソッドの動作オプション

addEventListenerメソッドの第3引数には、onceオプションの他にも、表8.5のようなオプションを指定できます。

表8.5 addEventListenerメソッドの第3引数

オプション	概要
capture	イベントをキャプチャフェーズで実行するか レシピ212
passive	passiveモードを有効化

passiveオプションは、リスナーがpreventDefaultメソッドを呼び出さ**ない**ことを宣言します。scrollイベントでpassiveオプションを有効にすることで、ブラウザー（特にモバイル環境）ではイベントハンドラーの完了を待たずにスクロールを開始できるので、パフォーマンスを改善できます。

その性質上、passiveオプションをtrueに設定した状態で、リスナーからpreventDefaultメソッドを呼び出すと、preventDefaultは無視され、ブラウザーからも警告されます。

MEMO

PROGRAMMER'S RECIPE

第 09 章

ブラウザーオブジェクト [基本編]

217 Windowオブジェクトについて知りたい

window

関　連	―
利用例	ブラウザー環境でのオブジェクト構造を知りたい場合

ブラウザー環境で提供されるオブジェクトは、図9.1のようなツリー構造を採ります。

図9.1 主要なブラウザーオブジェクト

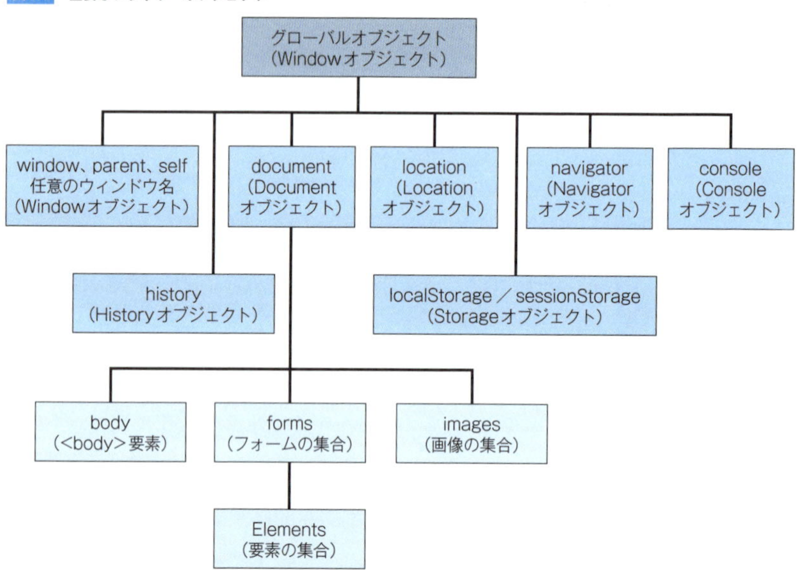

ブラウザー環境ですべてのオブジェクトの最上位に位置するのがWindowオブジェクト。JavaScriptが起動するタイミングで自動的に生成され、グローバル変数／関数を管理するための**便宜的な**オブジェクトです（**グローバルオブジェクト**とも言います）。あくまで形式的なものなので、

```
let w = new Window();
```

のように、明示的にインスタンス化することもできませんし、

```
Window.メソッド(...);
```

のように、配下のメンバーを呼び出せるわけでもありません。
グローバル変数hoge、グローバル関数fooを

```
console.log(hoge);
foo();
```

のように表せるのと同じように、Windowオブジェクトのメンバーも

```
alert('あいうえお');
```

のように表記します。

「window.~」という書き方

もっとも、これまでも以下のような書き方も見てきました（「w」は小文字）。

```
window.alert('Anything');
```

ただし、この「window.」は（グローバルオブジェクトそのものではなく）Windowオブジェクトのプロパティで、自分自身を参照します。「window.~」で明示的にグローバルオブジェクトを取得し、そのメソッドであるalertにアクセスしていたわけです。
同じように、以下のような書き方も間違いではありません。

```
window.console.log('Anything');   ←① ブラウザーオブジェクトの参照
console.log(window.hoge);         ←② グローバル変数へのアクセス
window.foo();                     ←③ グローバル関数の呼び出し
```

前ページの図9.1を見てもわかるように、console、document、historyなどはすべてWindowオブジェクトのプロパティです（consoleオブジェクトは、正しくは「Consoleオブジェクトを参照するconsoleプロパティ」なのです）。よって、「window.~」経由でのアクセスが可能です（①）。

window

同じく、グローバル変数（❷）、グローバル関数（❸）も、グローバルオブジェクトのプロパティ／メソッドであると考えれば、「window.」経由でアクセスしてもかまわないわけです。

しかし、これらは意味がないうえに冗長なだけなので、一般的には省略して表します。本書でも、ブラウザーオブジェクト、グローバル変数／関数の呼び出しには「window.」は付けず、Windowオブジェクトの直接のメンバー（alert、confirmなど）に対してのみ「window.」を明記するものとします（それらのメンバーがWindowオブジェクトに属することをわかりやすくするためです。もちろん、付けなくてかまいません）。

MEMO

218 確認ダイアログを表示したい

confirm

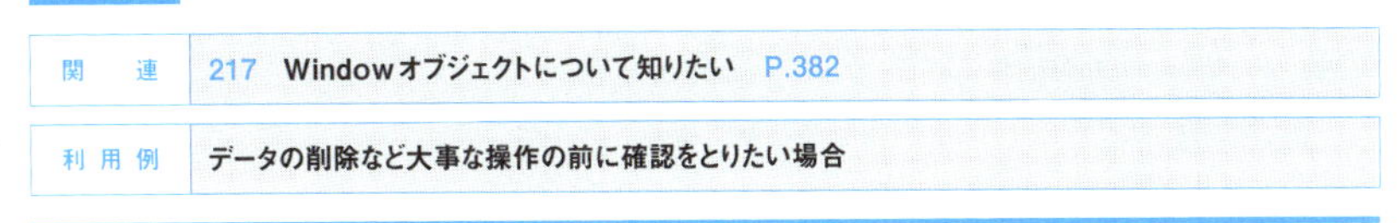

関　連	217 Windowオブジェクトについて知りたい P.382
利用例	データの削除など大事な操作の前に確認をとりたい場合

confirmメソッドを利用します。

たとえば以下は、[ページを移動] ボタンをクリックすると、確認ダイアログを表示し、[OK] ボタンを押した場合にだけページを移動します。

●上：win_confirm.html／下：win_confirm.js

```
<form>
  <input id="btn" type="button" value="ページを移動" />
</form>
```

```
document.getElementById('btn').addEventListener('click', function (e) {
  if (window.confirm('ページを移動しても良いですか？')) {
    location.href = 'http://www.wings.msn.to/';
  }
}, false);
```

❶

▼結果　ボタンクリックで確認ダイアログを表示

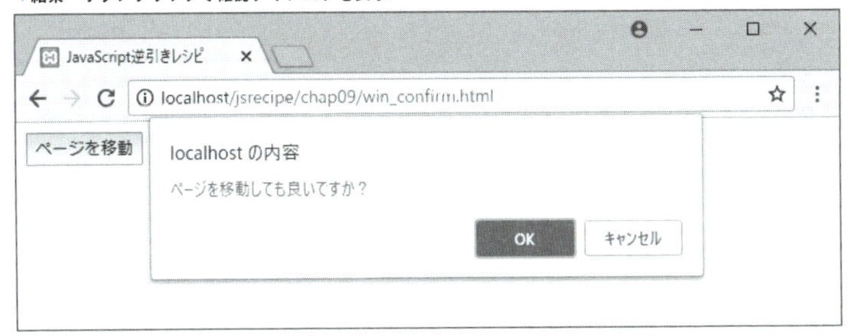

confirmメソッドは、押されたボタンによって、表9.1の戻り値を返します。

表9.1 confirmメソッドの戻り値

ボタン	概要
[OK]	true
[キャンセル]	false

❶では、confirmメソッドのこの性質を利用して、[OK] ボタンが押された場合にだけlocation.hrefプロパティ レシピ233 を呼び出しています（[キャンセル] ボタンを押した場合には何もしない —— キャンセルされたことになります）。

サブミット時の確認にも利用できる

confirmメソッドは、フォームのサブミット時に送信の可否を確認する用途でもよく利用します。

●上：win_confirm2.html／下：win_confirm2.js

```
<form id="myform">
  <input id="btn" type="submit" value="送信" />
</form>
```

```
document.getElementById('myform').addEventListener('submit', function (e) {
  if (!window.confirm('送信しても良いですか？ ')) {
    e.preventDefault();
  }
}, false);
```

この例であれば、[キャンセル] ボタンがクリックされた場合に、preventDefaultメソッドを呼び出すことで、submitイベント本来の挙動（=フォームを送信する）を取り消しているわけです。

219 一定時間のあとで処理を実行したい

setTimeout | clearTimeout

関　連	220 一定時間おきに処理を実行したい P.390
利用例	特定の処理をメイン処理とは別にあとから実行したい場合

setTimeoutメソッドを利用します。

構文 setTimeoutメソッド

```
setTimeout(func, delay [, params, ...])
```

func　実行すべき任意の処理
delay　何ミリ秒後に処理を実行するか
params　引数*func*に引き渡す引数（可変長引数）

delayミリ秒のあと、引数funcを実施します。戻り値は、タイマーを識別するためのid値です。id値はclearTimeoutメソッドに渡すことで、タイマーを停止できます。

たとえば以下は、［スタート］ボタンクリック後、現在時刻をダイアログ表示する例です。［ストップ］ボタンをクリックした場合には、処理は停止します。

●上：win_timeout.html／下：win_timeout.js

```
<button id="start">スタート</button>
<button id="stop">ストップ</button>
```

```
let timer;
// ［スタート］ボタンを押して10秒後にダイアログを表示
document.getElementById('start').addEventListener('click', function (e) {
  timer = setTimeout(function () {
    window.alert(new Date());
  }, 10000);
}, false);

// ［ストップ］ボタンでタイマーを停止
document.getElementById('stop').addEventListener('click', function (e) {
  clearTimeout(timer);
}, false);
```

▼結果　10秒後にダイアログを表示

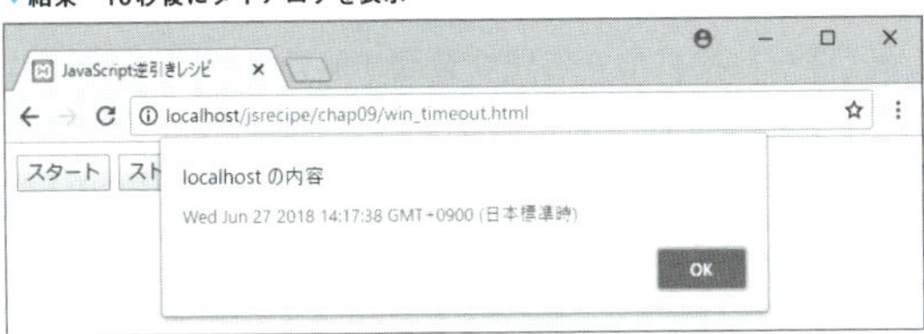

引数付きの関数も実行可能

引数paramsを利用することで、引数funcに引数を渡すこともできます。たとえば、以下は1000／8000ミリ秒後に、引数で指定されたメッセージを表示する例です。

●timeout2.js

```
let handler = function (message) {
  console.log(message);
};

setTimeout(handler, 1000, 'こんにちは！');
setTimeout(handler, 8000, 'さようなら...');
```

▼結果　1000／8000ミリ秒後に指定されたメッセージを表示

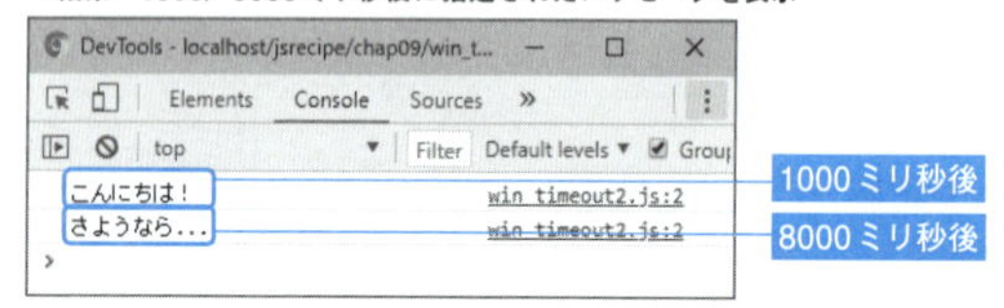

setTimeoutメソッドの注意点

setTimeoutはシンプルなメソッドですが、それだけに利用に際しては注意すべき点もあります。以下に、主なものをまとめておきます（ここで挙げている内容は、setIntervalメソッド レシピ220 にも当てはまります）。

（1）引数funcを文字列で指定しない

以下のようなコードは構文上は許されていますが、望ましくありません。

```
setTimeout('window.alert(new Date());', 10000);
```

文字列を解析しなければならず、処理効率が悪いためです。また、外部の入力に基づいてコードを組み立てている場合、任意の処理を実行できてしまうため、脆弱性の原因になりやすいという問題もあります。

（2）実行ではなく、待ち行列に登録

厳密には、setTimeoutメソッドは指定された時間に処理を**実行**するわけではありません。指定された時間に、キュー（待ち行列）に、処理を**登録**するだけです。よって、キューに実行待ちの処理が残っている場合には、先行する処理を終えるまで待たなければなりません（その時間で処理が実行されることを保証するものではありません）。

NOTE

シングルスレッド

あくまで処理は1つのスレッドの上で順番に実行されるということです（これを**シングルスレッド処理**と言います）。複数のスレッドで並行して処理を実行するには、Web Worker レシピ282 を利用してください。

(3) 引数delayをゼロに指定した場合

たとえば以下のようなコードを想定してみましょう。

```
console.log('One');
setTimeout(function() {
  console.log('Two');
}, 0);
console.log('Three');
```

❶

❶は0ミリ秒後に実行されるので、One→Two→Threeの順でログが出力するように見えます。しかし、結果はOne→Three→Two。setTimeoutメソッドで処理をキューに送っている間に、JavaScriptはまずはメインの処理を実施し、そのうえでキューを処理するわけです。このような処理を**非同期処理**と言います。

これを利用したテクニックが以下です。

```
setTimeout(function() {
  // なんらかの重い処理
}, 0);
// 後続の処理
```

「重い処理」をsetTimeoutを使わずにそのまま呼び出した場合には、「後続の処理」は「重い処理」の終了を待たなければなりません。しかし、setTimeoutを介することで、「重い処理」はいったんキューに退避され、後続の処理が先に実行されるので、体感速度を改善できます。

NOTE

4ミリ秒の制約

正確には、タイマーには最小遅延の制約が定められています。連続してコールバック関数が呼び出された場合、タイマーは最低でも4ms間隔で呼び出すように制限を課します。

非同期処理を目的として、いわゆる0msタイマーを用いる場合には、setTimeoutメソッドよりも、postMessageメソッド レシピ284 を利用すべきです。

```
window.postMessage(msg, '*');
```

220 一定時間おきに処理を実行したい

setInterval | clearInterval

関連	219 一定時間のあとで処理を実行したい P.387
利用例	定期的に外部サービスにアクセスして、ページを更新したい場合

setIntervalメソッドを利用します。setTimeoutメソッドとも似ていますが、setTimeoutメソッドが時間経過後に指定の処理を一度だけ実行するのに対して、setIntervalメソッドは何度も実行する点が異なります。

戻り値はタイマーidで、これをclearIntervalメソッドに渡すことで、タイマーを停止できます（構文も含めて、この辺の考え方はsetTimeoutメソッドと同じです）。

構文 setIntervalメソッド

```
setInterval(func, delay)
```

func 実行すべき任意の処理
delay 何ミリ秒ごとに処理を実行するか

たとえば以下は、1000ミリ秒おきに現在時刻をページに反映する例です。

●上：win_interval.html／下：win_interval.js

```
<button id="start">スタート</button>
<button id="stop">ストップ</button>
<div id="result"></div>
```

```
let timer;
// ［スタート］ボタンを押すと1秒おきに時刻の表示を更新
document.getElementById('start').addEventListener('click', function (e) {
  timer = setInterval(function () {
    document.getElementById('result').textContent = new Date();
  }, 1000);
}, false);

// ［ストップ］ボタンでタイマーを停止
document.getElementById('stop').addEventListener('click', function (e) {
  clearInterval(timer);
}, false);
```

▼結果　1秒ごとに現在時刻を更新

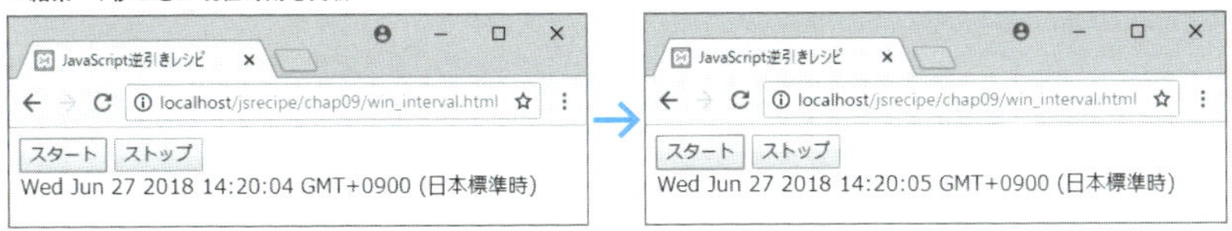

ブラウザーのクラッシュに注意

ただし、setIntervalメソッドで実行間隔よりも処理の実行時間が長い場合、問題が生じる可能性があります。

```
setInterval(function() {
  // 平均して1000ミリ秒以上かかる処理
}, 1000)
```

実行待ちのキューがさばけていかずに、処理だけがたまっていくので、ブラウザーがクラッシュする可能性があるのです。このような状況では、setTimeoutメソッドを利用すべきです。

```
(function timer(){
  setTimeout(function() {
    // 1000ミリ秒単位で実行すべき処理
    timer();
  }, 1000);
})();
```

timer関数は、いわゆる即時関数で、定義して即座に実行します。timer関数は、setTimeout配下で再帰的に呼び出されるので、結果、1000ミリ秒スパンで処理が実行されることになります。

setIntervalメソッドとの違いは、setIntervalが先行する処理の終了を待たないのに対して、timer関数は待つ点です（現在の処理が終わらなければ、次のtimer関数は呼び出されません）。それによって、キューのあふれを防いでいるわけです。

221 ウィンドウサイズを取得したい

innerHeight | innerWidth | outerHeight | outerWidth

関　連	217 Windowオブジェクトについて知りたい P.382
利用例	ブラウザーウィンドウのサイズに応じて、なんらかの処理を実行したい場合

Windowオブジェクトは、ウィンドウサイズに関する表9.2のようなプロパティを提供します。

表9.2 ウィンドウサイズに関わるプロパティ

プロパティ	概要
innerHeight	表示領域の高さ
innerWidth	表示領域の幅
outerHeight	ブラウザー外側の高さ
outerWidth	ブラウザー外側の幅

以下は、それぞれの値を確認するためのコードです（その時どきのウィンドウサイズによって変化します）。

●win_size.js

```
console.log('表示領域の高さ：' + window.innerHeight);
console.log('表示領域の幅：' + window.innerWidth);
console.log('フラウザー外側の高さ：' + window.outerHeight);
console.log('フラウザー外側の幅：' + window.outerWidth);
```

▼結果

```
表示領域の高さ：180
表示領域の幅：420
フラウザー外側の高さ：273
フラウザー外側の幅：436
```

222 ページを指定位置までスクロールしたい

scrollTo

関　連	217 Windowオブジェクトについて知りたい P.382
利用例	スクロール位置を画面の先頭、または、特定の位置に移動させたい場合

scrollToメソッドを利用します。

●上：win_scroll.html／下：win_scroll.js

```
<button id="btn">移動</button>
<div class="desc">
<div id="chap1">
    <h3>第1章：WINGSプロジェクト誕生</h3>
    <p>WINGSプロジェクトは、当初、...</p>
    ...中略...
  </div>
</div>
```

```
document.getElementById('btn').addEventListener('click', function (e) {
  window.scrollTo(50, 150);
}, false);
```

▼結果　ボタンクリック時に(50, 150)の位置にスクロール

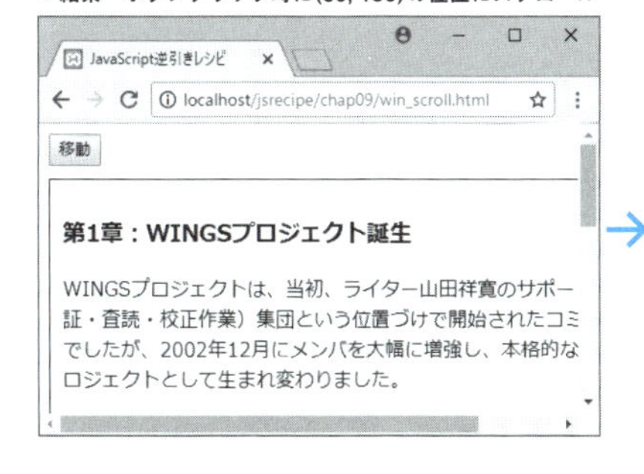

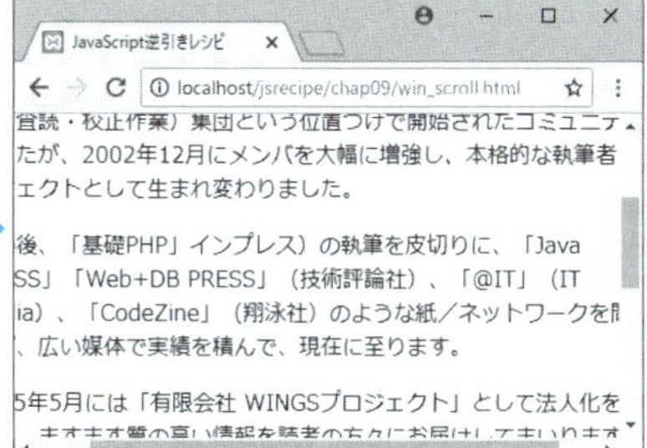

スクロール時にアニメーションする

scrollToメソッドの既定では、即座に指定の位置にスクロールします。しかし、behaviorオプションでsmoothを渡すことで、いくらかの時間をかけて滑らかにスクロールするようになります。

```
window.scrollTo({
  top: 50,
  left: 150,
  behavior: 'smooth'
});
```

behaviorオプションを指定する場合には、X／Y座標もそれぞれtop／leftオプションで渡します。

MEMO

223 ページを指定量だけスクロールしたい

scrollBy

関　連	222 ページを指定位置までスクロールしたい P.393
利用例	長い文章でページ単位に縦スクロールさせたい場合

scrollByメソッドを利用します。

たとえば以下は、ページの任意の場所をクリックするたびに、1ページ単位にスクロールしていく例です。

●上：win_scrollby.html／下：win_scrollby.js

```
<div class="desc">
  <div id="chap1">
    <h3>第1章：WINGSプロジェクト誕生</h3>
    <p>WINGSプロジェクトは、当初、...</p>
    ...中略...
  </div>
</div>
```

```
document.addEventListener('click', function (e) {
  window.scrollBy(0, window.innerHeight); ――❶
}, false);
```

▼結果　画面クリックでページをスクロール

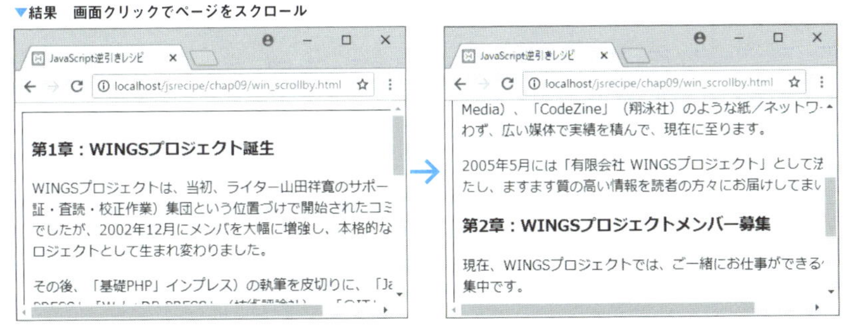

innerHeightプロパティは、ウィンドウの表示領域の高さを表すので、❶でクリックのたびに表示サイズ（ページ）だけ縦スクロールする、という意味になります。

224 特定の要素までページをスクロールしたい

scrollIntoView

関　連	222　ページを指定位置までスクロールしたい　P.393
利用例	目的のコンテンツ位置までページをスクロールさせたい場合

scrollIntoViewメソッドを利用します。
たとえば以下は、[第2章に移動] ボタンで<div id="chap2">要素に移動する例です。

●上：win_view.html／下：win_view.js

```
<button id="move">第2章に移動</button>
<div class="desc">
  <div id="chap1">
    <h3>第1章：WINGSプロジェクト誕生</h3>
    <p>WINGSプロジェクトは、当初、...</p>
    ...中略...
  </div>
  <div id="chap2">
    <h3>第2章：WINGSプロジェクトメンバー募集</h3>
    <p>現在、WINGSプロジェクトでは、ご一緒に...。</p>
    ...中略...
  </div>
</div>
```

```
let move = document.getElementById('move');
let c2 = document.getElementById('chap2');

// ボタンクリックで次章にスクロール
move.addEventListener('click', function () {
  c2.scrollIntoView(true);
}, false);
```

▼結果　ボタンクリックで該当する要素が上端になるようにスクロール

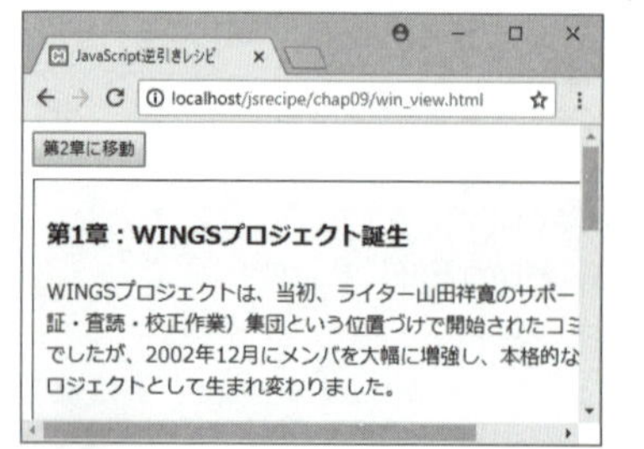

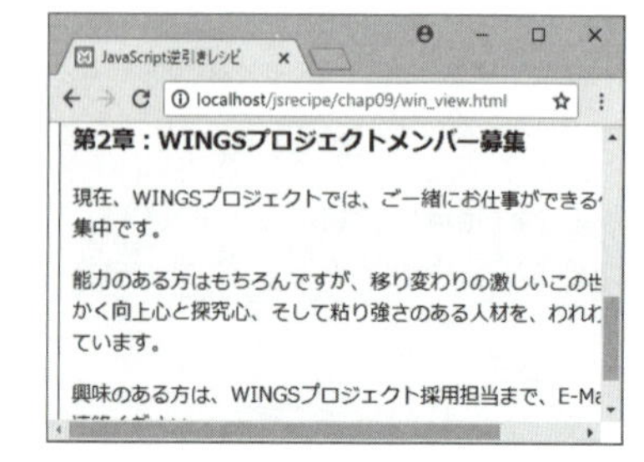

引数のtrueは要素が表示領域の上端に来るようにスクロールすることを意味します（既定なので、省略してもかまいません）。falseとした場合には、要素の下端が表示領域の下端になるようにスクロールします。

ただし、たとえば要素がページの末尾にあるなどで、スクロールしきれない場合は可能な範囲までスクロールします（常に、上端／下端になるまでスクロールするわけではありません）。

COLUMN　JavaScriptをより深く学ぶための参考書籍

本書では、JavaScriptでアプリを開発する際に役立つテクニック／知識をレシピとしてまとめています。本書を読み終えた後、あるいは並行して、JavaScriptの理解を深めたい、知識の幅を広げたい、という人は、以下のような書籍も参照することをお勧めします。

『改訂新版 JavaScript本格入門』（技術評論社）
『これから学ぶ JavaScript』（インプレス）

標準JavaScriptの基本からブラウザー上での開発までをまとめた入門書です。「これから学ぶ」はES2015以降の新構文を初学者向けにコンパクトにまとめています。「本格入門」は、JavaScriptの基本は知っているが、改めて細部を再入門したい、という本格派にお勧めです。

『たった１日で基本が身に付く！ HTML&CSS超入門』（技術評論社）

フロントエンド開発に先立って、（なんとなくではない）正しいHTML／CSSの記法を知っておくことは大切です。本書では、疑似的なサイトを作成しながら、マークアップ／スタイル付けの初歩的なお作法を学んでいきます。

『Angularアプリケーションプログラミング』（技術評論社）
『速習React』『速習Vue.js』（Kindle）
『10日でおぼえるjQuery入門教室 第２版』（翔泳社）

JavaScriptに限りませんが、本格的なアプリ開発にはライブラリ／フレームワークの導入は欠かせません。さまざまなライブラリが乱立している昨今ですが、まずは、Angular／React／Vue.js／jQueryが有名どころです。これらの中から自分に合ったものを選んでいくことをお勧めします。

『独習PHP 第３版』（翔泳社）

SPA（Single Page Application）の開発には、バックエンド（サーバーサイド技術）との連携が付きまといます。サーバーサイド技術と一口に言っても、さまざまな技術がありますが、手始めの取っ掛かりとしてはPHPがお勧めです。低いハードルから、サーバーサイド技術の基本を習得できます。

225 コンソールにログを出力したい

console | log

関　連	226 コンソールでオブジェクトを出力したい P.400
利用例	デバッグなどで変数の内容を簡単に確認したい場合

consoleオブジェクトを利用します。表9.3に、その主なメソッドをまとめます。

表9.3 ログ出力のための主なメソッド

メソッド	概要
log(*str*)	一般的なログ
info(*str*)	一般情報
warn(*str*)	警告
error(*str*)	エラー

まずは、一般的なログを出力するためのlogメソッドだけでも十分ですが、ログの種類が増えてきた場合には、ログ内容に応じてerror／warn／infoメソッドを使い分けることをお勧めします。ログにアイコン／カラーが適用されるので視認しやすくなりますし、たとえばエラーログだけを確認する際にもフィルタが可能になります。

●console.js

```
console.log('ログ');
console.info('情報');
console.warn('警告');
console.error('エラー');
```

▼結果　コンソールに出力されたログ

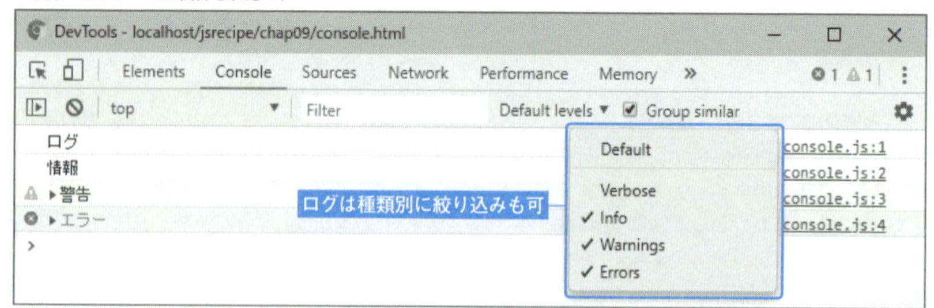

いずれのメソッドも、引数は複数列記できます。その場合、ログは指定された値を順に出力します。

NOTE

ログをクリアする

コンソールに出力されたログをクリアするには、clearメソッドを利用します。

```
console.clear();
```

MEMO

226 コンソールでオブジェクトを出力したい

console | log

関　連	225　コンソールにログを出力したい　P.398
利 用 例	デバッグなどでオブジェクトの内容を確認したい場合

Chrome／Firefoxなどのブラウザーでは、logメソッドはオブジェクトへの参照を記録します。そのため、コンソール上ではオブジェクトを展開した時点での値が表示されます。

●console_obj.js

```
let obj = { name: '名無権兵衛', age: 58 };
console.log(obj); ❶
obj.name = '山田太郎';
```

▼結果　オブジェクトの現在値が表示される（出力時の値ではない！）

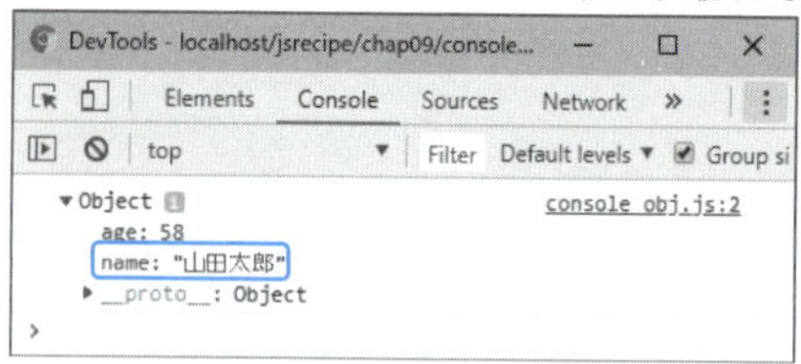

※Edge／Internet Explorerなどでは、この問題は発生しません。

そこで、もしもオブジェクトを出力した時点での値を正しく知りたいならば、❶を以下のように書き換えて、JSONオブジェクト レシピ084 でオブジェクトをエンコード⇒デコードしたものを出力するようにしてください。これでオブジェクトの内容が固定されるので、logメソッドを呼び出した時点でのオブジェクトの内容を得られます。

```
console.log(JSON.parse(JSON.stringify(obj)));
```

▼結果　オブジェクトの現在値が表示された

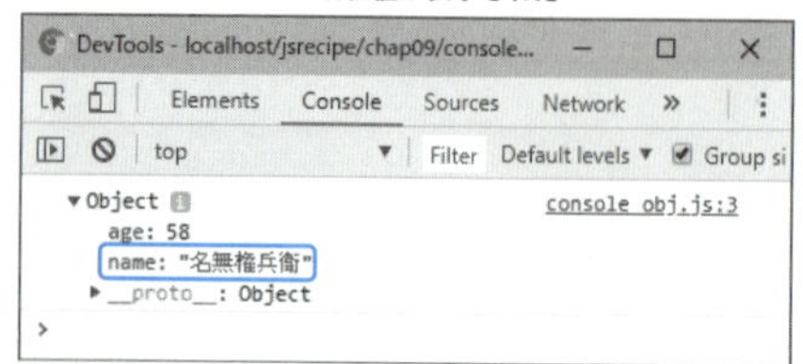

227 要素オブジェクトをログに出力したい

console | log | dir

関　連	225 コンソールにログを出力したい P.398
利用例	要素の内容をログに出力したい場合

log、またはdirメソッドを利用します。ただし、利用するメソッドによって、出力の形式が変化します。

●上：console_dir.html／下：console_dir.js

```
<div id="wings">
<a href="http://www.wings.msn.to/index.php">サポートサイト</a><br />
<img src="http://www.wings.msn.to/image/wings.jpg" />
</div>
```

```
let wings = document.getElementById('wings');
console.log(wings);
console.dir(wings);
```

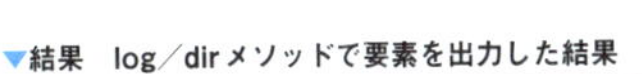

▼結果　log／dirメソッドで要素を出力した結果

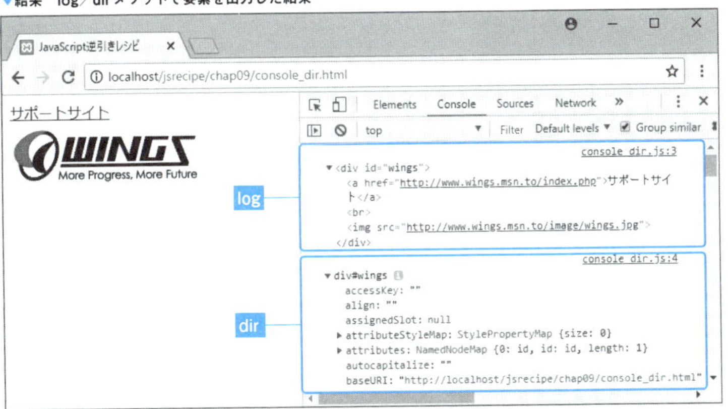

logメソッドでは要素オブジェクトをHTML形式のツリーとして表示するのに対して、dirメソッドはオブジェクトツリーとして表示します（ただし、Firefox／Internet Explorerのlogメソッドは、対象の要素そのものを表示するだけで、子要素までは表示しません）。

228 コードの実行時間を計測したい

console | time | timeEnd

関　連	226　コンソールでオブジェクトを出力したい　P.400
利用例	あるコード群の実行時間を計測したい場合

time／timeEndメソッドで、計測したいコードをくくります。

構文 time／timeEndメソッド

```
console.time(name)
console.timeEnd(name)
```

name　タイマーの名前

引数nameは、計測の開始／終了を識別するための文字列なので、time／timeEndメソッドで対応していなければなりません。複数のタイマーを同時に実行させてもかまいません。

● console_time.js

```
console.time('checkTime');
window.alert('チェックしてください。');
console.timeEnd('checkTime');
```

▼結果　time／timeEnd間の実行時間を出力

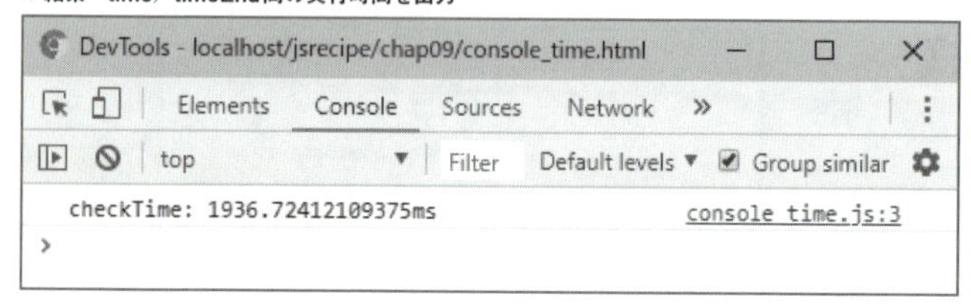

229 ある条件が偽の場合にだけログを出力したい

console | assert

関　連	225 コンソールにログを出力したい P.398
利用例	引数や戻り値が不正な値であったときにログを出力したい場合

assertメソッドを利用します。

構文 assertメソッド

```
console.assert(exp, message)
```

exp　条件式
message　ログ文字列

たとえば関数／メソッドに対して、不適切な引数が渡された場合に、これを警告するような用途で利用します。引数expがfalse（偽）の場合に、引数messageを出力する、というわけです。

●console_assert.js

```
function triangle(base, height) {
  console.assert(typeof base === 'number' && base > 0,
    '引数baseは正数でなければいけません。');
  console.assert(typeof height === 'number' && height > 0,
    '引数heightは正数でなければいけません。');
  return base * height / 2;
}

console.log(triangle(3, -5));
```

▼結果　不正な引数が渡された場合にはエラーログを出力

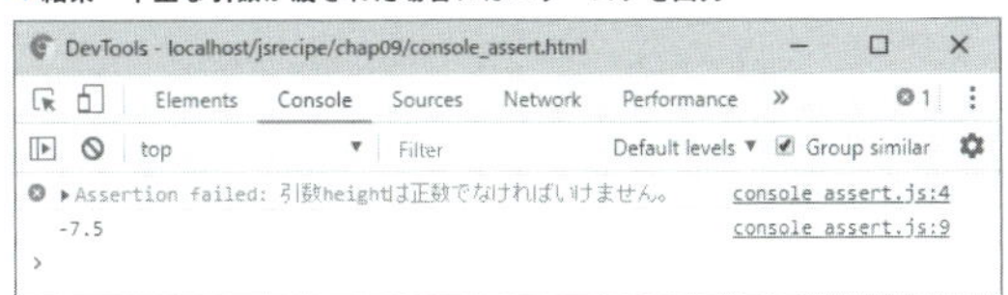

この例であれば、引数base、heightそれぞれについて、正の数値であることをチェックしています。

230 実行スタックトレースを出力したい

console | trace

関連	225 コンソールにログを出力したい P.398
利用例	関数／メソッドの呼び出し過程をログで確認したい場合

traceメソッドを利用します。

スタックトレースとは、その時点までのメソッド／関数がどのような順序で呼び出されたのかを表す情報のことです。実際のアプリでは「関数hogeが関数fooを、関数fooが関数piyoを…」と、関数／メソッドが関連して動作しているのが一般的です。このような状況では、スタックトレースを確認することで、互いの呼び出し関係を把握しやすくなります。

●console_trace.js

```
function test1() {
  test2();
}

function test2() {
  test3();
}

function test3() {
  console.trace();
}

test1();
```

▼結果　実行された関数を呼び出し順にさかのぼって出力

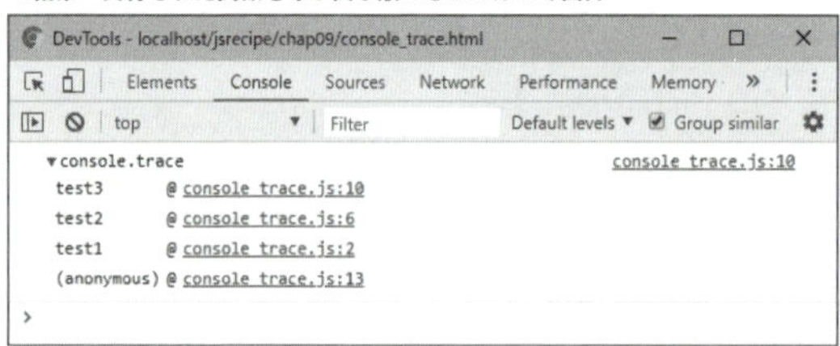

231 特定のコードが何度実行されたかをカウントしたい

console | count

関連	225 コンソールにログを出力したい P.398
利用例	関数／メソッド、ループなどの中で、特定のコードが意図したように呼び出されているかを確認する場合

countメソッドを利用することで、その行を呼び出した回数をカウントできます。

構文 countメソッド

```
console.count([label])
```

label ラベル文字列

引数labelが等しいものについて、呼び出し回数をカウントします。

●console_count.js

```
for (let i = 0; i < 2; i++) {
  for (let j = 0; j < 3; j++) {
    console.count('Repeat');
  }
}
console.count('Repeat');
```

▼結果 Repeatラベルの呼び出しをカウント

```
DevTools - localhost/jsrecipe/chap09/console_count.html
Elements  Console  Sources  Network  Performance  Memory  »
top  ▼  Filter  Default levels ▼  ☑ Group similar
Repeat: 1                                    console_count.js:3
Repeat: 2                                    console_count.js:3
Repeat: 3                                    console_count.js:3
Repeat: 4                                    console_count.js:3
Repeat: 5                                    console_count.js:3
Repeat: 6                                    console_count.js:3
Repeat: 7                                    console_count.js:6
>
```

※Edge／Internet Explorerでは、最終的なカウントだけが表示されます。

232 ログをグループ化したい

console | group | groupEnd

関連	225 コンソールにログを出力したい P.398
利用例	大量のログをメソッド／ループなどの単位にまとめる場合

group／groupEndメソッドで、グループ化したいコードをくくります。

構文 group／groupEndメソッド

```
console.group(label)
console.groupEnd()
```

label ラベル文字列

グループ同士を入れ子にしてもかまいません。たとえば以下は、2次元配列をループしながら、順に出力していく例です。

●**console_group.js**

```
console.group('親');
for (let i = 0; i < 3; i++) {
  console.group('子' + i);
  for (let j = 0; j < 3; j++) {
    console.log(i, j);
  }
  console.groupEnd();
}
console.groupEnd();
```

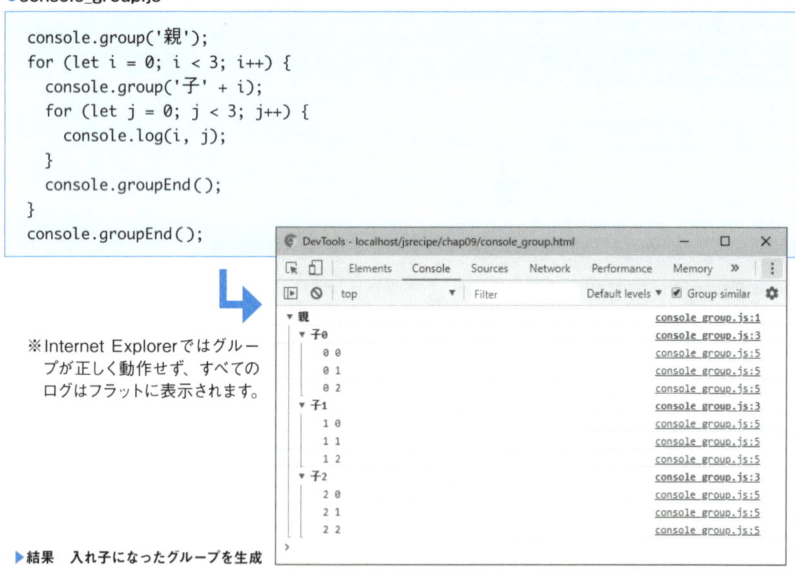

※Internet Explorerではグループが正しく動作せず、すべてのログはフラットに表示されます。

▶**結果 入れ子になったグループを生成**

なお、groupとよく似たメソッドに、groupCollapsedメソッドもあります。こちらは、同じくログをグルーピングしますが、初期状態でグループを閉じた状態で表示します。

233 ページを移動したい

location | href | replace

関　連	236 履歴に現在のページの状態を保存したい P.411
利用例	JavaScriptからページ遷移を制御したい場合

location.hrefプロパティに、移動先のページを指定します。

●上：location_href.html／下：location_href.js

```
<button id="btn">クリック</button>
```

```
document.getElementById('btn').addEventListener('click', function (e) {
  location.href = 'linked.html'; ―――――――――――― ❶
}, false);
```

ちなみに、hrefメソッドはassignメソッドに置き換えても同じ意味です。たとえば、以下のコードは❶と等価です。

```
location.assign('linked.html');
```

履歴に加えずにページを移動する

hrefプロパティ／assignメソッドによく似たメソッドとして、replaceメソッドがあります。引数に指定されたページに移動するという点で、見かけ上同じ挙動をしますが、replaceメソッドは前のページを履歴に残さないという点で異なります（つまり、ブラウザーの［戻る］ボタンを使っても、移動前のページに戻れないということです）。

```
location.replace('linked.html');
```

NOTE

ページをリフレッシュする

ページを移動するのではなく、現在のページを再読み込みするだけであれば、reloadメソッドを呼び出します。

```
location.reload();
```

NOTE

locationオブジェクトの主なプロパティ

locationオブジェクトには、本文で触れた他にも、表9.Aのようなプロパティが用意されています。戻り値の例は、現在のURLが「http://www.wings.msn.to:8080/jsrecipe/location_prop.html?id=123#se」であることを前提に示しています。

表9.A locationオブジェクトの主なプロパティ

プロパティ	概要	戻り値（例）
hash	アンカー名（#～）	#se
host	ホスト（ホスト名+ポート番号）	www.wings.msn.to:8080
hostName	ホスト名	www.wings.msn.to
href	リンク先	http://www.wings.msn.to:8080/jsrecipe/location_prop.html?id=123#se
pathname	パス名	jsrecipe/location_prop.html
port	ポート番号	8080
protocol	プロトコル名	http:
search	クエリ情報	?id=123

MEMO

234 クエリ情報を取得したい

location | search

IE×

関　連	271 クエリ情報経由でデータを送信したい P.479
利用例	クエリ情報経由で渡された情報をもとに処理を実行したい場合

searchプロパティを参照します。ただし、「location_search.html?author=Yamada&id=123」のようなアドレスに対して、searchプロパティの戻り値は「?author=Yamada&id=123」のような値となります。このままでは扱いにくいので、個々のキー値にアクセスするためにはURLSearchParamsオブジェクトを利用すると便利です。

● location_search.js

```
let params = new URLSearchParams(location.search);   ❶
console.log(params.get('author'));    // 結果：Yamada   ❷
console.log(params.get('nothing'));   // 結果：null
```

URLSearchParamsコンストラクター（❶）の引数には、解析対象のクエリ文字列を渡します。冒頭でも見たように、searchプロパティの先頭には、区切り文字の「?」が入っていますが、URLSearchParamsが内部的に除去します。アプリ側で意識する必要はありません。

あとは、getメソッド（❷）でキー名を指定することで、対応する値を得られます。キーが存在しない場合、getメソッドはnullを返します。

NOTE

URLSearchParamsオブジェクトのポリフィル

ポリフィル（Polyfill）とは、ブラウザーの実装で不足している部分を埋めるためのライブラリです。URLSearchParamsでもポリフィルが用意されており、たとえば上のサンプルであれば、以下のコードを.htmlファイルに追加することで、Internet Explorerでも動作するようになります。

```
<script src="https://cdn.jsdelivr.net/npm/url-search-params-polyfill@4.0.1↵
/index.min.js"></script>
```

235 ブラウザー履歴に従ってページを前後に移動したい

history

関　連	236　履歴に現在のページの状態を保存したい　P.411
利用例	JavaScriptから前後のページに移動したい場合

historyオブジェクトは、ブラウザーの履歴に従ってページを移動するために、表9.4のようなメソッドを用意しています。

表9.4　ページ移動のためのメソッド

メソッド	概要
back()	前のページに戻る
forward()	次のページに進む
go(*num*)	*num*ページだけ移動する（負数で前に戻る）

以下は、テキストボックスで指定されたページ数だけ移動する例です。

●上：history.html／下：history.js

```
<form>
  <label for="page">ページ数：</label>
  <input id="page" name="page" type="number" size="4" /><br />
  <input id="btn" type="button" value="送信" />
</form>
```

```
document.getElementById('btn').addEventListener('click', function (e) {
  let page = document.getElementById('page');
  history.go(page.value);
}, false);
```

▼結果　指定されたページ分だけ前後に移動

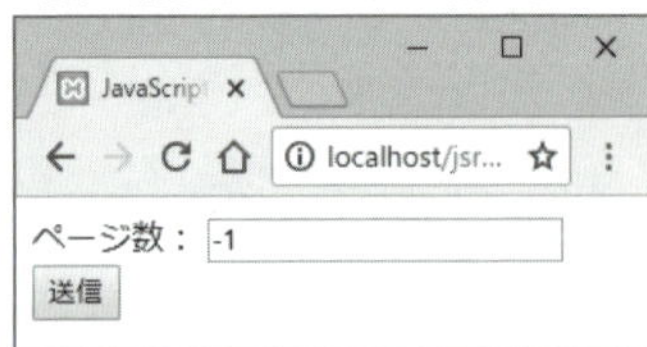

236 履歴に現在のページの状態を保存したい

history | pushState | popstate

関　連	269 非同期通信（fetch）でデータを取得したい P.474
利用例	JavaScriptでページの内容を変更したときに、その時点での状態をあとから復元する場合

JavaScriptでページを操作したとき、そのままではその時点での状態を保存することはできません。たとえばボタンをクリックして、ページの内容を更新したあと、クリック前の状態に戻すために［戻る］ボタンを押したとしても、そのまま1つ前のページに戻ってしまうはずです。

そこで、JavaScriptによる操作をブラウザーの履歴として保存するのが、history.pushStateメソッドの役割です。

構文 pushStateメソッド

```
history.pushState(state, title [,url])
```

state 状態データ
title 識別タイトル（未使用）
url 履歴にひも付けるURL

以下は、［加算］ボタンをクリックするたびに、ブラウザーの履歴を追加するサンプルです。ボタンクリックで画面上の数字がカウントアップされていくこと、［戻る］ボタンをクリックすることでカウントダウンする（＝の前の状態に戻せる）ことを、それぞれ確認してください。

●上：history_push.html／下：history_push.js

```
<input id="btn" type="button" value="加算" />
<span id="counter">0</span>回クリックされました。
```

```
let state = 0;
let counter = document.getElementById('counter');

// ボタンクリックごとに値を加算
document.getElementById('btn').addEventListener('click', function (e) {
  counter.textContent = ++state;
  history.pushState(state, 'State' + state, state + '.html'); ―――― ❶
}, false);
```

```
// ブラウザーの［戻る］ボタンによって、その時点でのカウント値を表示
window.addEventListener('popstate', function (e) {
  state = e.state;
  counter.textContent = state;
}, false);
```
❷

▼結果 ［加算］ボタンをクリックすると、履歴が増えていく

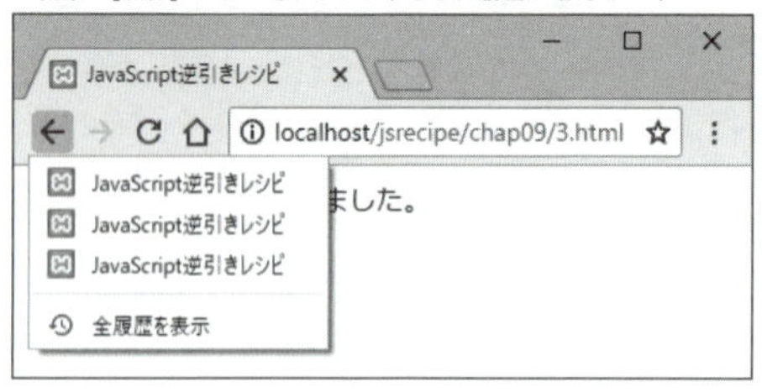

pushStateメソッド（❶）の引数stateには、あとからその時点での状態を復元するのに必要となる情報を指定します。ここでは、変数state（ボタンのクリック回数）を設定していますが、非同期通信などでコンテンツを取得している場合には、リクエスト時のキーとなる情報を設定することになるでしょう。複数のキー情報がある場合には、（数値／文字列ではなく）オブジェクトを指定してもかまいません。

［戻る］ボタンを押されたときの挙動は、popStateイベントリスナーで表します（❷）。先ほどpushStateメソッドで設定された状態（引数state）には、イベントオブジェクトのstateプロパティでアクセスできます。ここでは、取得した状態データを利用して、ページを復元しています。

237 ブラウザーの種類／バージョンを知りたい

navigator

関連	238 ブラウザーが特定の機能をサポートしているかを判定したい P.415
利用例	ブラウザーの種類／バージョンによって挙動を変化させたい場合

navigatorオブジェクトの表9.5のプロパティを参照してください。

表9.5 navigatorオブジェクトの主なプロパティ

プロパティ	概要
userAgent	ブラウザーのユーザーエージェント
appCodeName	ブラウザーのコード名
appName	ブラウザー名
appVersion	ブラウザーのバージョン
language	使用する第1言語
languages	使用する順に並んだ言語（配列）
oscpu	OSの識別名
platform	プラットフォーム名

この中でもよく利用するのが、ブラウザーの種類／バージョンを表すuserAgentプロパティです。非標準のプロパティとしてappName／appCodeNameなどもありますが、こちらでは正しくブラウザーを判別できません。

表9.6は、主なブラウザーでのユーザーエージェント文字列です（ただし、利用しているプラットフォーム／バージョンによって、結果は異なる可能性があります）。

表9.6 主要なブラウザーのユーザーエージェント文字列（例）

ブラウザー	ユーザーエージェント
Chrome	Mozilla/5.0 (Windows NT 10.0; Win64; x64) AppleWebKit/537.36 (KHTML, ↵ like Gecko) Chrome/67.0.3396.79 Safari/537.36
Firefox	Mozilla/5.0 (Windows NT 10.0; Win64; x64; rv:60.0) Gecko/20100101 ↵ Firefox/60.0
Edge	Mozilla/5.0 (Windows NT 10.0; Win64; x64) AppleWebKit/537.36 (KHTML, ↵ like Gecko) Chrome/58.0.3029.110 Safari/537.36 Edge/16.16299
Internet Explorer	Mozilla/5.0 (Windows NT 10.0; WOW64; Trident/7.0; Touch; .NET4.0C; .↵ NET4.0E; .NET CLR 2.0.50727; .NET CLR 3.0.30729; .NET CLR 3.5.30729; ↵ Tablet PC 2.0; MAFSJS; rv:11.0) like Gecko
Safari	Mozilla/5.0 (Macintosh; Intel Mac OS X 10_13_6) AppleWebKit/605.1.15 ↵ (KHTML, like Gecko) Version/11.1.2 Safari/605.1.15

ブラウザーの種類を判別する

たとえば以下は、ユーザーエージェントを利用して、ブラウザーがChromeであるかを判定する例です。ここでは「Chromeです」という文字列だけをログ出力していますが、実際のアプリではChrome環境でのみ実行すべきコードを記述することになるでしょう。

●navigator.js

```
let agent = window.navigator.userAgent.toLowerCase();
if ((agent.indexOf('chrome') > -1) && (agent.indexOf('edge') === -1) && (agent.↵
indexOf('opr') === -1)) {
  console.log('Chromeです');
}
```

Chromeの判定にはユーザーエージェントに「chromeという文字列が含まれており、edge／oprが含まれて**いない**」ことを確認します。Edge／Operaのユーザーエージェントにも「chrome」という文字列が含まれているので、これを除去しなければならない点に注意してください。

その他のブラウザーの判定についても、同サンプルに含まれているので、参考にしてください。

NOTE

ブラウザーのシェア確認

JavaScript中心のアプリを開発するうえで、ブラウザーのシェア状況を無視することはできません。シェアはそのまま、どこまでのブラウザーをサポートするかの目安になるからです。ブラウザーシェアについては、図9.Aのページが参考になります。

図9.A 国内のデスクトップブラウザーシェア（出典：http://gs.statcounter.com）

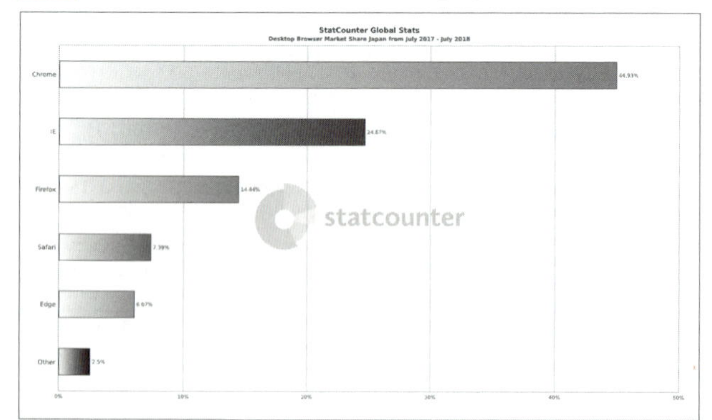

238 ブラウザーが特定の機能をサポートしているかを判定したい

機能テスト

関連	237 ブラウザーの種類／バージョンを知りたい P.413
利用例	ある機能が利用可能であるかを呼び出し前に確認したい場合

機能テストと呼ばれる方法を利用します。これは、特定の機能（プロパティ／メンバー）を利用する前に「とりあえず呼び出してみて、存在するならば、その機能を実際に利用する」という手法です。

たとえば以下の例では、ブラウザーがnavigator.geolocation レシピ239 をサポートしているかを判定し、提供している場合にだけ、以降の処理を実行します。

●func_test.js

```
if (navigator.geolocation) {
  // ...geolocationを使ったコード...
} else {
  console.log('Geolocationは、使えません。');
}
```

一般的には、navigator.userAgentによる処理の振り分け レシピ237 よりも、機能テストを優先して利用してください。userAgentによる分岐では、ブラウザーの種類／バージョンが増えるたびに見直しが必要になりますし、なにより機能の有無を判定する機能テストのほうが目的特化している分、コードの意図が明確になるからです。

userAgentによる判定は、特定のブラウザー／バージョンに依存したバグを回避するなど、限定した目的にとどめるべきです。

239 現在の位置情報を取得したい

Geolocation API | getCurrentPosition

関連	240 位置取得時にエラー処理や取得オプションを設定したい P.418
利用例	現在の位置情報をもとに地図を表示する場合

Geolocation APIを利用することで、現在の位置情報を取得できます。ただし、Geolocation APIは環境に応じて、GPS（全地球測位システム）をはじめ、Wi-Fi、携帯電話の基地局、IPアドレスなどから位置情報を割り出します。ネットワーク環境によっては、取得できる位置情報の精度も変動するので、注意してください。

以下は、現在の位置情報（経度／緯度）を表示する例です。

●上：location.html／下：location.js

```html
<ul>
  <li>経度：<span id="latitude"></span></li>
  <li>緯度：<span id="longitude"></span></li>
</ul>
```

```javascript
let latitude = document.getElementById('latitude');
let longitude = document.getElementById('longitude');

// 位置情報を取得
navigator.geolocation.getCurrentPosition(function (pos) {
  latitude.textContent = pos.coords.latitude;      // 緯度
  longitude.textContent = pos.coords.longitude;    // 経度
});
```

▼結果　現在の緯度／経度を表示

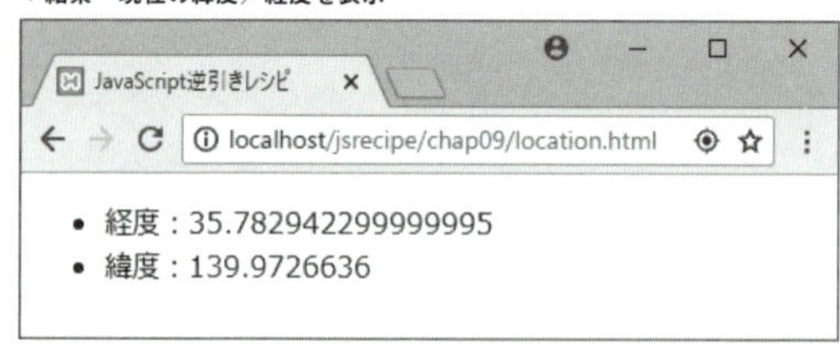

Geolocation APIには、navigator.geolocationプロパティでアクセスできます。ユーザーの現在位置を取得するには、getCurrentPositionメソッドを呼び出してください。

構文 **getCurrentPositionメソッド**

```
navigator.geolocation.getCurrentPosition(function(pos) {
  ...statements...
})
```

pos 取得した位置情報（Positionオブジェクト）
statements 位置情報を取得できた場合の処理

引数で指定された関数は、位置情報を取得できたときに呼び出される処理です（**成功コールバック**とも言います）。引数として、取得できた位置情報（Positionオブジェクト）を受け取りますので、成功コールバックの中では、このPositionオブジェクトを利用して、以降の処理を実施します。Positionオブジェクトの主なプロパティは、表9.7の通りです。

表9.7 **Positionオブジェクトの主なプロパティ**

プロパティ	概要	
coords	位置情報（Coordinatesオブジェクト）	
	プロパティ	概要
	altitude	高度
	latitude	緯度
	longitude	経度
	accuracy	緯度／経度の誤差（m）
	altitudeAccuracy	高度の誤差（m）
	heading	方角（度）
	speed	速度（m/秒）
timestamp	取得日時（1970年からの経過ミリ秒）	

ここでは、経度／緯度情報をページに反映しているだけですが、たとえば現在位置をGoogle Maps API（https://developers.google.com/maps/）で地図に反映させるような使い方もできます。

240 位置取得時にエラー処理や取得オプションを設定したい

Geolocation API | getCurrentPosition

関連	239 現在の位置情報を取得したい P.416
利用例	位置情報を取得できなかった場合にエラーメッセージを表示したい／意図した位置情報を取得できないときに動作を調整したい場合

getCurrentPositionメソッドの第2引数（エラー処理）、第3引数（取得オプション）として設定できます。

●location_error.js（location_error.htmlは レシピ239 のlocation.html同様）

```
let latitude = document.getElementById('latitude');
let longitude = document.getElementById('longitude');

navigator.geolocation.getCurrentPosition(
  function (pos) {
    latitude.textContent = pos.coords.latitude;
    longitude.textContent = pos.coords.longitude;
  },
  // エラー時に呼び出される失敗コールバック関数
  function (pe) {
    // エラーメッセージを配列として準備
    let errors = [
      pe.message,
      '位置情報の取得が許可されていません。',
      '位置情報の取得は失敗しました。',
      '位置情報の取得中にタイムアウトしました。',
    ];
    window.alert(errors[pe.code]);
  },
  // 取得オプション
  {
    timeout: 100,
    maximumAge: 0,
    enableHighAccuracy: true,
  }
);
```

❶のエラー処理（失敗コールバック）は、引数としてPositionErrorオブジェクトを受け取ります（表9.8）。コールバック関数の配下では、この情報をもとにエラーメッセージなどを生成します。

表9.8 PositionErrorオブジェクトのプロパティ

プロパティ	概要	
code	エラーコード	
	値	意味
	0	不明なエラー
	1	位置情報の取得を拒否
	2	位置情報の取得が不可
	3	取得処理中にタイムアウト
message	詳細なエラーメッセージ	

サンプルでは、あらかじめエラーコードに対応したエラーメッセージを、配列（0~3）として用意しておくことで、「errors[pe.code]」でエラーメッセージを取得できるようにしています。

取得オプションは、❷のように「*オプション名*: *値*」形式のハッシュで指定できます。指定できるオプションは、表9.9の通りです。

表9.9 主な取得オプション（PositionOptionsオブジェクトのプロパティ）

オプション	概要
timeout	位置情報の取得タイムアウト（ミリ秒）
maximumAge	位置情報のキャッシュ期限（ミリ秒）。0でキャッシュしない（=常に最新情報を取得）
enableHighAccuracy	高精度の位置情報を取得するか（true／false）

位置情報取得に際して、タイムアウトエラーが頻繁に発生する場合には、タイムアウト時間が短すぎる可能性がありますので、timeoutオプションを長めに設定してください（サンプルではエラー確認のためにあえて短めにタイムアウト時間を設定しています）。

enableHighAccuracyオプションをtrueにした場合、スマホ環境ではGPSで位置情報を取得しようとします。これによって、位置情報の精度は向上しますが、その分、バッテリーの消費も激しくなりますので、注意してください（既定では、精度が低くても、高速に応答する手段を優先します）。

241 定期的に位置情報を取得したい

Geolocation API | watchPosition

関　連	239 現在の位置情報を取得したい P.416
利用例	スマホアプリなどで刻々と変化する位置情報を追跡する場合

（ワンポイントではなく）定期的に位置情報を取得するならば、watchPositionメソッドを利用します。

●上：location_watch.html／下：location_watch.js

```
<ul>
  <li>経度：<span id="latitude"></span></li>
  <li>緯度：<span id="longitude"></span></li>
</ul>
<input id="btn" type="button" value="監視をやめる" />
```

```
let latitude = document.getElementById('latitude');
let longitude = document.getElementById('longitude');
let btn = document.getElementById('btn');

// 位置情報を定期的に取得
let id = navigator.geolocation.watchPosition(function (pos) {  ❶
  latitude.textContent = pos.coords.latitude;      // 緯度
  longitude.textContent = pos.coords.longitude;    // 経度
});

// ボタンクリックで監視を中止
document.getElementById('btn').addEventListener('click', function () {
  navigator.geolocation.clearWatch(id);  ❷
});
```

▼結果　現在の緯度／経度を表示

watchPositionメソッドの構文は、以下の通りです。

構文 watchPositionメソッド

```
navigator.geolocation.watchPosition(
  function(pos) {
    ...ok_statements...
  },
  function(err) {
    ...ng_statements...
  },
  options
)
```

pos	取得した位置情報
ok_statements	位置情報を取得できたときの処理
err	エラー情報
ng_statements	位置情報の取得に失敗したときの処理
options	動作オプション レシピ240

構文はgetCurrentPositionメソッドと共通で、失敗コールバック／取得オプションを省略できる点も同じです。ただし、戻り値が異なります（❶）。getCurrentPositionメソッドが戻り値を持たないのに対して、watchPositionメソッドは監視ID（監視を識別するためのid値）を返します。

監視IDをclearWatchメソッドに渡すことで、位置情報の監視を中止できます（❷）。

242 クッキーを設定したい

cookies

関　連	244 ブラウザーに大きなデータを保存したい P.425
利用例	ユーザー固有の情報を一時的に保存しておく場合

document.cookieプロパティを利用します。ただし、設定値は、

```
クッキー名= 値; expires= 有効期限; domain= ドメイン名; path= パス; secure
```

のように、少し複雑です（クッキー名と値だけが必須で、あとは任意）。セミコロン区切りの「*パラメーター名*＝*値*」の組みで、必要な情報を記述します。それぞれのパラメーターの意味は、表9.10の通りです。

表9.10 クッキー文字列を構成するパラメーター

パラメーター	概要
クッキー名	クッキーを識別する名前とその値。英数字以外の文字列を含む場合はencodeURIComponent関数であらかじめエンコードしておくこと
max-age	クッキーの有効期限（秒数）
expires	クッキーの有効期限（協定世界時）。max-age／expires共に省略時は、ブラウザーを閉じたときにクッキーを破棄
domain	有効なドメイン。指定ドメインのページでのみクッキーを利用可能（省略時は現在のホスト）
path	有効なパス。指定パスの配下でのみクッキーが利用可能（省略時は現在のパス）
secure	https通信でのみクッキーを送信

これらの文字列をその都度組み立てるのは面倒なので、本項では、クッキー値を設定するためのsetCookie関数を準備しておきます。引数は、先頭から「クッキー名」「値」「その他のオプション（「*名前*: *値*」のハッシュ）」を受け取れるものとします。

●cookie_set.js

```
function setCookie(name, value, opts) {
  let cook = '';
  //「名前= 値」を追加（値はあらかじめエンコード処理）
  cook += name + '=' + encodeURIComponent(value);
  // 引数expiresが空でない場合、expires日後に有効期限を設定
  if (opts.expires) {
    let exp = new Date();
    exp.setDate(exp.getDate() + opts.expires);      ❶
    cook += '; expires=' + exp.toUTCString();
  }
  // その他のオプションも空でない場合は設定
  if (opts.maxAge) { cook += '; max-age=' + opts.maxAge; }
  if (opts.domain) { cook += '; domain=' + opts.domain; }
  if (opts.path) { cook += '; path=' + opts.path; }
  if (opts.secure) { cook += '; secure'; }
  // 組み立てたクッキー文字列を設定
  document.cookie = cook;
}

// クッキーAuthorを設定（有効期限は90日）
setCookie('Author', '名無権兵衛', { expires: 90 });
```

表9.10でも示しているように、expiresパラメーターは協定世界時で指定します。❶では、引数opts.expiresをもとに、opts.expires日後の日付を生成し、これをtoUTCStringメソッドで協定世界時に変換しています。

NOTE

クッキーを確認する方法

Chromeであれば、メニューバーの ⋮（Google Chromeの設定）ボタンから［その他のツール］→［デベロッパーツール］を起動します。その［Application］タブを開き、左ツリーから［Cookies］→［http://<*IPアドレス*、またはlocalhost>］を選択してください。クッキーの内容が表示され、グリッドからデータを編集／削除できます（図9.B）。

図9.B　クッキーを確認（Chromeのデベロッパーツール）

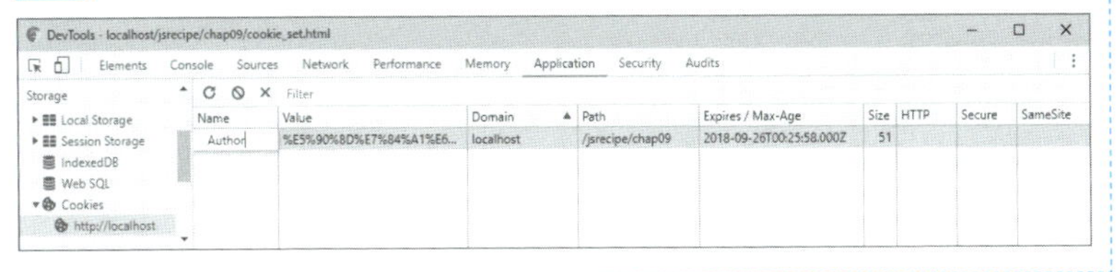

cookies

243 既存のクッキーを取得したい

cookies

関　連	244 ブラウザーに大きなデータを保存したい P.425
利用例	ユーザー固有の情報を一時的に保存しておく場合

document.cookieプロパティで、クッキーを取得できます。ただし、その戻り値は値そのものではなく、「*パラメーター=値*」の組みです。

▼結果

```
Author=%E5%90%8D%E7%84%A1%E6%A8%A9%E5%85%B5%E8%A1%9B; Mail=yamada%40example.com
```

これをその都度処理するのは面倒なので、設定の場合 レシピ242 と同じく、getCookie関数を用意しておきます。

●cookie_get.js

```
function getCookie(name) {
  let value = null;
  // 取得したクッキー文字列を「;」で分割
  let cookies = document.cookie.split(';');
  cookies.forEach(function (c) {
    //「名前=値」を「=」で分割
    let kv = c.split('=');
    if (kv[0] === name) {
      value = decodeURIComponent(kv[1]);
    }
  });
  return value;
}

console.log(getCookie('Author'));     // 結果：名無権兵衛
```

244 ブラウザーに大きなデータを保存したい

Web Storage | localStorage | sessionStorage

関　連	242 クッキーを設定したい P.422
利用例	クッキーには入りきらないサイズのデータをブラウザーに保存する場合

Web Storage（以下、ストレージ）とは、ブラウザー標準で備わったデータストアの一種で、キー（名前）／値の組み合わせでデータを管理できます。従来、似たようなデータストアとしてクッキー（Cookie）がありましたが、双方には表9.11のような違いがあります。まずは用途としてそれで事足りるのであれば、制限の緩いストレージを優先して利用すべきです。

表9.11 Web Storageとクッキーの違い

	ストレージ	クッキー
データサイズの上限	大（5MB）	小（4KB）
データの有効期限	なし	あり
通信	発生しない	リクエスト都度、サーバーに送信

以下に、ストレージにデータを出し入れする例を示します。

●上：storage.html／下：storage.js

```
<div>greet1：<span id="result1"></span></div>
<div>greet2：<span id="result2"></span></div>
<div>greet3：<span id="result3"></span></div>
```

```
let result1 = document.getElementById('result1');
let result2 = document.getElementById('result2');
let result3 = document.getElementById('result3');

// ローカルストレージを取得
let st = localStorage;                              ❶
  // ストレージに値を保存
st.setItem('greet1', 'おはよう');                    ┐
st.greet2 = 'こんにちは';                            ├ ❷
st['greet3'] = 'こんばんは';                         ┘
  // ストレージから値を取得
result1.textContent = st.getItem('greet1');         ┐
result2.textContent = st.greet2;                    ├ ❸
result3.textContent = st['greet3'];                 ┘
```

▼結果　ストレージの内容を表示

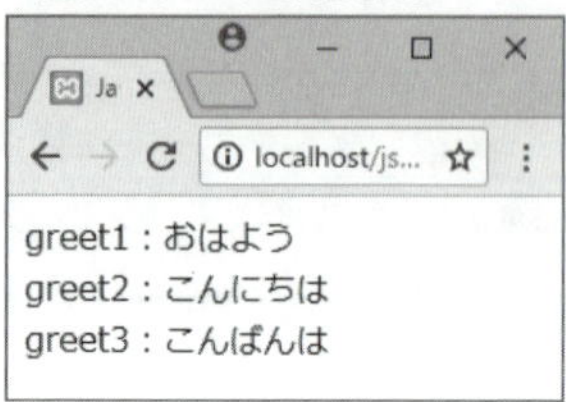

ストレージには、localStorage、またはsessionStorageプロパティでアクセスできます（❶）。両者の違いは、データの有効期限の違いです。

ローカルストレージ（localStorage）は、オリジン単位でデータを管理します。ブラウザーを閉じてもデータが消えることはありませんし、異なるウィンドウ／タブからも同じデータを共有できます。一方、セッションストレージ（sessionStorage）は、ブラウザーが起動している間だけ有効です。異なるタブ／ウィンドウの間でも共有できません。

NOTE

オリジン

「http://www.wings.msn.to:81/」のように、「*プロトコル://ホスト:ポート番号*」の組み合わせのことを、オリジンと言います。ストレージは、オリジンの単位で独立してデータを管理しますので、現在のホストで保存したデータを異なるホストから読み込むことはできません。

ローカルストレージ／セッションストレージは、取得するためのプロパティが異なるだけで、以降、データを出し入れする手段は共通です（表9.12）。そのため、❶のように、最初に変数に退避させておくことをお勧めします。これによって、あとからストレージを切り替えたいという場合にも、❶だけを書き換えれば済むからです。

あとは、データの出し入れは、❷、❸のように表せます。

表9.12　ストレージにアクセスする手段

記法	構文
プロパティ構文	storage.*名前*
ハッシュ構文	storage['*名前*']
メソッド構文	storage.getItem('*名前*')
	storage.setItem('*名前*')

一般的にはプロパティ構文を利用します。ただし、名前に識別子で利用できない文字（たとえば「-」など）が含まれている場合にはハッシュ構文、またはメソッド構文を利用してください。

NOTE

ストレージ内部の確認

Chromeであれば、メニューバーの ⋮（Google Chromeの設定）ボタンから［その他のツール］→［デベロッパーツール］を起動します。その［Application］タブを開き、左ツリーから［Local Storage］（または［Session Storage］）→［http://<*IPアドレス*、またはlocalhost>］を選択してください。ストレージの内容が表示され、グリッドからデータを編集／削除できます。

図9.C ストレージの内容を確認する（Chromeの場合）

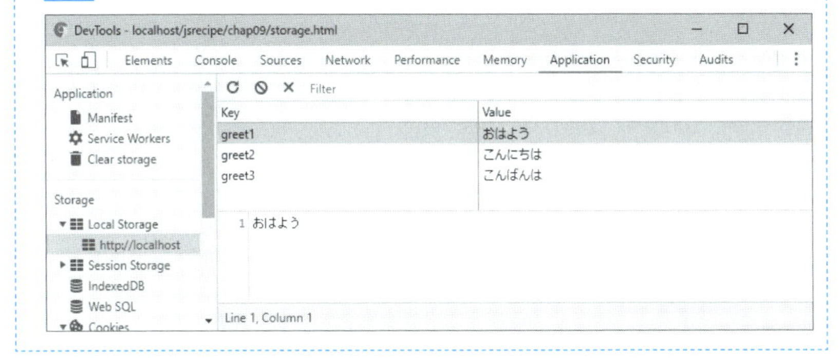

245 ストレージにオブジェクトを出し入れしたい

Web Storage

関連	244 ブラウザーに大きなデータを保存したい P.425
利用例	ストレージに配列やハッシュ値を保存する場合

現在のストレージに保存できる型は、文字列が基本です（仕様のうえではオブジェクトも保存できることになっていますが、現時点でこれに対応するブラウザーはありません）。オブジェクトを保存してもエラーにはなりませんが、内部的にはtoStringメソッドで文字列化したものを記録するだけなので、オブジェクトとして復元することはできません（一般的には「[object Object]」のような文字列です）。

そこで、オブジェクトをストレージに保存する際には、以下のようなコードで「復元可能な文字列」に変換する必要があります。

●上：storage_obj.html／下：storage_obj.js

```
<div>氏名：<span id="result1"></span></div>
<div>年齢：<span id="result2"></span></div>
<div>職業：<span id="result3"></span></div>
```

```
let result1 = document.getElementById('result1');
let result2 = document.getElementById('result2');
let result3 = document.getElementById('result3');

let st = localStorage;
// オブジェクトをJSON文字列に変換＆ストレージに保存
let info = { name: '山田太郎', age: 30, occupation: '花屋' };
st.setItem('data', JSON.stringify(info)); ――― ❶

// ストレージから取得した文字列をオブジェクトとして解析
let parsed = JSON.parse(st.getItem('data')); ――― ❷
result1.textContent = parsed.name;
result2.textContent = parsed.age;
result3.textContent = parsed.occupation;
```

▼結果　オブジェクトの内容を取得

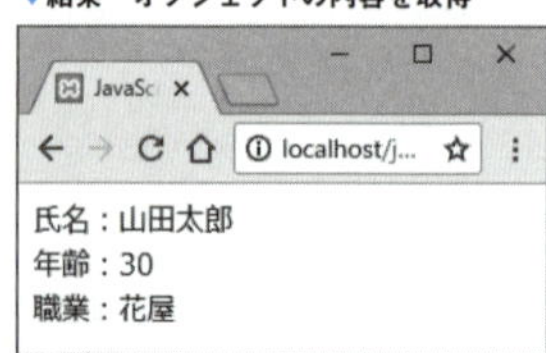

「復元可能な文字列」に変換するのはJSON.stringifyメソッドの役割です（❶）。JSON形式に変換された文字列は、JSON.parseメソッドでオブジェクトとして復元できます（❷）。

NOTE

データはアプリ単位にまとめる

レシピ244でも触れたように、ローカルストレージはオリジン単位でデータを管理します。その性質上、1つのオリジンで複数のアプリが稼働している場合、名前衝突の危険もおのずと高まります。

これを避けるために、一般的には、1つのアプリで利用するデータは1つのオブジェクトに束ねてしまうことをお勧めします（図9.D）。

図9.D データはアプリ単位に保存

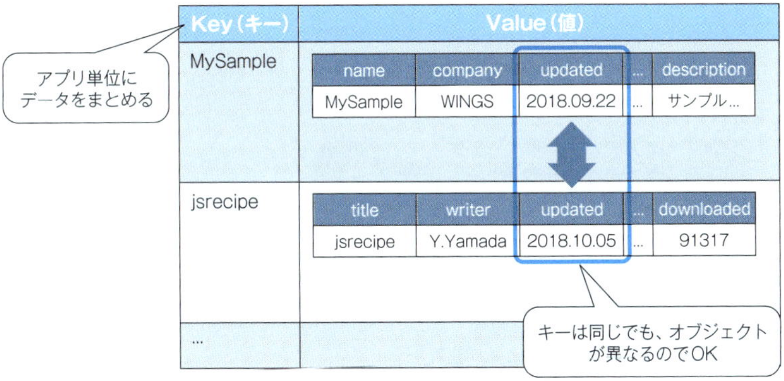

Key（キー）
Value（値）
MySample
name / company / updated / ... / description
MySample / WINGS / 2018.09.22 / ... / サンプル...
jsrecipe
title / writer / updated / ... / downloaded
jsrecipe / Y.Yamada / 2018.10.05 / ... / 91317
...
アプリ単位に
データをまとめる
キーは同じでも、オブジェクト
が異なるのでOK

246 ストレージの内容をすべて参照したい

Web Storage | length | key

関　連	244　ブラウザーに大きなデータを保存したい　P.425
利用例	ストレージの内容を一覧表として表示する場合

length／keyプロパティを利用します。lengthプロパティでストレージ配下のデータの個数、keyプロパティでn番目のキーを得られます。

以下のサンプルでは、これらのプロパティを利用して、データの個数分だけforループを繰り返し、それぞれのキーと対応する値を列挙しています。

●上：storage_key.html／下：storage_key.js

```
<form>
  <div>
    <label for="name">名前：</label>
    <input id="name" type="text" value="" />
  </div>
  <div>
    <input id="remove" type="button" value="削除" />
    <input id="clear" type="button" value="全削除" />
  </div>
</form>
<table id="result"></table>
```

```
let st = localStorage;

// ストレージの内容を表示するshow関数
let show = function () {
  let frag = document.createDocumentFragment();
  // データの個数だけループを繰り返し
  for (let i = 0; i < st.length; i++) {
    let k = st.key(i);
    let tr = document.createElement('tr');
    let th = document.createElement('th');
    th.textContent = k;
    let td = document.createElement('td');
    td.textContent = st.getItem(k);
    tr.appendChild(th);
    tr.appendChild(td);
    frag.appendChild(tr);
  }
```

```
  let result = document.getElementById('result');
  result.textContent = null;
  result.appendChild(frag);
};

show();
...後略...
```

▼結果　ストレージの内容を一覧表示

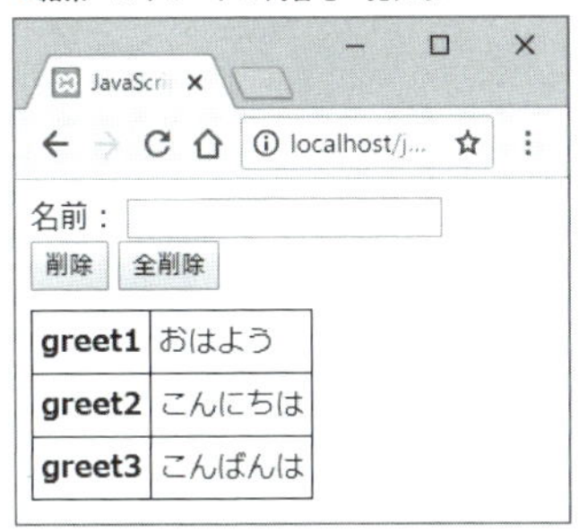

※キーの削除機能については、レシピ247を参照してください。

247 ストレージの内容を削除したい

Web Storage | removeItem | clear

関連	244 ブラウザーに大きなデータを保存したい P.425
利用例	不要になったデータをストレージから破棄する場合

ストレージから既存のデータを削除するには、removeItemメソッドを利用します。すべてのデータをまとめてクリアするならば、clearメソッドを利用してください。

●storage_key.js

```
// [削除] ボタンで指定されたキーだけを削除
document.getElementById('remove').addEventListener('click', function () {
  st.removeItem(document.getElementById('name').value);
  show();
}, false);

// [全削除] ボタンでストレージを完全にクリア
document.getElementById('clear').addEventListener('click', function () {
  st.clear();
  show();
}, false);
```

ただし、ストレージではオリジン単位にデータを管理します。1つのオリジンで複数のアプリを運用している場合には、誤って他のアプリで利用しているデータまで破棄してしまわないように注意してください。

なお、一覧表示のコードについては、レシピ246を参照してください。

248 ストレージの変更を検知したい

Web Storage ｜ storage

関連	244 ブラウザーに大きなデータを保存したい P.425
利用例	ストレージ内のデータ更新に応じて、ページ内のコンテンツを更新したい場合

storageイベントを利用することで、別ウィンドウ／タブで発生したストレージの変更を検知できます。

たとえば以下は、ストレージへの変更内容をログに出力する例です。一般的には、変更を受けて、表示中のコンテンツを更新することになるでしょう。

●storage_event.js

```
window.addEventListener('storage', function (e) {
  console.log('変更されたキー：' + e.key);
  console.log('元の値：' + e.oldValue);
  console.log('新しい値：' + e.newValue);
  console.log('発生元のURL：' + e.url);
}, false);
```

▼結果

```
変更されたキー：greet1
元の値：null
新しい値：おはよう
発生元のURL：http://localhost/jsrecipe/chap09/storage.html
```

storageイベントリスナーの配下では、イベントオブジェクトを介して、ストレージの変更情報にアクセスできます（表9.13）。

表9.13 イベントオブジェクトで取得できるストレージ関連の情報

プロパティ	概要
key	変更されたキー
newValue	新しい値
oldValue	元の値
storageArea	影響を受けたStorage（localStorage／sessionStorage）
url	変更の発生元となるページURL

サンプルを試す際には、storage_event.htmlを起動した状態で、別ウィンドウから（たとえば）storage.html レシピ244 などのサンプルにアクセスしてください。

249 音声ファイルを再生したい

Audio

関連	251 音声／動画ファイルを複数ブラウザーに対応したい P.437
利用例	ページ上で音楽や効果音を再生する場合

音声ファイルを再生するには、<audio>要素を利用します。

●audio.html

```
<audio src="./audio/chime.mp3" controls autoplay loop preload="auto">
  ご利用の環境は、音声が再生できません
  [<a href="./audio/chime.mp3">ダウンロード</a>]
</audio>
```

▼結果　音声コントローラを表示&再生

<audio>要素で利用できる属性は、表9.14の通りです。

表9.14 <audio>要素の主な属性（※は空属性）

<table>
<tr><th>属性</th><th colspan="2">概要</th></tr>
<tr><td>src</td><td colspan="2">音声ファイルのパス</td></tr>
<tr><td>controls ※</td><td colspan="2">再生コントローラを表示（見かけはブラウザー依存）</td></tr>
<tr><td>autoplay ※</td><td colspan="2">自動再生を有効にするか</td></tr>
<tr><td>loop ※</td><td colspan="2">ループ再生するか</td></tr>
<tr><td>muted ※</td><td colspan="2">初期状態でミュートしておくか</td></tr>
<tr><td>type</td><td colspan="2">音声ファイルのコンテンツタイプ</td></tr>
<tr><td rowspan="5">preload</td><td colspan="2">音声ファイルを自動で読み込むか（autoplay属性が有効の場合は無視）</td></tr>
<tr><th>設定値</th><th>概要</th></tr>
<tr><td>auto</td><td>すべての情報を読み込む</td></tr>
<tr><td>metadata</td><td>メタデータだけ読み込む</td></tr>
<tr><td>none</td><td>事前読み込みを無効化（再生まで読み込まない）</td></tr>
<tr><td>volume</td><td colspan="2">再生音量（0.0〜1.0）</td></tr>
</table>

preload属性を有効にすることで、音声ファイルを事前に取得できるため、再生をスムーズに開始できます。ただし、preload属性はあくまで指針であって、ブラウザーに事前ロードを強制するものではありません。明示的に指定しなくても、事前読み込みするブラウザーもありますし、逆に、スマホ環境では、通信トラフィックを節減するために事前読み込みを無効にしている場合もあります。

<audio>要素配下は、オーディオ機能に対応していないブラウザー向けに表示するコンテンツを表します。エラーメッセージだけでなく、音声ファイルへのダウンロードリンクを用意しておくと親切です。

MEMO

250 動画ファイルを再生したい

Video

関　連	251　音声／動画ファイルを複数ブラウザーに対応したい　P.437
利 用 例	ページ上に動画を埋め込み、再生する場合

動画ファイルを再生するには、<video>要素を利用します。

● **video.html**

```
<video src="./video/baby.mp4" controls width="320" height="180"
  poster="./image/wings.jpg">
  ご利用の環境は、動画が再生できません
  [<a href="./video/baby.mp4">ダウンロード</a>]
</video>
```

▼**結果　待ち受け画像を表示のあと、動画を再生**

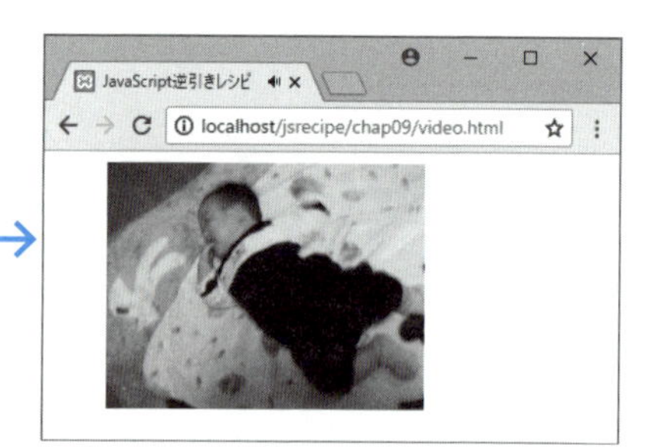

<video>要素で利用可能な属性は、<audio>要素とも重複しているので、独自の属性だけを表9.15に示します。<audio>要素と共通の属性は、レシピ249を参照してください。

動画ファイルは、一般的にサイズが大きいため、再生待ちまで表示する画像（poster属性）は省略すべきではありません。動画の一部を示した静止画像など、内容を類推できるような画像とするのが望ましいでしょう。

表9.15　<video>要素の主な属性

属性	概要
width	再生画面の幅
height	再生画面の高さ
poster	再生可能になるまで表示する画像

251 音声／動画ファイルを複数ブラウザーに対応したい

Audio | Video

関　連	249 音声ファイルを再生したい P.434 250 動画ファイルを再生したい P.436
利用例	複数のブラウザーで適切な音声／動画ファイルを選択できるようにする場合

<audio>／<video>要素は、現在よく利用されているブラウザーの最新バージョンで動作しますが、1つ問題もあります。というのも、それぞれのブラウザーで対応している音声／動画ファイルの形式が微妙に異なるのです（表9.16）。

表9.16 音声／動画ファイルの対応状況

ブラウザー	音声			動画		
	MP3	OGG	WAV	MP4	OGV	WEBM
Chrome	○	○	○	○	○	○
Firefox	○	○	○	○	○	○
IE	○	×	×	○	×	×
Edge	○	○	○	○	○	×
Safari	○	×	○	○	×	×

そのため、複数のブラウザーで音声／動画を再生するには、以下のように（src属性の代わりに）<source>要素で再生すべきファイルの候補を列挙します。これによって、ブラウザーは先頭から順にファイルをチェックし、サポートする最初のファイルを再生します。

●video_source.html

```
<video controls width="320" height="180"
  poster="./image/wings.jpg">
  <source src="./video/baby.mov" />
  <source src="./video/baby.mp4" />
  <source src="./video/baby.ogv" />
  <source src="./video/baby.webm" />
</video>
```

252 動画ファイルに字幕を付けたい

Video

関連	250 動画ファイルを再生したい P.436
利用例	動画再生時に字幕を表示したい場合

字幕を追加するための手順は、以下の通りです。

[1] 字幕定義ファイルを準備する

字幕情報は、以下のような.vttファイルとして用意します。表示時間は「開始 --> 終了」で、その直後に字幕を、それぞれ指定します。

●video_track.vtt

```
WEBVTT

00:02.000 --> 00:05.000
ミルクの時間でしょうか？暴れています。

00:08.000 --> 00:12.000
手足をバタバタさせています。寄ってみます。

00:14.000 --> 00:25.000
「何かくれるの？」ちょっと期待している様子。

00:27.000 --> 00:30.000
またまた、足をバタバタし始めました。
```

[2] .vttファイルを有効化する

.vttファイルを利用するには、サーバー側でも拡張子を有効化しておかなければなりません。設定方法はサーバーによって異なりますが、Apacheであれば、アプリルート（本書では/jsrecipeフォルダー直下）に.htaccessを配置します。

●.htaccess

```
AddType text/vtt .vtt
```

[3] 字幕情報ファイルを動画にひも付ける

動画ファイルに字幕情報をひも付けるには、<track>要素を利用します。

● video_track.html

```
<video src="./video/baby.mp4" controls width="320" height="180"
  poster="./image/wings.jpg">
  <track kind="subtitles" label="Japanese"
    src="./video_track.vtt" srclang="ja" default />
</video>
```

<track>要素で利用できる主な属性には、表9.17のようなものがあります。

表9.17 <track>要素の主な属性

<table>
<tr><th>属性</th><th colspan="2">概要</th></tr>
<tr><td>src</td><td colspan="2">.vttファイルのパス</td></tr>
<tr><td>srclang</td><td colspan="2">テキストの言語（「kind="subtitles"」では必須）</td></tr>
<tr><td rowspan="7">kind</td><td colspan="2">用途</td></tr>
<tr><th>設定値</th><th>概要</th></tr>
<tr><td>subtitles</td><td>字幕</td></tr>
<tr><td>captions</td><td>音声の翻訳</td></tr>
<tr><td>descriptions</td><td>動画コンテンツの説明（音声ガイド用）</td></tr>
<tr><td>chapters</td><td>チャプター</td></tr>
<tr><td>metadata</td><td>メタ情報（スクリプトから使用）</td></tr>
<tr><td>label</td><td colspan="2">テキストトラックを識別するためのラベル</td></tr>
<tr><td>default</td><td colspan="2">既定のトラックであるか</td></tr>
</table>

右は、サンプルを実行した結果です。確かに、指定された時間範囲で字幕が表示されることを確認してください。

複数の字幕が存在する場合は、動画右下の⋮ボタンから表示する字幕を選択できます。

図9.2 動画再生時に字幕情報を表示

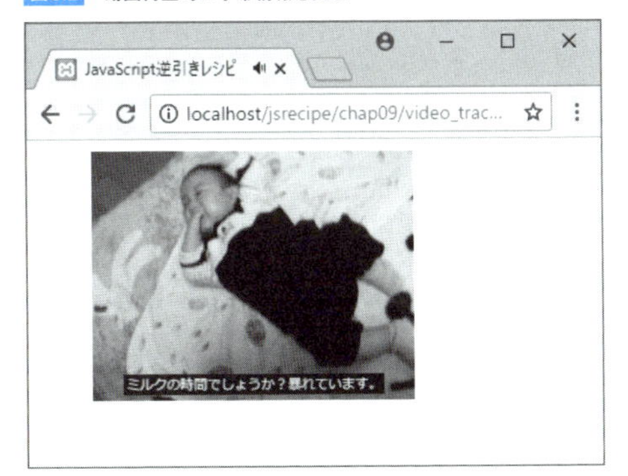

253 音声／動画ファイルをスクリプトから再生したい

Audio | Video

関連	249 音声ファイルを再生したい P.434 250 動画ファイルを再生したい P.436
利用例	バックグラウンドで音声を再生したいとき 動画の再生をスクリプトから操作する場合

音声／動画ファイルは、JavaScriptから操作することもできます。

音声ファイルの例

たとえば、以下は音声ファイルを再生する例です。

●上：audio_script.html／下：audio_script.js

```
<input id="start" type="button" value="再生" />
<input id="stop" type="button" value="停止" />
```

```
// Audioオブジェクトを生成
let ad = new Audio('./audio/chime.mp3');                    ❶
// .mp3ファイルに対応しているかをチェック
let result = ad.canPlayType('audio/mp3');                    ❷
// ［再生］ボタンクリックで再生
document.getElementById('start').addEventListener('click', function () {
  if (result.match(/^(probably|maybe)$/)) {
    ad.play();    // 再生                                    ❸
    ad.loop = true;
  }
}, false);
// ［停止］ボタンクリックで再生も停止
document.getElementById('stop').addEventListener('click', function () {
  ad.pause();                                                ❹
}, false);
```

オーディオ機能をつかさどるのは、Audioオブジェクトです。コンストラクターには再生したい音声ファイルのパスを指定します（❶）。

canPlayTypeメソッドは、指定のコンテンツタイプを再生できるかを判定します（❷）。戻り値は、probably（再生可能）、maybe（たぶん再生可能）、空文字列（再生不可）のいずれかなので、ここではprobably／maybeいずれかの場合にのみplayメソッド（❸）を呼び出し、再生を開始しています。音声を停止するにはpauseメソッドを呼び出します（❹）。

動画ファイルの例

動画も、同じ要領で再生できます。ただし、ビデオにはVideoのような専用のオブジェクトはありませんので、<video>要素を作成し、属性をセットしたうえで、ページに埋め込むという流れになります。

●上：video_script.html／下：video_script.js

```
<input id="start" type="button" value="再生" />
```

```
let vd = document.createElement('video');
// 再生可能かどうかを判定
let result = vd.canPlayType('video/mp4');
document.getElementById('start').addEventListener('click', function () {
  if (result.match(/^(probably|maybe)$/)) {
    vd.setAttribute('src', './video/baby.mp4');    // 動画
    vd.setAttribute('controls', '');      // コントロールを有効化
    vd.setAttribute('width', '320');      // 幅
    vd.setAttribute('height', '180');     // 高さ
    document.body.appendChild(vd);        // ページに反映
    vd.play();    // 再生開始
  }
}, false);
```

▼結果　［再生］ボタンをクリックで動画プレイヤーを表示

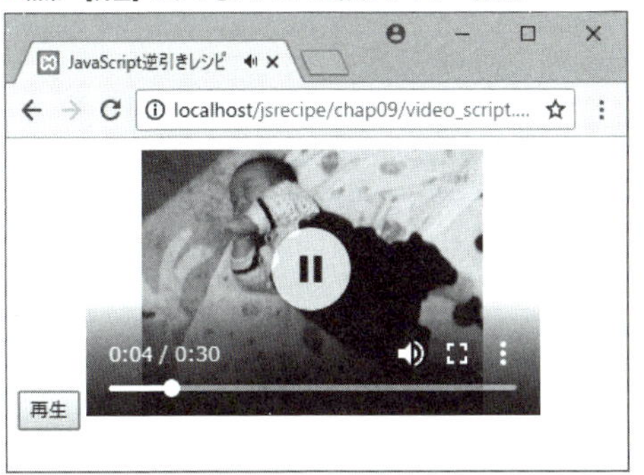

254 音声／動画の音量や再生スピードを調整したい

Audio | Video

関連	249 音声ファイルを再生したい P.434 250 動画ファイルを再生したい P.436
利用例	音声／動画の状態を標準のコントロールパネル以外から操作する場合

Audio／Videoオブジェクトのプロパティを設定することで、音声／動画のボリュームや再生スピードなどを設定できます（表9.18）。

表9.18 Audio／Videoオブジェクトの主なプロパティ

プロパティ	概要
volume	ボリューム（0.0～1.0）
muted	ミュートするか（true／false）
playbackRate	再生速度（数値が大きい程速い。既定は1.0）
currentTime	現在再生中の位置（秒）
preload	事前読み込みは有効か（true／false）
loop	繰り返し再生するか（true／false）
controls	コントロールパネルを表示するか（true／false）

たとえば以下は、スライダーでボリューム／再生速度を調整し、チェックボックスでミュートを指定する例です。

●上：video_custom.html／下：video_custom.js

```
<video id="vd" src="./video/baby.mp4" autoplay loop
  width="320" height="180"></video>
<div>
  音量：<input id="vol" type="range" min="0" max="1" step="0.01" value="1" />
  <span id="vol_v">1.0</span>
  [消音<input id="mute" type="checkbox" />] <br />
  速度：<input id="speed" type="range" min="0" max="2" step="0.01" value="1" />
  <span id="speed_v">1.0</span>
</div>
```

```
let vd = document.getElementById('vd');
let vol = document.getElementById('vol');
let mute = document.getElementById('mute');
let speed = document.getElementById('speed');
```

```
let volVal = document.getElementById('vol_v');
let speedVal = document.getElementById('speed_v');

// ボリューム調整
vol.addEventListener('change', function (e) {
  vd.volume = vol.value;
});

// ミュート
mute.addEventListener('change', function (e) {
  vd.muted = mute.checked;
});

// 再生速度
speed.addEventListener('change', function (e) {
  vd.playbackRate = speed.value;
});

// ボリューム（数値）の表示
vd.addEventListener('volumechange', function (e) {
  volVal.textContent = vol.value;
});

// 再生速度（数値）の表示
vd.addEventListener('ratechange', function (e) {
  speedVal.textContent = speed.value;
});
```

▼結果　ボリューム／再生速度などを変更

255 プラグインレスで図形を描画したい

HTML5 | Canvas

関連	257 キャンバスに直線を描画したい P.447
利用例	Flash／Silverlightなどを使わずに、動的に図形を作成する場合

Canvas APIを利用することで、HTML＋JavaScriptだけで特定の領域に対して図形を描画できます。従来、ブラウザーに動的に図形を描画するにはFlashのようなプラグインを利用する必要がありました。しかし、Canvas APIを利用することで、ブラウザー標準の機能だけで同じようなことが実現できます。

たとえば以下は、図形描画のためのキャンバスを用意する例です。

●canvas.html

```
<canvas id="cv" width="400" height="250">
  ご使用の環境は、Canvas機能に対応していません。
</canvas>
```

Canvas APIを利用するには、まず<canvas>要素で図形を描画する領域（キャンバス）を定義します。height／width属性は、キャンバスの高さ／幅を表します。スタイルシートのheight／widthプロパティは、<canvas>要素のheight／width属性で指定されたサイズを拡大／縮小する意味になってしまうため、利用すべきではありません。

<canvas>要素配下は、Canvas APIを利用できないブラウザーで表示するコンテンツです。サンプルではエラーメッセージを表示しているだけですが、一般的には、キャンバスで描画している図形を代替するコンテンツ（グラフであれば、その元データなど）を記述しておくのが望ましいでしょう。

256 キャンバスに矩形を描画したい

HTML5 | Canvas | fillRect | strokeRect

関　連	255 プラグインレスで図形を描画したい P.444
利用例	スクリプトから動的に矩形を生成する場合

キャンバスに矩形を描画するには、fillRect／strokeRectメソッドを利用します。

●canvas_rect.js（canvas_rect.htmlは  のcanvas.htmlと同様）

```
let cv = document.getElementById('cv');
// コンテキストオブジェクトを生成
let c = cv.getContext('2d', { alpha: true });  ❶
// 矩形を描画
c.strokeRect(50, 20, 200, 200);  ❷
c.fillRect(180, 80, 100, 100);   ❷
```

▼結果　キャンバスに矩形を描画

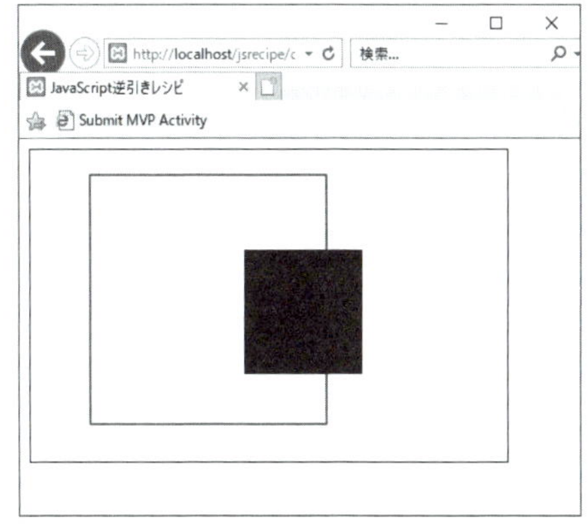

キャンバスに図形を描画するには、まずgetContextメソッドでコンテキストオブジェクトを生成します（❶）。コンテキストオブジェクトは、キャンバスに対する「絵筆」の役割を担います。

構文 getContextメソッド

```
canvas.getContext(type, opts)
```

type	コンテキストの種類
opts	動作オプション

引数typeを2dとしているのは、「2次元画像を描画するための絵筆を準備せよ」という意味です。その他にも、ブラウザーの実装によってはwebgl／webgl2（3次元コンテキスト）を指定することもできます。

引数optsで利用できるオプションは、引数typeによって変化します。2dであれば、利用できるのはalpha（キャンバスで半透明効果を利用しているか）だけです。キャンバスで半透明効果を利用していない場合にはfalseを指定することで、描画を最適化できます。

コンテキストを取得できたら、あとは、それ経由でstrokeRectメソッドを呼び出すことで枠線のみの矩形を、fillRectメソッドで塗りつぶされた矩形を、それぞれ描画します（❷）。キャンバスでは左上を（0, 0）とし、水平方向がX軸、垂直方向がY軸となります。

構文 fillRect／strokeRectメソッド

```
context.fillRect(x, y, width, height)
context.strokeRect(x, y, width, height)
```

x	左上のX座標
y	左上のY座標
width	幅
height	高さ

図9.3 Canvasでの座標

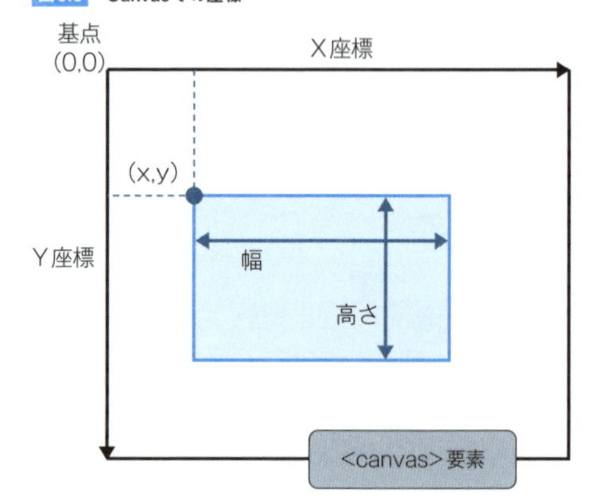

257 キャンバスに直線を描画したい

Canvas | beginPath | lineTo

関　連	255 プラグインレスで図形を描画したい P.444
利 用 例	スクリプトから動的に直線／折れ線を生成する場合

パス（Path）を利用します。パスとは、コンテキストで管理される座標集合のことです。Canvas APIでは、パスで管理された座標に従って、直線や曲線を描画、あるいは該当の領域を塗りつぶすことになります。

以下は、パスを利用して直線を描画する例です。

●canvas_line.js（canvas_line.htmlは  のcanvas.htmlと同様）

```
let cv = document.getElementById('cv');
let c = cv.getContext('2d');
c.beginPath();          // パスの開始 ❶
c.moveTo(300, 20);      // 基点 ❷
c.lineTo(50, 200);      // 終点 ❷
c.stroke();             // 描画 ❸
```

▼結果　キャンバス上に直線を描画

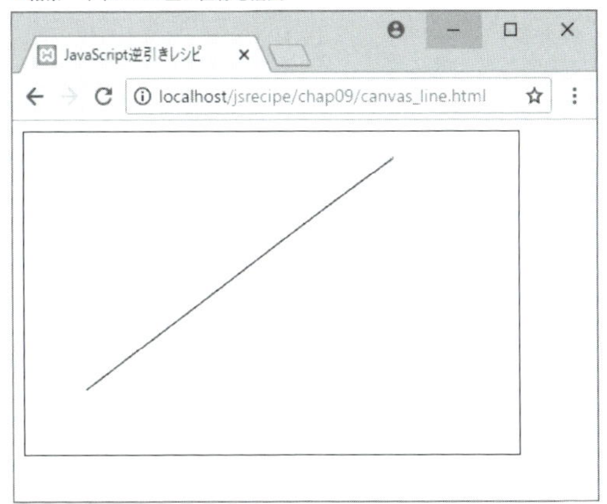

パスを利用するにあたっては、まずbeginPathメソッドで開始を宣言します（❶）。すでに座標（群）が指定されていた場合には、これをクリアします。続いて、moveToメソッドでパスの始点を、lineToメソッドで直線の終点を、それぞれ指定します（❷）。

これで座標の設定ができたので、最後にstrokeメソッドを呼び出すことで、パスに基づいて直線が描画されます（❸）。パスの定義だけでは、描画そのものはされませんので要注意です。

❷と❸の間に、以下のようにlineToメソッドを連ねることもできます。この場合、一連の座標群に沿って折れ線を描画します。

●canvas_line2.js

```
let cv = document.getElementById('cv');
let c = cv.getContext('2d');
c.beginPath();
c.moveTo(300, 20);
c.lineTo(50, 200);
c.lineTo(150, 200);
c.lineTo(200, 150);
c.lineTo(300, 220);
c.stroke();
```

▼結果　パスに沿って折れ線を描画

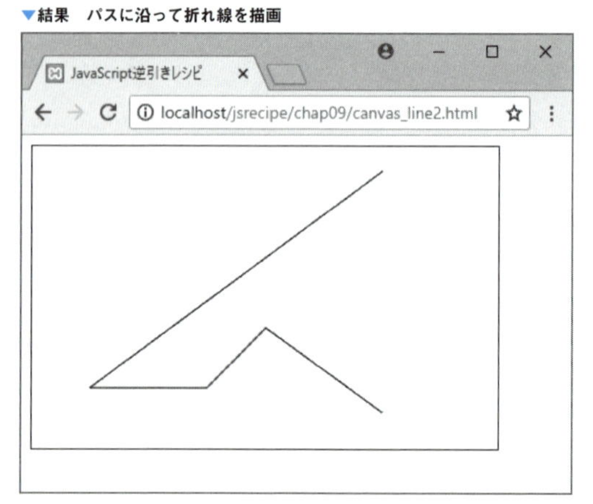

258 多角形を描画したい

Canvas | closePath

関　連	255 プラグインレスで図形を描画したい P.444 257 キャンバスに直線を描画したい P.447
利用例	スクリプトから動的に多角形を生成する場合

パス定義の最後で、closePathメソッドを呼び出します。たとえば以下は、レシピ257のcanvas_line2.jsにclosePathメソッド（❶）を追加したものです。

●canvas_polygon.js（canvas_polygon.htmlはレシピ255のcanvas.htmlと同様）

```
let cv = document.getElementById('cv');
let c = cv.getContext('2d');
c.beginPath();
c.moveTo(300, 20);
c.lineTo(50, 200);
c.lineTo(150, 200);
c.lineTo(200, 150);
c.lineTo(300, 220);
c.closePath(); ――― ❶
c.stroke(); ――― ❷
```

▼結果　パスに沿って多角形を描画

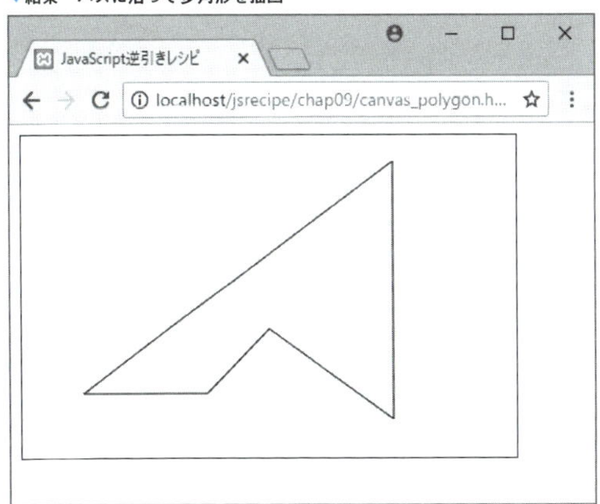

レシピ257 の結果と比べればわかるように、パスの始点と終点とが結ばれていることが確認できます。このようなパスのことを**クローズパス**と言います。対して、始点と終点が結ばれない（開かれた）パスのことを**オープンパス**と呼びます。

サンプルではstrokeメソッドを呼び出していますので、枠線のみの図形を描画していますが、図形の内部を塗りつぶしたいならば、fillメソッドを呼び出してください。図9.4は❷を「c.fill();」で置き換えた場合の結果です。

図9.4 塗りつぶし図形を描画

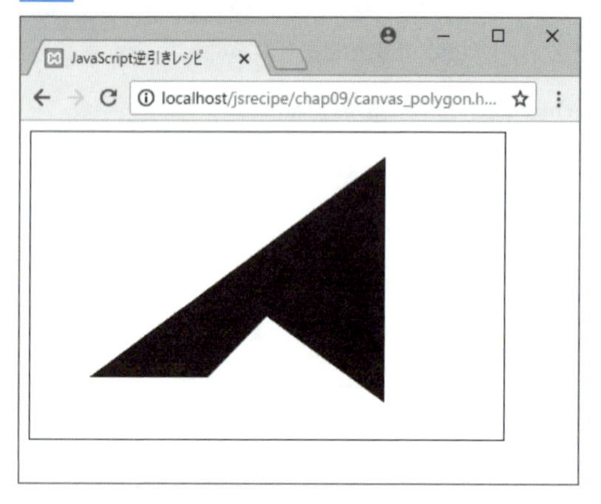

259 図形の描画スタイルを設定したい

Canvas | スタイル

関連	255 プラグインレスで図形を描画したい P.444 258 多角形を描画したい P.449
利用例	キャンバスに描画する図形の描画色や影効果などを変更する場合

描画スタイルを変更するためのプロパティとして、表9.19のようなものが用意されています。

表9.19 スタイル関連のプロパティ

プロパティ	概要
lineWidth	線の太さ
strokeStyle	線の色
fillStyle	塗りつぶし色
shadowColor	影の色
shadowOffsetX	影のずらし方向（水平方向）
shadowOffsetY	影のずらし方向（垂直方向）
shadowBlur	影のぼかし（数値が大きい程、ぼかしの程度は大きく）

これらのプロパティを利用して、多角形に色付けしたのが以下のサンプルです。fill／strokeメソッドを双方呼び出すことで、枠線付きの塗りつぶし画像を描画できます。

●canvas_style.js（canvas_style.htmlは レシピ255 のcanvas.htmlと同様）

```
let cv = document.getElementById('cv');
let c = cv.getContext('2d');
c.beginPath();
c.lineWidth = 5;
c.strokeStyle = '#f00';
c.fillStyle = '#ff0';
c.shadowColor = '#c0c0c0';
c.shadowOffsetX = 3;
c.shadowOffsetY = 2;
c.shadowBlur = 3;
c.moveTo(300, 20);
c.lineTo(50, 200);
c.lineTo(150, 200);
c.lineTo(200, 150);
c.lineTo(300, 220);
c.stroke();
c.fill();
```

▼結果　多角形にスタイル付けした例

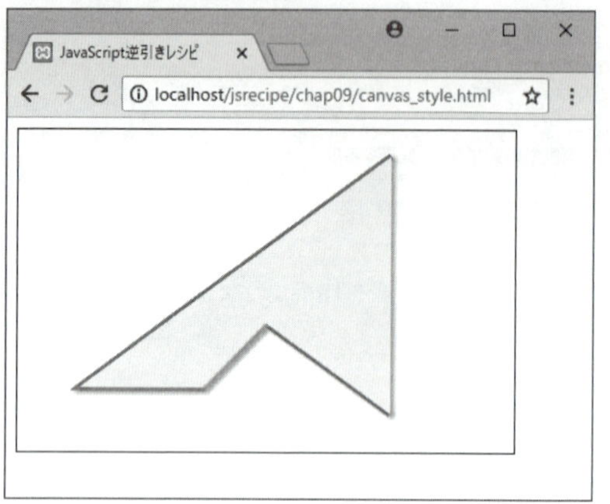

strokeStyle／fillStyle／shadowColorプロパティには、rgb／rgba関数、または16進数形式で色を指定できます。サンプルでは16進数形式（#f00など）を利用していますが、以下に関数を使った例も示します。

●canvas_style2.js

```
c.strokeStyle = 'rgb(255, 0, 0)';
c.fillStyle = 'rgba(255, 255, 0, 0.5)';
c.shadowColor = 'rgb(192, 192, 192)';
```

rgb関数には、赤、緑、青の強弱を0~255の値で指定します。rgba関数は、これに透明度を付与できます。0.0（透明）~1.0（不透明）の範囲で指定できます。

260 キャンバスの描画色にグラデーション効果を適用したい

Canvas | CanvasGradient

関　連	259 図形の描画スタイルを設定したい P.451
利用例	図形にグラデーションをかける場合

strokeStyle／fillStyleプロパティには、グラデーション（CanvasGradientオブジェクト）を指定することもできます。

●canvas_gradient.js（canvas_gradient.htmlは レシピ255 のcanvas.htmlと同様）

```
let cv = document.getElementById('cv');
let c = cv.getContext('2d');
c.beginPath();
// グラデーションを定義
let grad = c.createLinearGradient(15, 15, 280, 130);   ❶
grad.addColorStop(0, '#0f0');                          ❷
grad.addColorStop(0.6, '#ff0');                        ❷
grad.addColorStop(1, '#f0f');                          ❷
c.fillStyle = grad;                                    ❸
c.moveTo(300, 20);
c.lineTo(50, 200);
c.lineTo(150, 200);
c.lineTo(200, 150);
c.lineTo(300, 220);
c.stroke();
c.fill();
```

▼結果　グラデーションで塗りつぶし

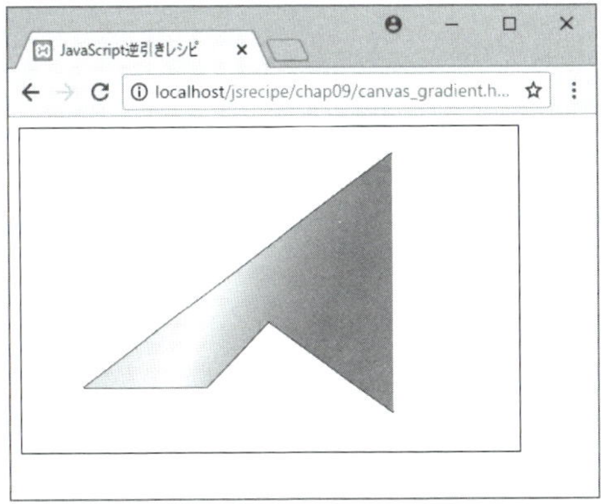

createLinearGradientメソッドは、線形グラデーションを表すCanvasGradientオブジェクトを生成します（❶）。線形グラデーションとは、左から右、上から下など、指定の方向に線状に変化するグラデーションのことです。

構文 createLinearGradientメソッド

```
context.createLinearGradient(x1, y1, x2, y2)
```

x1　始点のX座標
y1　始点のY座標
x2　終点のX座標
y2　終点のY座標

これによって、(x1, y1)から(x2, y2)に変化する線形グラデーションを生成します。ただし、これだけではグラデーションの始点／終点が定義されたにすぎませんので、変化の度合い、色を決める必要があります。これを行うのが、addColorStopメソッドです（❷）。

構文 addColorStopメソッド

```
context.addColorStop(offset, color)
```

offset　オフセット
color　色

オフセットは色を変化させる位置を、0.0（始点）～1.0（終点）で表します。サンプルであれば#0f0で始まり、中間点（0.6）で#ff0を経て、最後に#f0fとなるようなグラデーションを表します。

生成されたグラデーションは、そのままfillStyle／strokeStyleメソッドにセットできます（❸）。

円形グラデーション

中心(x1, y1)、半径r1の円から中心(x2, y2)、半径r2の円に向けた円形グラデーションを定義することもできます。これには、createRadialGradientメソッドを利用してください。

以下は、❶をcreateRadialGradientメソッドで書き換えた例です。中心(150, 150)、半径5の円から中心(200, 200)、半径110の円に向けたグラデーションを表します。

●canvas_gradient2.js

```
let grad = c.createRadialGradient(150, 150, 5, 200, 200, 110);
grad.addColorStop(0, '#0f0');
grad.addColorStop(0.6, '#ff0');
grad.addColorStop(1, '#f0f');
c.fillStyle = grad;
```

▼結果　2円の間を徐々に変化する円形グラデーション

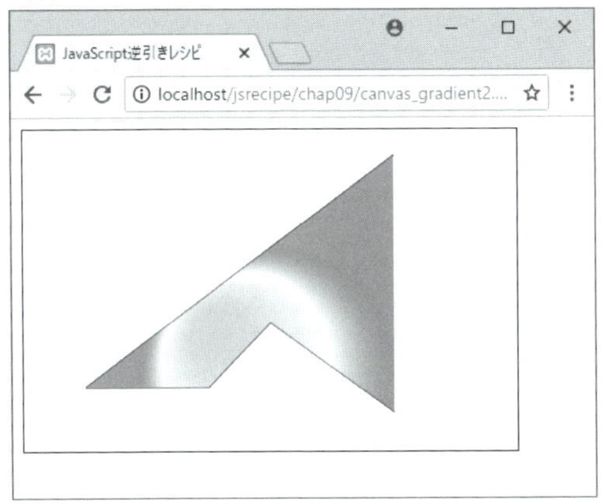

261 円／円弧を描画したい

Canvas | arc

関連	255 プラグインレスで図形を描画したい P.444
利用例	スクリプトから動的に円／円弧を生成する場合

arcメソッドを利用します。

●canvas_arc.js（canvas_arc.htmlは レシピ255 のcanvas.htmlと同様）

```
let cv = document.getElementById('cv');
let c = cv.getContext('2d');
c.beginPath();
c.arc(200, 125, 100, 0, 2 * Math.PI, false);
c.stroke();
```

▼結果　円を描画

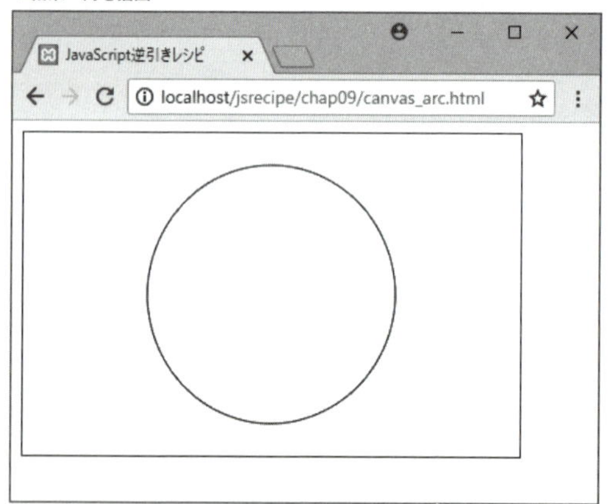

arcメソッドの構文は、以下の通りです。

構文 arcメソッド

```
context.arc(x, y, radius, startAngle, endAngle, anticlock)
```

x	中心のX座標
y	中心のY座標
radius	半径
startAngle	開始角度
endAngle	終了角度
anticlock	反時計回り？

開始／終了角度は、右水平方向を基点に、時計回りの方向に指定します。単位はラジアンです。ラジアンは「度数÷180×π」で求められます。円周率πはMath.PIで取得できます。

arcメソッドは、指定の角度に基づいて、時計回りに円弧を描画します。もしも引数anticlockをtrueとした場合には、反時計回りに円弧を描画します。開始～終了角度が360°以上であれば、arcメソッドは完全な円を、さもなくば円弧を描画します。

図9.5に、引数を変化させた場合の、arcメソッドの結果を示します。

図9.5 arcメソッドの結果

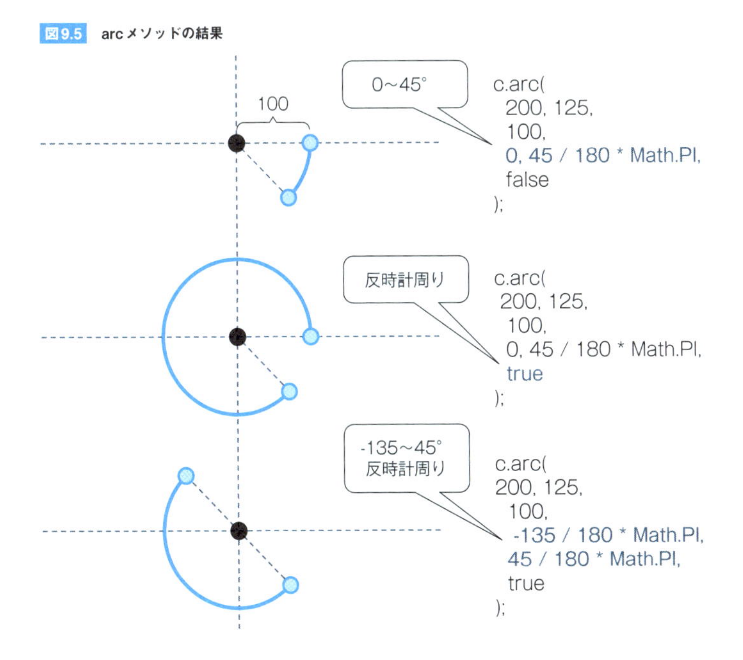

262 ベジェ曲線を描画したい

Canvas | quadraticCurveTo | bezierCurveTo

関連	255 プラグインレスで図形を描画したい P.444
利用例	スクリプトから動的に曲線を生成する場合

ベジェ曲線とは、n個の制御点に基づいて描かれるn-1次曲線です。Canvas APIでは、**図9.6**のような2次、3次ベジェ曲線に対応しています。

図9.6 ベジェ曲線

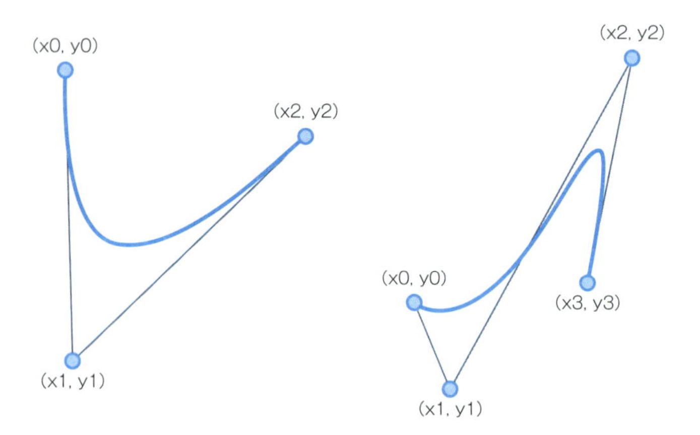

以下に、具体的なコードも示します。

●canvas_curve.js（canvas_curve.htmlは レシピ255 のcanvas.htmlと同様）

```
let cv = document.getElementById('cv');
let c = cv.getContext('2d');
// 2次ベジェ曲線を描画
c.beginPath();
c.moveTo(50, 50);
c.quadraticCurveTo(125, 200, 200, 50);
c.stroke();
```

```
// 3次ベジェ曲線を描画
c.beginPath();
c.moveTo(150, 175);
c.bezierCurveTo(200, 300, 300, 10, 350, 175);
c.stroke();
```

▼結果　曲線を描画

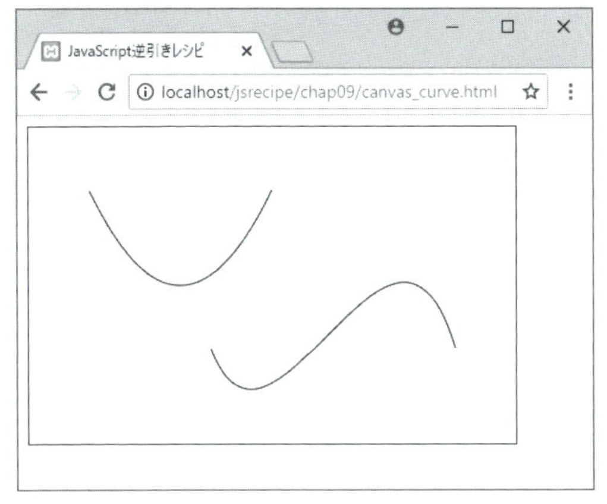

ベジェ曲線を定義するのは、それぞれquadraticCurveTo／bezierCurveToメソッドの役割です。引数x1、y1...は図9.6の座標を、x0、y0はmoveToメソッドの座標を、それぞれ表すものとします。

構文 quadraticCurveTo／bezierCurveToメソッド

```
context.quadraticCurveTo(x1, y1, x2, y2)
context.bezierCurveTo(x1, y1, x2, y2, x3, y3)
```

263 キャンバスにテキストを描画したい

Canvas | strokeText | fillText

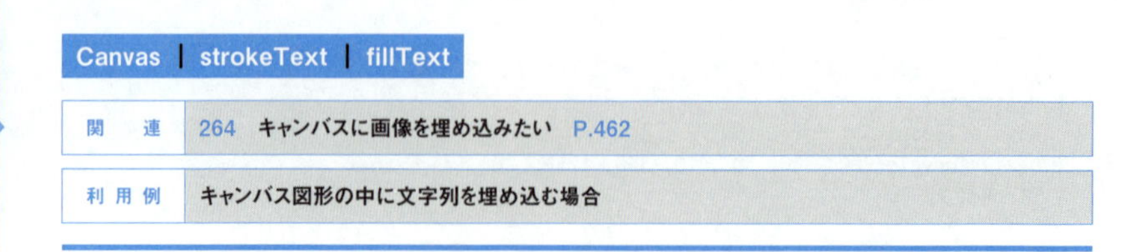

関　連	264　キャンバスに画像を埋め込みたい　P.462
利用例	キャンバス図形の中に文字列を埋め込む場合

キャンバスに文字列を埋め込むには、strokeText／fillTextメソッドを利用します。

●canvas_text.js（canvas_text.htmlは レシピ255 のcanvas.htmlと同様）

```
let cv = document.getElementById('cv');
let c = cv.getContext('2d');
c.strokeStyle = '#000';                // 描画色
c.fillStyle = '#0f0';                  // 塗りつぶし色
c.font = 'italic bold 40px serif';     // フォント
c.textAlign = 'right';                 // 水平方向の位置
c.fillText('WINGSプロジェクト', 400, 100);
c.strokeText('WINGSプロジェクト', 380, 170);
```

▼結果　キャンバスにテキストを描画

strokeText／fillTextメソッドは、それぞれ指定された座標にテキストを描画します。両者の違いは、枠線のみのテキストを描画するか、塗りつぶしテキストを描画するか、です。

構文 **strokeText／fillTextメソッド**

```
context.strokeText(text, x, y)
context.fillText(text, x, y)
```

text	テキスト
x	始点のX座標
y	始点のY座標

文字の表示位置は、引数x、yと、textAlignプロパティによって決まります。textAlignプロパティはテキストの横位置を表し、left、right、center、start、endなどの値を指定できます（図9.7）。サンプルではrightを指定していますので、指定されたx座標がテキストの終点（右隅）となるように、テキストが配置されます。

fontプロパティで、フォントを指定することもできます。形式はCSSのそれと同じで、font-style、font-weight、font-size、font-familyの順で指定できます（font-size、font-familyのみ必須）。

図9.7 textAlignプロパティによる水平位置の指定

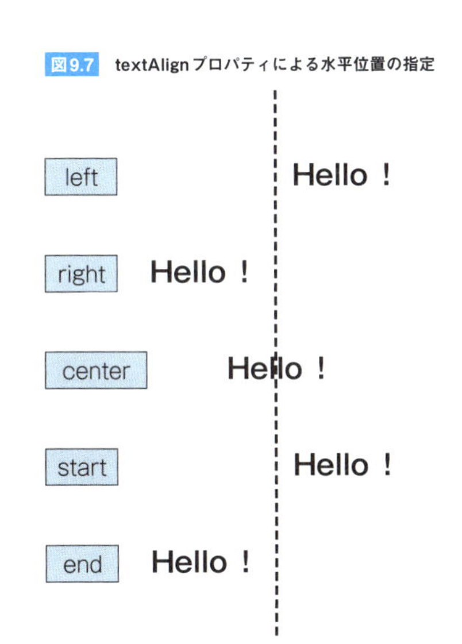

NOTE

start／endの意味

start／endは、ロケール（地域情報）によって挙動が変化します。日本語環境ではそれぞれleft／rightと同じ意味ですが、地域によっては右→左方向に文字を並べる言語があります。そのような言語では、start／endはそれぞれright／leftの意味になります（それぞれの並びに応じて、始端／終端に寄せるわけです）。国際化対応を意識するならば、left／rightよりもstart／endを利用すべきです。

264 キャンバスに画像を埋め込みたい

Canvas | drawImage

関　連	255 プラグインレスで図形を描画したい P.444
利用例	既存の画像をもとに新たな画像を生成する場合

drawImageメソッドを利用します。

●canvas_image.js（canvas_image.htmlは レシピ255 のcanvas.htmlと同様）

```
let cv = document.getElementById('cv');
let c = cv.getContext('2d');
let img = new Image();
img.setAttribute('src', './image/webdeli.gif');  ❶
img.addEventListener('load', function () {
  c.drawImage(this, 80, 80, 234, 60);  ❷
}, false);
```

▼結果　キャンバスに画像を貼り付け

drawImageメソッドを利用するには、まずImageオブジェクトで対象の画像を読み込んでおく必要があります（❶）。ただし、画像は非同期に読み込まれる点に注意してください。つまり、loadイベントで画像のロードが完了したところで、drawImageメソッドを呼び出さなければなりません（❷）。

drawImageメソッドの構文は、以下の通りです。

構文 drawImageメソッド

```
context.drawImage(image, x, y, width, height)
```

image	Imageオブジェクト
x	X座標
y	Y座標
width	幅
height	高さ

これで指定の画像を（X, Y）座標に幅×高さにリサイズしたうえで、キャンバスに貼り付けます。リサイズの必要がない場合には、幅、高さは省略してもかまいません。

画像の一部を切り取る

drawImageメソッドの第２構文を利用することで、画像の一部を切り出すこともできます。

構文 drawImageメソッド（第２構文）

```
context.drawImage(image, x1, y1, width1, height1, x2, y2, width2, height2)
```

image	Imageオブジェクト
x1	切り取り開始のX座標
y1	切り取り開始のY座標
width1	切り取る幅
height1	切り取る高さ
x2	キャンバス上のX座標
y2	キャンバス上のY座標
width2	リサイズの幅
height2	リサイズの高さ

これによって画像imageを座標（x1, y1）からwidth1×height1のサイズで切り取り、その結果をキャンバス上の座標（x2, y2）にwidth2×height2にリサイズしたうえで貼り付けるという意味になります。

試しに、上のサンプルの❷を以下のように書き換えてみましょう。

```
c.drawImage(this, 0, 20, 130, 60, 100, 100, 169, 78);
```

▼結果　画像の一部を拡大して貼り付け

MEMO

265 特定の領域に沿って画像を切りぬきたい

Canvas | clip

関　連	264 キャンバスに画像を埋め込みたい P.462
利 用 例	円や星型など矩形以外の領域で画像をくりぬく場合

clipメソッドを呼び出すことで、キャンバスの特定の領域だけをくりぬけます（クリッピング領域）。たとえば以下はarcメソッドで定義した円に沿って、画像を貼り付ける例です。

●canvas_clip.js（canvas_clip.htmlは  レシピ255 のcanvas.htmlと同様）

```
let cv = document.getElementById('cv');
let c = cv.getContext('2d');
c.beginPath();
c.arc(230, 130, 90, 0, 2 * Math.PI, false);
c.stroke();
c.clip();
let img = new Image();
img.setAttribute('src', './image/animal.jpg');
img.addEventListener('load', function () {
  c.drawImage(this, 0, 0, 400, 300);
}, false);
```

▼結果　クリッピング領域内部に画像を貼り付け

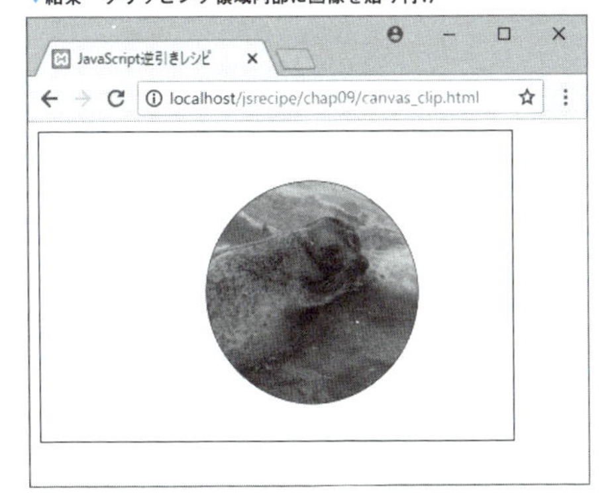

clipメソッドを呼び出すことで、以降は、クリッピング領域の中に対してのみ描画される点に注目です。

266 画像を縦／横方向に繰り返し貼り付けたい

Canvas | パターン

関　連	264 キャンバスに画像を埋め込みたい P.462
利用例	画像を縦横に敷き詰め、キャンバスの背景のように見せる場合

strokeStyle／fillStyleプロパティには、画像パターンを指定することもできます。パターンとは、図形（やその枠線）を塗りつぶす際に利用する、画像の繰り返しのことです。パターンを利用することで、画像を背景のように敷き詰めることもできます。

●canvas_pattern.js（canvas_pattern.htmlは  レシピ255 のcanvas.htmlと同様）

```
let cv = document.getElementById('cv');
let c = cv.getContext('2d');
let img = new Image();
img.setAttribute('src', './image/webdeli.gif');
img.addEventListener('load', function () {
  // 読み込んだ画像をもとにパターンを生成&塗りつぶし色として設定
  c.fillStyle = c.createPattern(this, 'repeat');
  c.fillRect(0, 0, 400, 250);
}, false);
```

▼結果　画像を背景として敷き詰める

パターン（CanvasPatternオブジェクト）は、createPatternメソッドで作成できます。パターン種別には、repeat（上下左右に繰り返し）の他、repeat-x／repeat-y（水平方向、垂直方向にのみ繰り返し）、no-repeat（繰り返さない）を指定できます。

構文 **createPatternメソッド**

```
context.createPattern(image, repetition)
```

image	Imageオブジェクト
repetition	パターン種別

あとは、生成されたCanvasPatternオブジェクトをfillStyleプロパティにセットするだけです。キャンバスそのものに背景を設置することはできませんので、fillRectメソッドでキャンバスと同じ大きさの矩形を描画しています。

MEMO

267 画像を拡大／回転／移動／変形したい

Canvas | scale | rotate | translate | transform

関連	264 キャンバスに画像を埋め込みたい P.462
利用例	キャンバス上の図形を変形させる場合

Canvas APIでは、scale（サイズ変更）、rotate（回転）、translate（移動）、transform（変形）のようなメソッドが用意されており、図形を加工できます。以下は、その具体的な例です。

●canvas_transform.js（canvas_transform.htmlは レシピ255 のcanvas.htmlと同様）

```
let cv = document.getElementById('cv');
let c = cv.getContext('2d');
// 初期状態のキャンバスを3個保存
for (let i = 0; i < 3; i++) { c.save(); }
let img = new Image();
img.setAttribute('src', './image/webdeli.gif');
img.addEventListener('load', function () {
  // 60°回転したものを描画
  c.rotate(60 * Math.PI / 180);
  c.drawImage(this, 0, 0);

  c.restore();
  // 45%に縮小して描画
  c.scale(0.45, 0.45);
  c.drawImage(this, 80, 50);

  c.restore();
  // (180, 20) ずらしたうえで描画
  c.translate(180, 20);
  c.drawImage(this, 0, 0);

  c.restore();
  // 変形マトリクスで変換したうえで描画
  c.transform(1, 1, 1, -1, 0, 0);
  c.drawImage(this, 150, 10);
}, false);
```

▼結果　さまざまに変形した画像

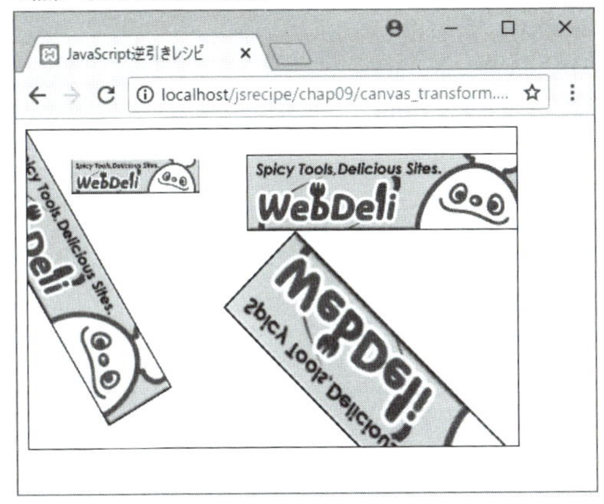

それぞれのメソッドの構文は、以下の通りです。

構文 scale／rotate／translate／transformメソッド

```
context.scale(x, y)
context.rotate(angle)
context.translate(dx, dy)
context.transform(m11, m12, m21, m22, dx, dy)
```

x	水平倍率
y	垂直倍率
angle	角度
dx	水平移動距離
dy	垂直移動距離
m11	水平倍率
m12	水平スキュー（歪み）
m21	垂直倍率
m22	垂直スキュー（歪み）

transformメソッドは、その他の加工メソッドをまとめた汎用的なメソッドで、図9.8のような変換マトリクスを使って図形を変形します。

図9.8　変換マトリクス

$$
\begin{pmatrix} x' \\ y' \\ 1 \end{pmatrix} = \begin{pmatrix} m11, & m21, & dx \\ m12, & m22, & dy \\ 0, & 0, & 1 \end{pmatrix} \begin{pmatrix} x \\ y \\ 1 \end{pmatrix}
$$

表9.20に、scale／rotate／translateメソッドに対応したtransformメソッドの記述例を示します（ただし、単純なサイズ変更／回転／移動であれば、専用メソッドを利用すべきです）。

表9.20　transformメソッドの主な例

記述例	意味
transform(x, 0, 0, y, 0, 0)	横x倍／縦y倍の拡大
transform(Math.cos(r), Math.sin(r), -Math.sin(r), Math.cos(r), 0, 0)	r（ラジアン）だけ回転
transform(1, 0, 0, 1, x, y)	水平方向x、垂直方向yの移動

これらのメソッドはすべて、実行都度に累積されます。そのため、（累積ではなく）新たに変形を適用したい場合は、restoreメソッドを呼び出して、キャンバスをもとに戻すようにしてください。

268 キャンバスの内容をData URL形式で出力したい

Canvas | toDataURL

関連	255 プラグインレスで図形を描画したい P.444
利用例	キャンバスの内容をストレージなどに保存する場合

キャンバスで描画した画像は、toDataURLメソッドを利用することで、Data URL形式（レシピ185も参照）で出力できます。たとえば以下は、キャンバスの内容をData URL形式に変換し、そのデータに基づいて、新たに<img>タグを生成する（＝キャンバスの内容をコピーする）サンプルです。

●上：canvas_dataURL.html／下：canvas_dataURL.js

```
<canvas id="cv" width="400" height="250">
  ご使用の環境は、Canvas機能に対応していません。
</canvas>
<input id="copy" type="button" value="複写" />
<div id="result"></div>
```

```
let cv = document.getElementById('cv');
let c = cv.getContext('2d');
// 元となる図形を描画
c.beginPath();
c.arc(230, 130, 90, 0, 2 * Math.PI, false);
c.stroke();
c.clip();
let img = new Image();
img.setAttribute('src', './image/animal.jpg');
img.addEventListener('load', function () {
  c.drawImage(this, 0, 0, 400, 300);
}, false);

// [複写] ボタンでキャンバスの内容をコピー
let copy = document.getElementById('copy');
copy.addEventListener('click', function () {
  let img2 = new Image();
  // Data URL形式のパスをsrc属性にセット
  img2.setAttribute('src', cv.toDataURL());
  img2.addEventListener('load', function () {
    document.getElementById('result').appendChild(this);
  }, false);
}, false);
```

▼結果　キャンバスの内容を<img>タグ（画面右）にコピー

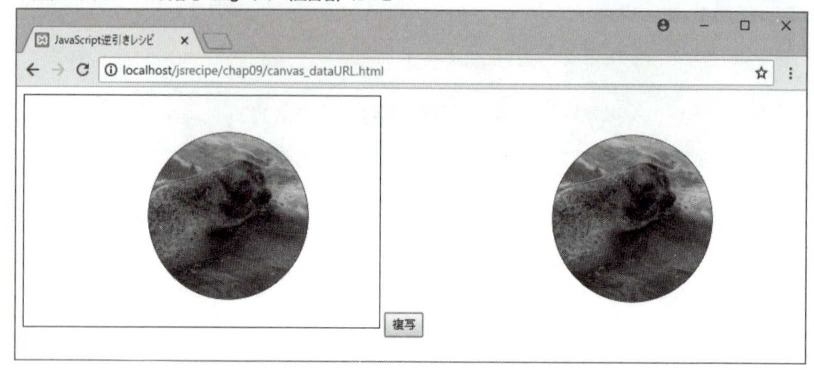

ここでは、取得したData URLをsrcプロパティに設定しているだけですが、もちろんWeb Storageやデータベースなどに保存することもできます。

MEMO

PROGRAMMER'S RECIPE

第 10 章

ブラウザーオブジェクト [通信編]

269 非同期通信(fetch)でデータを取得したい

非同期通信 | fetch

IE×

関連	270 通信エラー時の処理を実装したい P.477
利用例	サーバー側に格納されている情報を取得したい場合

fetchメソッドを利用します。

構文 fetchメソッド

```
fetch(input [, opts])
```

input 取得したいリソース
opts リクエストオプション(表10.1)

表10.1 主なリクエストオプション(引数opts)

オプション	概要
method	リクエストメソッド(GET/POSTなど。既定はGET)
headers	リクエストヘッダー(Headerオブジェクト、または「キー名:*値*」のハッシュ形式)
body	リクエスト本体(FormData、URLSearchParamsなど)
mode	リクエストモード レシピ275
credentials	機密情報の送信ルール レシピ276
cache	キャッシュモード(設定値はno-store、reload、no-cache、force-cache、only-if-cachedなど)
redirect	リダイレクトの処理方法(設定値はfollow、manualなど)
referrerPolicy	Refererヘッダーを送信するか(設定値はno-referrer、same-origin、strict-origin、unsafe-urlなど)
integrity	取得するリソースのハッシュ値 レシピ003

たとえば以下は、指定されたページを非同期に読み込み、<div id="result">要素に反映する例です。

●上：fetch.html／下：fetch.js

```
<input id="btn" type="button" value="現在日時" />
<p id="fetch"></p>
```

```
document.getElementById('btn').addEventListener('click', function(e) {
  fetch('fetch')                                          ❶
    .then(function(response) {
      return response.text();                             ❷
    })
    .then(function(data) {
      document.getElementById('result').textContent = data;   ❸
    });
}, false);
```

●fetch.php

```
<?php
print('現在日時：'.date('Y年m月d日 H:i:s'));
```

▼結果　ボタンクリック時に現在時刻を表示

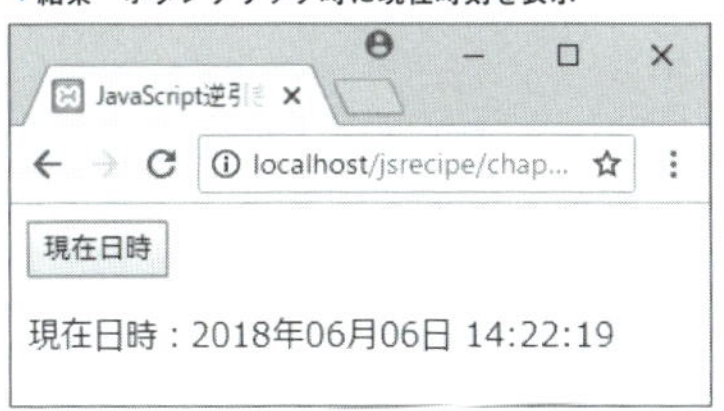

fetchメソッド（❶）は、非同期通信の結果をPromise<Response>――Responseオブジェクトを含んだPromiseオブジェクトとして返します。これを処理するのが、thenメソッド レシピ077 です（❷）。

コールバック関数の引数responseは、Promise経由で渡されたResponseオブジェクトです。ここでは、そのtextメソッドにアクセスして応答データを文字列（Promise<string>）として取得しているわけです。あとは、❸でさらに文字列を取り出し、<div id="result">要素に反映しています。

文章として表すと複雑に見えるかもしれませんが、❶非同期通信の開始、❷レスポンスの形式に応じてデータを取り出す、❸データをページに反映させる、という流れはおおよそ定石なので、まずは決まり文句として覚えてしまうと良いでしょう。

引数inputではRequestオブジェクトも可

引数inputには、Requestオブジェクトを渡すこともできます。

構文 **Requestコンストラクター**

```
new Request(input [, opts])
```

input	取得したいリソース
opts	リクエストオプション（表10.1）

そのため、サンプルの❶は、以下のように表しても同じ意味です。

```
fetch(new Request('fetch.php'))
```

Internet Explorerに対応するために（fetch-polyfill）

fetchメソッドは、Internet Explorer（IE）には対応していません。IE環境までサポートする場合には、旧来のXMLHttpRequestオブジェクト レシピ278 を利用するか、fetch-polyfillを利用する必要があります。

ポリフィル（polyfill）とは、ブラウザーに不足している機能を補うためのライブラリです。利用にあたっては、.htmlファイルから以下のライブラリをインポートしてください。

```
<script src="https://cdnjs.cloudflare.com/ajax/libs/fetch/2.0.4/fetch.min.js">↵
</script>
<script src="https://cdn.jsdelivr.net/npm/promise-polyfill@8/dist/polyfill.min.↵
js"></script>
<script src="https://cdn.jsdelivr.net/npm/url-search-params-polyfill@4.0.1/↵
index.min.js"></script>
```

promise-polyfillは、Promiseの機能を補うためのポリフィルで、fetch-polyfillを利用する際に必要となります。url-search-params-polyfillは、URLSearchParams レシピ271 のためのポリフィルなので、URLSearchParamsを利用しない場合には不要です。

270 通信エラー時の処理を実装したい

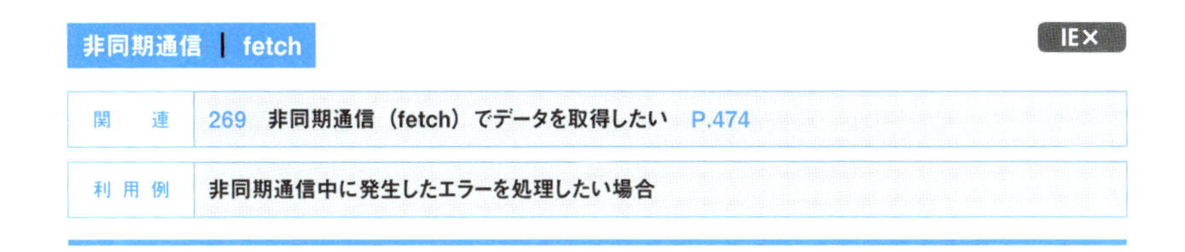

非同期通信 | fetch　　IE×

関　連	269 非同期通信（fetch）でデータを取得したい P.474
利用例	非同期通信中に発生したエラーを処理したい場合

catchメソッドを利用します。

以下は、ボタンクリックで指定されたファイルにアクセスし、その内容をページに反映する例です。ただし、ここではエラーの挙動を確認するために、アクセス先には存在しないファイル（nothing.php）を指定するものとします。

●上：fetch_catch.html／下：fetch_catch.js

```
<input id="btn" type="button" value="ファイル表示" />
<p id="result"></p>
```

```
document.getElementById('btn').addEventListener('click', function (e) {
  fetch('nothing.php')
    .then(function (response) {
      if (response.ok) {                                    ①
        return response.text();
      }
      throw new Error('指定されたファイルが存在しません。');
    })
    .then(function (data) {
      document.getElementById('result').textContent = data;
    })
    .catch(function (error) {                               ②
      window.alert('Error: ' + error.message);
    });
}, false);
```

▼結果　存在しないリソースへのアクセスにはダイアログを表示

fetchメソッドはネットワークエラーに対してTypeErrorエラーを返しますが、404（Not Found）はいわゆるネットワークエラーとは見なされません。

そのため、❶でもokプロパティで成功レスポンス（200~299）が返されたかをチェックし、成功であれば応答データを取得し、さもなくば明示的にエラーをスローしています。

エラーを処理するのがcatchメソッドです（❷）。コールバック関数の引数はスローされたエラーを受け取るので、ここでは、そのmessageプロパティ（エラーメッセージ）をログ出力しています。

NOTE

Responseオブジェクトのメンバー

Responseオブジェクトは、本文で紹介した他にも、表10.Aのようなメンバーを提供しています。

表10.A　Responseオブジェクトのメンバー

分類	メンバー	概要
ステータス	ok	成功したか
	redirected	レスポンスがリダイレクトの結果であるか
	status	HTTPステータスコード
	statusText	ステータスメッセージ
ヘッダー	headers	ヘッダー情報（Headersオブジェクト）
	type	レスポンスタイプ
	url	レスポンスのURL
本文	body	レスポンス本体を取得（ReadableStreamオブジェクト）
	arrayBuffer()	ArrayBufferとして取得
	blob()	Blobとして取得
	formData()	FormDataとして取得
	json()	JSON形式で取得
	text()	テキストとして取得

271 クエリ情報経由でデータを送信したい

fetch | URLSearchParams

IE×

関連	269 非同期通信（fetch）でデータを取得したい P.474
利用例	HTTP GET通信で検索のキーとなる情報を渡したい場合

URLSearchParams レシピ234 オブジェクトを利用することで、クエリ情報を動的に組み立てることができます。

たとえば以下は、［名前］欄から入力した名前に基づいて、サーバー側で「こんにちは、●○さん！」というメッセージを組み立て、ページに反映する例です。

●上：fetch_query.html／下：fetch_query.js

```
<form>
  <label for="name">氏名：</label>
  <input id="name" name="name" type="text" size="20" />
  <input id="btn" type="button" value="送信" />
</form>
<p id="result"></p>
```

```
let result = document.getElementById('result');
document.getElementById('btn').addEventListener('click', function (e) {
  // クエリ情報を生成
  let params = new URLSearchParams();
  params.set('name', document.getElementById('name').value);  ❶
  // クエリ情報を付与してリクエストを開始
  fetch('fetch_query.php?' + params.toString())
    .then(function (response) {
      return response.text();
    })
    .then(function (text) {
      result.textContent = text;
    });
}, false);
```

●fetch_query.php

```
<?php
$name = htmlspecialchars($_GET['name'], ENT_QUOTES | ENT_HTML5, 'UTF-8');
if($name !== '') {
  print('こんにちは、'.$name.'さん！');
}
```

▼結果　入力された名前に応じて、挨拶メッセージを生成

URLSearchParamsオブジェクトは、クエリ情報をキー／値の組み合わせで管理します。表10.2は、主なメソッドです。

表10.2　URLSearchParamsオブジェクトの主なメソッド

メソッド	概要
append(*name*, *value*)	キーname／値valueを新しい検索パラメーターとして追加
delete(*name*)	キーnameの値を削除
get(*name*)	指定されたキーnameにマッチする最初の値を取得
getAll(*name*)	指定されたキーnameにマッチするすべての値を取得
has(*name*)	指定されたキーnameが存在するか
set(*name*, *value*)	キーnameに値valueを設定

❶では、setメソッドを利用して［名前］欄の値を1つ追加していますが、もちろん、同じ要領で複数の値を追加することも可能です。

準備できたら、あとはtoStringメソッドを呼び出すことで、「キー=値&...」形式のクエリ情報を取得できます。マルチバイト文字など、クエリ情報として利用できない文字は自動的にエスケープ処理されるので、encodeURIComponent関数 レシピ083 などの呼び出しは不要です。

以下は、生成されたクエリ情報付きURLの例です。

```
http://localhost/jsrecipe/chap10/fetch_query.php?name=%E5%B1%B1%E7%94%B0%E5%A4%A⏎
A%E9%83%8E
```

272 ポストデータを送信したい

fetch | FormData

IE×

関連	271 クエリ情報経由でデータを送信したい P.479
利用例	フォームからまとまったデータをサーバーに送信したい場合

fetchメソッドは、既定でHTTP GETを利用して通信します。HTTP GETでもクエリ情報を介することでデータの送信は可能ですが レシピ271、送信サイズに制限があります。具体的な制限は環境に依りますが、一般的には数百バイトを超えるデータを送信する場合には、HTTP POSTを利用すべきでしょう。

以下は、レシピ271 の例をHTTP POSTを利用して送信するよう書き換えたものです。

●上：fetch_post.html／下：fetch_post.js

```
<form id="myform">
  <label for="name">氏名：</label>
  <input id="name" name="name" type="text" size="20" />
  <input id="btn" type="button" value="送信" />
</form>
<p id="result"></p>
```

```
document.getElementById('btn').addEventListener('click', function (e) {
  // フォームからの入力を取得
  let data = new FormData(document.getElementById('myform'));  ❶
  // HTTP POST経由でデータを送信
  fetch('fetch_post.php', {                                      ❷
    method: 'POST',
    body: data,
  })
    .then(function (response) {
      return response.text();
    })
    .then(function (text) {
      document.getElementById('result').textContent = text;
    });
}, false);
```

●fetch_post.php

```
<?php
$name = htmlspecialchars($_POST['name'], ENT_QUOTES | ENT_HTML5, 'UTF-8');
if($name !== '') {
  print('こんにちは、'.$name.'さん！');
}
```

FormDataは、multipart/form-data形式のフォームデータを表現するためのオブジェクトで、まさにフォームの内容をfetch経由で送信するのに適しています（❶）。

FormDataにデータを渡すには、コンストラクターに<form>要素を渡すだけ。これによって、フォームの内容をまとめてFormData化できます。もちろん、レシピ186のようにappendメソッドを利用することで、手動でデータを組み立ててもかまいません。

あとは、methodパラメーターとしてPOST、bodyパラメーターに生成したフォームデータを渡すことで、データをポストできます（❷）。

URLSearchParamsオブジェクト

bodyパラメーターには、URLSearchParamsオブジェクトを渡すこともできます。これには、fetch_post.jsの❶を以下のように書き換えてください。

```
let data = new URLSearchParams();
data.append('name', document.getElementById('name').value);
```

appendメソッドには「名前」「値」の組み合わせで、送信すべきパラメーターを引き渡します。

MEMO

273 JSON形式のポストデータを送信したい

fetch | JSON

IE×

関連	272 ポストデータを送信したい P.481
利用例	アプリで生成したオブジェクトをサーバーに送信したい場合

HTTP POST経由では、(multipart/form-data形式) ではなく、JSON形式のデータを送信することもできます。オブジェクト形式で用意された情報をそのまま送信する場合に適しています。

●fetch_json.js

```
let data = { mid: 'y001', name: '山田太郎', age: 40 };
// JSON形式でデータを送信
fetch('fetch_json.php', {
  method: 'POST',
  headers: {
    'content-type': 'application/json',  ———— ❷
  },
  body: JSON.stringify(data),  ———— ❶
})
  .then(function (response) {
    return response.text();
  })
  .then(function (text) {
    console.log(text);    // 結果：こんにちは、山田太郎さん！
  });
```

●fetch_json.php

```
<?php
$data = json_decode(file_get_contents('php://input'));  ———— ❸
print ('こんにちは、'.$data->name.'さん！');
```

オブジェクトをJSON形式に変換するには、JSON.stringifyメソッドを利用します。変換したJSON文字列は、そのままbodyパラメーターに渡せます（❶）。

ただし、既定ではfetchメソッドはbodyパラメーターの内容によって、content-typeパラメーターを自動設定します（表10.3）。

表10.3 content-typeパラメーターの設定値

型	content-type
FormData	multipart/form-data
URLSearchParams	application/x-www-form-urlencoded;charset=UTF-8
string	text/plain;charset=UTF-8

この例であれば、text/plainとなってしまうので、明示的に「application/json」を設定しておくのを忘れないようにしましょう（❷）。

また、application/json形式のリクエストを取得する場合、PHPでも（$_POSTではなく）php://input経由でポストデータの生のデータを取得します。❸では、file_get_contents関数でこれを文字列化し、さらにjson_decode関数でオブジェクトに変換しています。

MEMO

274 プロキシで別オリジンのサーバーと通信したい

プロキシ | fetch　　IE×

関連	269 非同期通信（fetch）でデータを取得したい P.474
利用例	別のサーバーで提供されているサービスからデータを得たい場合

セキュリティ上の理由から、ブラウザーではJavaScriptによる別オリジンへのアクセスを制限しています。しかし、サードベンダーのサービスからデータを取得するなどの目的で、オリジンをまたがって、非同期通信を実施したいという状況はよくあります。

そのような場合によく利用されるのが、プロキシ、CORS、JSONPなどの技術です。ここではまず、最もクラシカルなプロキシについて解説します。**プロキシ**とは、JavaScriptの代わり（Proxy）として、外部サービスにアクセスするためのサーバースクリプトのことです。JavaScriptでは、あとは同一のオリジンにあるサーバースクリプトに対してアクセスすることで、疑似的に外部サービスにアクセスできます（図10.1）。

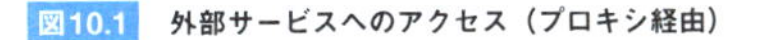

図10.1 外部サービスへのアクセス（プロキシ経由）

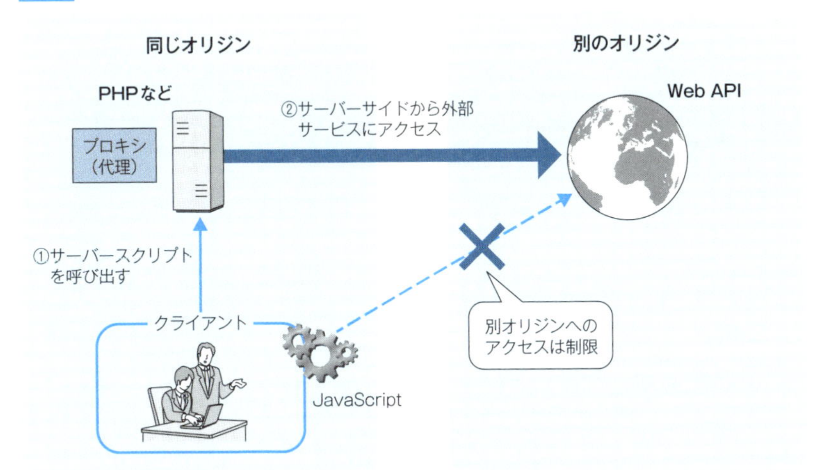

プロキシ | fetch

以下では、プロキシの例として、郵便番号検索API（http://zip.cgis.biz/）から郵便番号に対応する住所を取得し、その結果をページに反映してみます。

●上：fetch_get.html／下：fetch_get.js

```
<form>
  <label for="zip">郵便番号：</label>
  <input id="zip" type="text" size="10" />
  <input id="btn" type="button" value="検索" />
</form>
<div id="result"></div>
```

```
// ［検索］ボタンクリック時に住所を検索
document.getElementById('btn').addEventListener('click', function (e) {
  let zip = document.getElementById('zip');
  // サーバー側にクエリ情報「?zip=～」で郵便番号を引き渡す
  fetch('fetch_get.php?zip=' + zip.value)
    .then(function (response) {
      return response.text();                                   ❶
    })
    .then(function (data) {
      // 成功時に、その結果を解析＆ページに反映
      let parser = new DOMParser();                             ┐
      let xml = parser.parseFromString(data, 'text/xml');       ┘❷
      let state = xml.querySelector('value[state]').getAttribute('state');
      let city = xml.querySelector('value[city]').getAttribute('city');
      let address = xml.querySelector('value[address]').getAttribute('address');
      document.getElementById('result').textContent = state + city + address;
    });
}, false);
```

●fetch_get.php

```
<?php
// 文字コードを宣言
mb_http_output('UTF-8');
mb_internal_encoding('UTF-8');
header('Content-Type: text/xml;charset=UTF-8');
// 郵便番号検索APIにアクセスして、住所情報を取得
print(file_get_contents('http://zip.cgis.biz/xml/zip.php?zn='.$_GET['zip']));
```

▼結果　指定した郵便番号に対応する住所を表示

fetch_get.phpはプロキシ（代理）なので、郵便番号検索APIから得た結果をそのまま出力するだけです。この例であれば、以下のような結果が得られます。

```
<?xml version="1.0" encoding="utf-8" ?>
<ZIP_result>
  ...中略...
  <ADDRESS_value>
    <value state_kana="ｼｽﾞｵｶｹﾝ" />
    <value city_kana="ﾏｷﾉﾊﾗｼ" />
    <value address_kana="ｶﾂﾏ" />
    <value company_kana="none" />
    <value state="静岡県" />
    <value city="牧之原市" />
    <value address="勝間" />
    <value company="none" />
  </ADDRESS_value>
</ZIP_result>
```

ただし、textメソッド（❶）で取得しただけではプレーンなテキストなので、XMLとして処理するには、DOMParserオブジェクトのparseFromStringメソッドを利用します（❷）。

構文 parseFromStringメソッド

```
parser.parseFromString(xml, type)
```

xml　XML文字列
type　コンテンツタイプ（text/xml、text/htmlなど）

parseFromStringメソッドの戻り値は、Documentオブジェクトです。あとは、querySelectorメソッド レシピ170 で、それぞれstate／city／address属性を持つ<value>要素を検索し、その値を連結したものを住所として組み立てています（もちろん、その他にも第7章で触れたメソッドを利用できます）。

275 CORSで別オリジンのサーバーと通信したい

CORS | fetch

IE×

関　連	269 非同期通信（fetch）でデータを取得したい P.474
利用例	別のサーバーで提供されているサービスからデータを得たい場合

CORS（Cross-Origin Resource Sharing）は、オリジンをまたがってデータを受け渡しするための仕組みです。クライアント／サーバー双方の対応が必要となりますが、W3Cで標準化されている仕様なので、環境が許すならば積極的に活用していくことをお勧めします。

以下は、レシピ269のサンプルをクロスオリジン対応する例です。動作させるにあたっては、サーバーサイドのfetch_mode.phpは、クライアントサイド（fetch_mode.html／fetch_mode.js）と異なるサーバーに配置してください。

クライアントサイドの準備

fetchメソッドのmodeオプションに'cors'を指定します。

●fetch_mode.js

```
document.getElementById('btn').addEventListener('click', function (e) {
  // 別サーバーへのリクエストを送信
  fetch('https://wings.msn.to/tmp/it/fetch_mode.php', {
    mode: 'cors'
  })
    .then(function (response) {
      return response.text();
    })
    .then(function (data) {
      document.getElementById('result').textContent = data;
    });
}, false);
```

※太字部分は、自分の環境に応じて変更してください。

設定値「cors」は別オリジンへの通信を許可することを意味します（既定値なので、省略しても同じ意味です）。ちなみに、同じオリジンしか通信できないように宣言する場合には、「same-origin」とします。

サーバーサイドの準備

サーバーサイドでもクライアント側のオリジンを明示的に許可しなければなりません。これを行うのが、Access-Control-Allow-Originヘッダーの役割です。

●fetch_mode.php

```
<?php
$parsed = parse_url($_SERVER['HTTP_REFERER']);
header('Access-Control-Allow-Origin: '.$parsed['scheme'].'://'.$parsed['host']);
print('現在日時：'.date('Y年m月d日 H:i:s'));
```

PHPスクリプトについては本書の守備範囲を外れるため、ここでは割愛しますが、太字部分で最低限、

> **リファラー（リンク元アドレス）をもとに、「Access-Control-Allow-Origin: http://localhost」のような応答ヘッダーを生成している（localhostは許可するオリジン）**

とだけ理解しておいてください。ここでは、リファラーをもとに許可するオリジンを設定していますが、特定のオリジンのみを許可したい場合には、許可するオリジンを明示的に指定します。また、「http://localhost」の部分を「*」とした場合には、無条件にすべてのオリジンを許可します。

これでfetch_mode.htmlを実行すると、確かにレシピ269と同じ結果を得られます。また、fetch_mode.jsのmodeオプションを「same-origin」にすると、

▼結果

```
Fetch API cannot load http://www.wings.msn.to/tmp/it/fetch_mode.php. Request ↵
mode is "same-origin" but the URL's origin is not same as the request origin ↵
http://localhost.
```

のようなエラーとなることと、modeオプションを「cors」にした状態でAccess-Control-Allow-Originヘッダーを削除した場合には、

▼結果

```
Failed to load https://wings.msn.to/tmp/it/fetch_mode.php: No 'Access-Control-↵
Allow-Origin' header is present on the requested resource. Origin 'http://↵
localhost' is therefore not allowed access. If an opaque response serves your ↵
needs, set the request's mode to 'no-cors' to fetch the resource with CORS
disabled.
```

のようなエラーになることを、それぞれ確認しておきましょう。

276 通信時にクッキーを送信したい

fetch | credentioal

IE×

関連	275 CORSで別オリジンのサーバーと通信したい P.488
利用例	非同期通信に際して、合わせてクッキーも送信したい場合

credentialsパラメーターを設定してください。指定可能な値は、表10.4の通りです。既定はomitで、fetchメソッドはクッキーを送信しません。

表10.4 credentialsパラメーターの設定値

設定値	概要
omit	クッキーを送信しない
same-origin	同一オリジンの場合にだけ送信
include	常に送信

以下は、クロスオリジンでクッキーを送信する例です。レシピ275のCORSサンプルをベースに、クッキー送受信のコードを加えています。

●上：fetch_cred.js／下：fetch_cred.php

```
// ボタンクリック時にリクエストを送信
document.getElementById('btn').addEventListener('click', function (e) {
  fetch('https://wings.msn.to/tmp/it/fetch_cred.php', {
    mode: 'cors',
    // クッキーの送信を有効化
    credentials: 'include', ―――――――――――――――――――― ❸
  })
    .then(function (response) {
      return response.text();
    })
    .then(function (data) {
      document.getElementById('result').innerHTML = data;
    });
}, false);
```

```
<?php
// クロスオリジン通信とクッキーの授受を有効化
$parsed = parse_url($_SERVER['HTTP_REFERER']);
header('Access-Control-Allow-Origin:'.$parsed['scheme'].'://'.$parsed['host']); ❷
header('Access-Control-Allow-Credentials: true'); ❶
setcookie('name', 'Y.Yamada', time() + 60 * 60 * 24 * 180);
print('現在日時：'.date('Y年m月d日 H:i:s').'<br />');
// 取得したクッキーの値を取得
print('クッキーの値：'.htmlspecialchars($_COOKIE['name']));
```

▼結果　2回目以降のアクセスでクッキーを取得

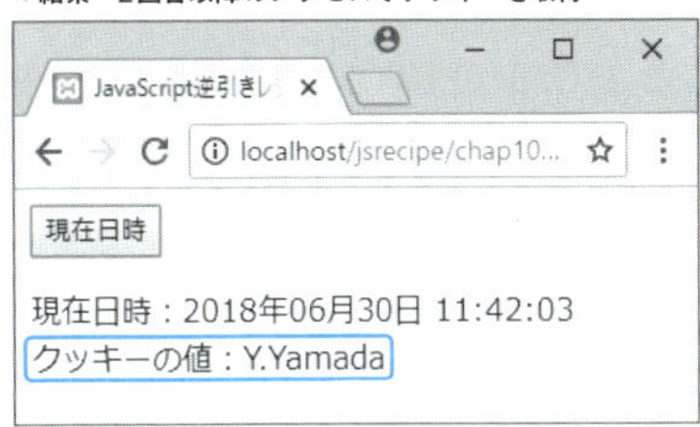

クッキーを授受するには、サーバー側でもAccess-Control-Allow-Originに加えて、「Access-Control-Allow-Credentials: true」ヘッダーを付与しなければなりません（❶）。また、Access-Control-Allow-Credentialsを利用する際には、「Access-Control-Allow-Origin: *」（ワイルドカード）は許されない点にも注意してください（❷）。

以上を理解したら、fetch_cred.htmlにアクセス、［現在時刻］ボタンを複数回押して、2度目以降のアクセスでクッキーが取得できることを確認してみましょう（credentialsオプション（❸）をコメントアウトした場合、クッキーは送信されなくなります）。

また、credentialsオプションは「include」のままに、でAccess-Control-Allow-Credentialsヘッダーを削除した場合には、以下のようなエラーとなることも確認しておきましょう。

▼結果

```
Failed to load https://wings.msn.to/tmp/it/fetch_cred.php: The value of the ↵
'Access-Control-Allow-Credentials' header in the response is '' which must be ↵
'true' when the request's credentials mode is 'include'. Origin 'http://↵
localhost' is therefore not allowed access.
```

277 fetch-jsonpでJSON形式のWeb APIにアクセスしたい

fetch-jsonp

IE×

関連	269 非同期通信（fetch）でデータを取得したい P.474
利用例	別のサーバーで提供されているJSON形式のデータを取得したい場合

オリジンをまたがって通信するためのもう1つの手段が、**JSONP**（JSON with Padding）です。JSONPとは、JavaScriptのオブジェクト形式（JSON）でデータを交換する仕組みのことです。本来、非同期通信機能を担当しているfetchメソッドを利用しないため、クロスオリジンの制約を受けないのが特徴です。

JavaScript標準では、残念ながら、執筆時点でJSONPのための機能は提供していませんが、fetch-jsonp（https://github.com/camsong/fetch-jsonp）というライブラリを利用することで、fetchライクな構文でJSONPを利用できます。本家サイトから[Clone or download] → [Download ZIP]でライブラリ一式をダウンロードできるので、配下の/build/fetch-jsonp.jsをアプリフォルダーに配置してください。

具体的な利用例も見てみましょう。以下は、はてなブックマークエントリー情報取得API（http://developer.hatena.ne.jp/ja/documents/bookmark/apis/getinfo）を利用して、指定されたURLに付けられたはてなブックマークの件数とコメントを表示する例です。

●上：fetch_api.html／下：fetch_api.js

```
<form>
  <label for="url">URL：</label>
  <input id="url" type="text" size="100" value="http://" />
  <input id="btn" type="button" value="検索" />
</form>
<div id="count">—</div>
<ul id="comment"></ul>
<!-- fetch-jsonpをインクルード -->
<script src="scripts/fetch-jsonp.js"></script>
```

```
// [検索] ボタンクリックで検索を開始
document.getElementById('btn').addEventListener('click', function (e) {
  let url = document.getElementById('url');

  fetchJsonp('http://b.hatena.ne.jp/entry/jsonlite/?url=' + url.value, {
    timeout: 7000,
  })
    .then(function (response) {
      return response.json();
    })
    .then(function (data) {
      // 取得したデータをページに反映
      document.getElementById('count').textContent = `${data.count}件`;
      let frag = document.createDocumentFragment();
      for (let bk of data.bookmarks) {
        let c = bk.comment;
        if (c !== '') {
          let li = document.createElement('li');
          li.textContent = c;
          frag.appendChild(li);
        }
      }
      document.getElementById('comment').appendChild(frag);
    // 失敗時の処理
    }).catch(function (ex) {
      console.log('例外発生：' + ex);
    });
}, false);
```

▼結果　指定されたURLにひも付いたブックマークを表示

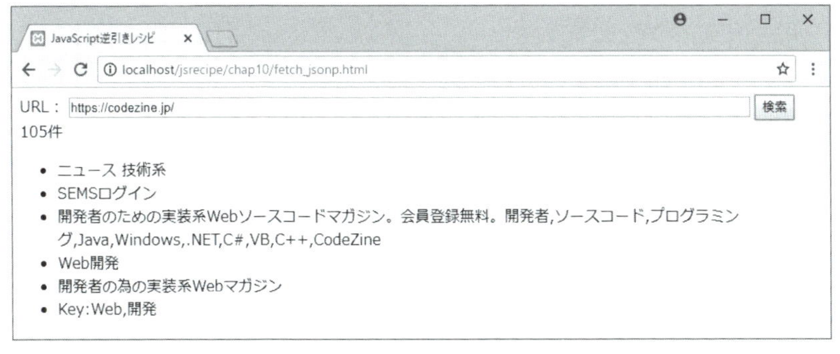

fetch-jsonp

fetchJsonpメソッドの用法は、fetchメソッドとよく似ています。ただし、第2引数で指定できるオプションは、表10.5に限定されます。

表10.5 fetchJsonpメソッドの動作オプション

オプション名	概要	既定値
jsonpCallback	リクエストURLに付与するクエリ情報のキー名	callback
jsonpCallbackFunction	内部的に生成される関数名 レシピ281	jsonp_<乱数>
timeout	タイムアウト値	5000

❶の例であれば、以下のようなリクエストが生成されることになります。

```
http://b.hatena.ne.jp/entry/jsonlite/?url=http://www.wings.msn.to/&callback=jso↵
np_1527842312431_53197
```

通信の結果をthenメソッドで受けて、Responseオブジェクトのjsonメソッドでデータ本体を取得&処理するという流れ（❷）は、fetchメソッドの場合と同じです。得られる情報はもちろん利用しているサービスによって異なりますが、「はてなブックマークエントリー情報取得API」であれば、図10.2のような内容が含まれます。

図10.2 はてなブックマークエントリー情報取得APIの結果

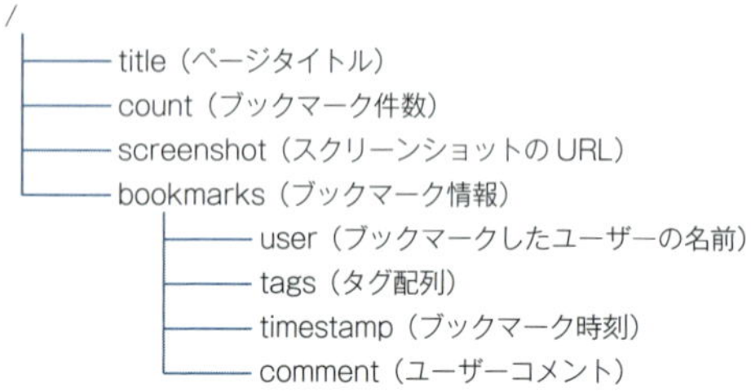

```
/
├──── title（ページタイトル）
├──── count（ブックマーク件数）
├──── screenshot（スクリーンショットのURL）
└──── bookmarks（ブックマーク情報）
          ├──── user（ブックマークしたユーザーの名前）
          ├──── tags（タグ配列）
          ├──── timestamp（ブックマーク時刻）
          └──── comment（ユーザーコメント）
```

❸では、data.bookmarks配列を順に処理して、配下のユーザーコメントを列記しています。

278 非同期通信（XMLHttpRequest）でデータを取得したい

非同期通信 | XMLHttpRequest

関連	269 非同期通信（fetch）でデータを取得したい P.474
利用例	サーバー側に格納されている情報を取得したい場合

モダンなブラウザーで非同期通信機能を実装するには、ほとんどの場合、fetchメソッドを利用するのがより良い選択肢です。ただし、執筆時点ではInternet Explorer 11（IE）がfetchメソッドに未対応である点に注意してください。

IE（もしくは、その他のfetchメソッドを未サポートの古いブラウザー）をサポートするならば、fetch-polyfill レシピ269 を利用するか、以前から利用されているXMLHttpRequestオブジェクトを利用してください。

以下は、レシピ271 の例をXMLHttpRequestオブジェクトで書き換えたものです。

●xhr.js

```
let result = document.getElementById('result');
let xhr = new XMLHttpRequest();

// 通信成功時の処理
xhr.addEventListener('load', function () {          ─┐
  result.textContent = xhr.responseText;              │
}, false);                                            │
                                                      ├─❶
// 通信エラー時の処理                                   │
xhr.addEventListener('error', function () {           │
  result.textContent = '通信時にエラーが発生しました。';  │
}, false);                                          ─┘

// ［送信］ボタンで非同期通信を開始
document.getElementById('btn').addEventListener('click', function (e) {
  xhr.open('GET', 'fetch_query.php?name=' +                          ─┐
    encodeURIComponent(document.getElementById('name').value), true); ─┴─❷
  xhr.send(null);                                                     ──❸
}, false);
```

XMLHttpRequest（XHR）では、一般的に以下の流れで通信を実行します。

❶通信成功（load）、失敗（error）時のリスナーを登録する

❷openメソッドで通信を初期化

❸sendメソッドでリクエストを送信

loadイベントリスナー(❶）では、responseTextプロパティを介して結果データを取得できます。ここでは、取得したテキストをそのままページに反映しているだけですが、もしもJSONデータを処理するならば、JSON.encodeメソッドでオブジェクト化してから、目的のプロパティにアクセスすることになるでしょう。XMLデータであれば、responseXMLプロパティを利用することで、解析した結果（Documentオブジェクト）を取得できます。

openメソッド（❷）の構文は、以下です。

構文 **openメソッド**

```
xhr.open(method, url [,async [,user [,passwd]]])
```

method	HTTPメソッド（GET／POST／PUT／DELETEなど）
url	通信先のURL
async	非同期通信か（既定はtrue）
user	認証時のユーザー名
passwd	認証時のパスワード

レシピ271ではクエリ情報を生成するためにURLSearchParamsを利用しましたが、IEでは未サポートなので、文字列として組み立てることにします。その場合、クエリ情報として利用できない文字（マルチバイト文字など）も自分でencodeURIComponent関数を呼び出してエンコードしなければならない点に注意してください。

また、openメソッドはあくまでリクエストを初期化するだけで、また送信はしていません。sendメソッドを呼び出すのを忘れないようにしてください。sendメソッドの引数は、リクエスト本体を表すもので、HTTP POSTによる通信時にだけ指定できます。HTTP GET通信ではnullを渡しておきます。

XHRオブジェクトの主なメンバー

XHRで利用できる主なメンバーを、表10.6にまとめておきます。

表10.6 XMLHttpRequestオブジェクトの主なメンバー

分類	メンバー	概要
プロパティ	response	応答本体
	responseType	応答の型
	responseText	応答本体（プレーンテキスト）
	responseXML	応答本体（Documentオブジェクト）
	status	応答ステータスコード
	statusText	応答ステータスの詳細メッセージ
	timeout	リクエストのタイムアウト時間
	readyState	非同期通信の状態を取得
	withCredentials	クロスオリジン通信に際して機密情報を送信するか
メソッド	open(...)	HTTPリクエストを初期化
	send(*body*)	HTTPリクエストを送信（引数*body*は要求本体）
	setRequestHeader(*name*, *value*)	リクエスト時に送信するヘッダーを追加
	abort()	非同期通信を中断
	getAllResponseHeaders()	すべての応答ヘッダーを取得
	getResponseHeader(*name*)	指定した応答ヘッダー*name*を取得
イベント	loadstart	リクエストを送信したとき
	progress	データを送受信している途中
	abort	リクエストがキャンセルされたとき
	load	リクエストが成功したとき
	error	リクエストが失敗したとき
	loadend	成功／失敗に関わらず、リクエストが完了したとき
	timeout	リクエストがタイムアウトしたとき

fetchメソッドと異なり、CORS レシピ275 のためのオプションはありません（サーバー側のヘッダー設定のみでCORSを有効化できます）。ただし、クロスオリジンでクッキーを送信する場合には、明示的にwithCredentialsプロパティをtrue（有効化）としておく必要があります。

279 非同期通信でデータをポストしたい

XMLHttpRequest | setRequestHeader | send

関連 272 ポストデータを送信したい P.481

利用例 フォームからまとまったデータをサーバーに送信したい場合

multipart/form-data形式／JSON形式で送信する方法があります。以下の例は、レシピ272 からの書き換えなので、対応する.html／.phpについては、そちらを参照してください。

multipart/form-data形式で送信する

application/x-www-form-urlencodedは標準的な<form>要素が利用するデータ形式で、「*キー名*＝*値*&...」の形式でポストデータを表します。

●xhr_post.js

```
let result = document.getElementById('result');
let xhr = new XMLHttpRequest();

// 通信成功時の処理
xhr.addEventListener('load', function () {
  result.textContent = xhr.responseText;
}, false);

// 通信エラー時の処理
xhr.addEventListener('error', function () {
  result.textContent = '通信時にエラーが発生しました。';
}, false);

// ［送信］ボタンクリックで通信を開始
document.getElementById('btn').addEventListener('click', function (e) {
  xhr.open('POST', 'fetch_post.php', true);
  xhr.setRequestHeader('content-type',
    'application/x-www-form-urlencoded;charset=UTF-8');;   ―― ❶
  xhr.send('name=' +                                        ┐
    encodeURIComponent(document.getElementById('name').value));  ┘― ❷
}, false);
```

リクエストのデータ形式はsetRequestHeaderメソッドで（❶）、データ本体はsendメソッドで（❷）、それぞれ設定します。

JSON形式で送信する

sendメソッドに対して、JSON.stringifyメソッドで変換したJSON文字列を渡します。この場合、content-typeヘッダーも'application/json'とします。

● xhr_json.js

```
let data = { mid: 'y001', name: '山田太郎', age: 40 };
let xhr = new XMLHttpRequest();

// 通信成功時の処理
xhr.addEventListener('load', function () {
  console.log(xhr.responseText);
}, false);

// 通信エラー時の処理
xhr.addEventListener('error', function () {
  console.log('通信時にエラーが発生しました。');
}, false);

xhr.open('POST', 'fetch_json.php', true);
xhr.setRequestHeader('content-type', 'application/json');
xhr.send(JSON.stringify(data));    // 結果：こんにちは、山田太郎さん！
```

MEMO

280 XML形式のデータを取得したい

XMLHttpRequest | responseXml

関　連	278 非同期通信（XMLHttpRequest）でデータを取得したい P.495
利 用 例	サーバー側からXML形式のデータを得たい場合

responseXmlプロパティを利用します。
以下は、レシピ278をXMLHttpRequest（XHR）オブジェクトで書き換えたものです。

●xhr_get.js

```
let zip = document.getElementById('zip');
let xhr = new XMLHttpRequest();
let result = document.getElementById('result');

// 通信成功時には、取得したデータをページに反映
xhr.addEventListener('load', function () {
  let xml = xhr.responseXML;
  let state = xml.querySelector('value[state]').getAttribute('state');
  let city = xml.querySelector('value[city]').getAttribute('city');
  let address = xml.querySelector('value[address]').getAttribute('address');
  document.getElementById('result').textContent = state + city + address;
}, false);

// エラー時にはエラーメッセージを表示
xhr.addEventListener('error', function () {
  result.textContent = '通信時にエラーが発生しました。';
}, false);

// [検索] ボタンクリック時に住所を検索
document.getElementById('btn').addEventListener('click', function (e) {
  // サーバー側にクエリ情報「?zip=～」で郵便番号を引き渡す
  xhr.open('GET', 'fetch_get.php?zip=' +
    encodeURIComponent(document.getElementById('zip').value), true);
  xhr.send(null);
}, false);
```

（❶：let xml 〜 let address の4行）

fetchメソッドと異なり、XHRオブジェクトではresponseXmlプロパティがXMLデータをオブジェクト化してくれるので、アプリ側では解析の手間は不要です。そのままquerySelectorなどのメソッドを利用してXMLデータから個々の要素にアクセスできます（❶）。

281 JSONPでJSON形式のWeb APIにアクセスしたい

JSONP

関連	277 fetch-jsonpでJSON形式のWeb APIにアクセスしたい P.492
利用例	別のサーバーで提供されているJSON形式のデータを取得したい場合

レシピ277 で解説したfetch-jsonpは、ES2015で導入されたPromiseのサポートを前提としています。Promise未対応のブラウザーでJSONPを実装するには、以下のようなコードを書いてください（XHRとは直接の関係はありませんが、レガシーなブラウザーへの対応という意味で、ここでまとめて触れておきます）。

なお、以下のコードは レシピ277 からの書き換えです。.htmlファイルはfetch_api.htmlとほぼ同じなので、紙面上は割愛します。完全なコードは本書の付属データを参照してください。

●xhr_jsonp.js

```
document.getElementById('btn').addEventListener('click', function (e) {
  let url = document.getElementById('url');
  let script = document.createElement('script');
  script.src = 'http://b.hatena.ne.jp/entry/jsonlite/?callback=mycallback&url='   ❷
  + url.value;
  // サーバーからの応答によって呼び出されるコールバック関数
  window.mycallback = function (data) {
    document.getElementById('count').textContent = data.count + '件';
    let frag = document.createDocumentFragment();
    // ブックマーク情報を<li>要素に整形
    for (let i = 0; i < data.bookmarks.length; i++) {
      let c = data.bookmarks[i].comment;
      if (c !== '') {
        let li = document.createElement('li');
        li.textContent = c;                                                      ❶
        frag.appendChild(li);
      }
    }
    document.getElementById('comment').appendChild(frag);
    // 不要になった<script>要素を破棄
    document.body.removeChild(script);                                         ❸
  };
  document.body.appendChild(script);
}, false);
```

mycallback関数（❶）は、取得したデータをもとに<li>リストを組み立てるだけで、レシピ277のthenメソッドと中身は同じです。ここでは、サービスへの通信を担う❷のコードに注目です。

❷では、以下のような<script>要素を組み立てています。

```
<script src="http://b.hatena.ne.jp/entry/jsonlite/?callback=mycallback&url=↵
https://codezine.jp/"></script>
```

「はてなブックマークエントリー情報取得API」は、クエリ情報callbackで指定された関数名と検索結果で、

```
mycallback({...})
```

のようなコードを返します。

NOTE

fetch-jsonp

fetch-jsonpでは、内部的にクエリ情報callbackを付与しています。よって、アプリ開発者が意識することはありませんでした。

つまり、「ボタンクリックによって<script>要素を埋め込む」ということは、「ボタンクリックでmycallback関数を呼び出しなさい」という意味になります。mycallback関数の引数dataには検索結果（オブジェクト）が渡されるので、あとはこれを処理していくだけです（図10.3）。

また、繰り返しアクセスした場合に、<script>要素が増殖するのを防ぐために、処理後は<script>要素を破棄します（❸）。

図10.3 JSONP（JSON with Padding）の流れ

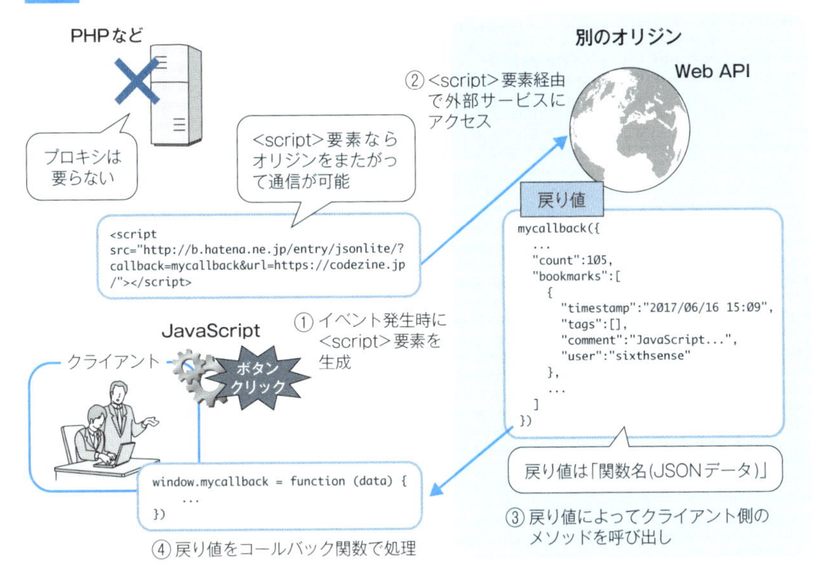

282 バックグラウンドでJavaScriptのコードを実行したい［ワーカー編］

Web Workers | postMessage

関連	283 バックグラウンドでJavaScriptのコードを実行したい［起動編］ P.506
利用例	負荷の高い処理をUIに影響を与えずに実行したい場合

従来、JavaScriptはすべてのコードを単一のUIスレッド上で動作していたため、「重い」処理が発生すると、ページの動作が寸断されてしまうということがよくありました。しかし、**Web Workers**という機能を利用することで、指定されたJavaScriptのコードをバックグラウンドで実行できるようになります（図10.4）。これによって、重い処理が実行している間も、ユーザーはブラウザー上での操作を継続できます。

図10.4 Web Workersとは？

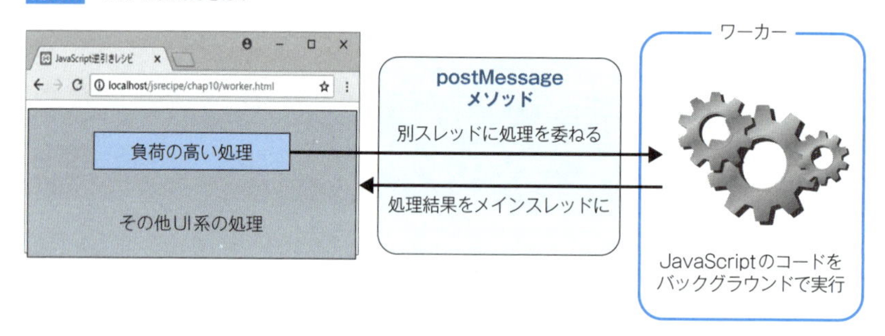

以下は、1～指定された値（target）の間にいくつnumの倍数があるかを求めるためのコードです。倍数の個数を算出するためのコードをワーカーとして切り出します。

ワーカーとは、バックグラウンドで動作するJavaScriptのコードのことです。ワーカーは、メインのJavaScriptとは独立したファイルとして用意します。

●process.js

```
// messageイベントによる処理
self.addEventListener('message', function(e) {
  let count = 0;     // 個数カウント
  // 1～targetの間でnumで割り切れる数があるかをチェック
  for (let i = 1; i < e.data.target; i++) {
    if (i % e.data.num === 0) { count++; }          ❶
  }
  // カウントした結果をメイン処理に送信
  postMessage(count);
});
```

messageイベントは、メインの処理からメッセージを受け取った（＝ワーカーが起動された）タイミングで呼び出されます。ワーカーの処理は、messageイベントリスナーとして表すのが基本です。つまり、太字部分はワーカーの定型的な枠組みであるということです（selfは、現在のウィンドウ自身を表します）。

リスナーでは、イベントオブジェクトeのdataプロパティでメイン処理からのメッセージ（ここではtarget、numプロパティ）を受け取り（❶）、処理を実行した結果をpostMessageメソッドでメイン処理に返します。

別の.jsファイルをインポートする

ここでは利用していませんが、ワーカー内ではimportScriptsメソッドを利用することで、外部のJavaScriptファイルをインポートすることもできます。

```
importScripts('external.js');
```

283 バックグラウンドでJavaScriptのコードを実行したい［起動編］

Web Workers | postMessage

関連	282 バックグラウンドでJavaScriptのコードを実行したい［ワーカー編］ P.504
利用例	負荷の高い処理をUIに影響を与えずに実行したい場合

ワーカー（process.js）を作成&起動するコードは次の通りです。［起動］ボタンをクリックすることで、ワーカーに対してテキストボックスの値を渡します。

●上：worker.html／下：worker.js

```
<form>
  <input id="target" type="text" size="7" />の中に
  <input id="num" type="text" size="3" />の倍数は
  <span id="result">—</span>個あります
  <input id="btn" type="button" value="起動" />
</form>
```

```
let result = document.getElementById('result');
// ワーカーを準備
let worker = new Worker('./scripts/process.js'); ―――― ❶

// ［起動］ボタンをクリックしたときにワーカーを起動
document.getElementById('btn').addEventListener('click', function (e) {
  worker.postMessage({                                      ┐
    target: document.getElementById('target').value,        ├ ❷
    num: document.getElementById('num').value,              │
  });                                                       ┘
  result.textContent = '（計算中...）';
});

// メッセージを受け取ったら、その結果を反映
worker.addEventListener('message', function (e) {           ┐
  result.textContent = e.data;                              ├ ❸
}, false);                                                  ┘

// エラー時にはエラーメッセージをダイアログに表示
worker.addEventListener('error', function (e) {             ┐
  window.alert(e.message);                                  ├ ❹
}, false);                                                  ┘
```

▼結果　ワーカーでの処理結果を表示

ワーカーは、Workerオブジェクトで表します（❶）。コンストラクターの引数には、ワーカーを表す.jsファイルのパスを渡します。

ワーカーを起動するのは、postMessageメソッドの役割です（ワーカーから結果を返す場合と同じですね）。引数にはワーカーに引き渡すデータを、「*名前*: *値*,...」のハッシュ形式で指定します（❷）。

ワーカーからの結果を処理しているのは、messageイベントリスナーです（❸）。ワーカーからの戻り値は、イベントオブジェクトのdataプロパティに格納されているので、ここではページにそのまま反映します。

❹は、エラー処理です。エラー情報は、イベントオブジェクトのmessage（エラーメッセージ）、filename（ファイル名）、lineno（行数）プロパティなどで取得できます。ワーカー側でwindow.alert／console.logメソッドなどは呼び出せないので、errorイベントリスナーを介して、メインスクリプトでエラー情報を受け取るようにしてください。

サンプルを実行し、テキストボックスtarget、numにそれぞれ1000000、3のような値を入力して、スクリプトを実行してみましょう。計算処理の間もページに対する操作はロックされないことを確認してください。

NOTE

ワーカーを中断する

実行中のワーカーをメインスクリプトから中断するには、「worker.terminate();」のようにします。ワーカー自身で処理を中断するならば、「self.close();」とします。

ワーカーは中断された場合、その時点で破棄されます。

284 ウィンドウ／フレーム間でメッセージを交換したい

クロスドキュメントメッセージング

関　連	282 バックグラウンドでJavaScriptのコードを実行したい［ワーカー編］ P.504
利 用 例	別ドメインで提供されているガジェットをJavaScriptで操作したいとき

クロスドキュメントメッセージングという仕組みを利用することで、異なるオリジンでも、ウィンドウ／フレームをまたいだメッセージの交換が可能になります。

たとえば図10.5は、インラインフレームで表示された別オリジンのページに対して、テキストボックスの値を送信する例です。

図10.5 テキストボックスの値をインラインフレームに反映

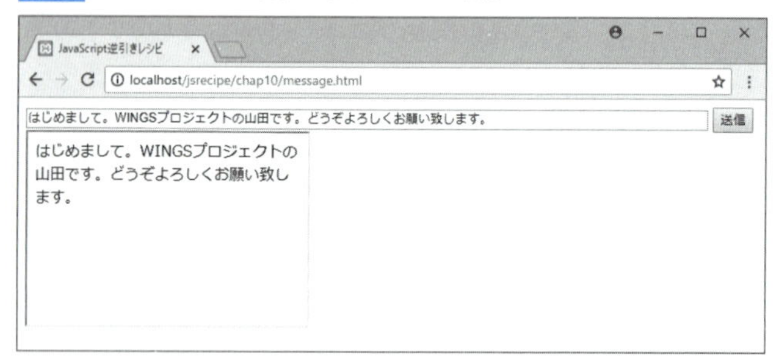

メッセージの送信

まずは、メッセージの送信側からです。

●上：message.html／下：message.js

```
<form>
  <input id="message" type="text" size="100" />
  <input id="btn" type="button" value="送信" />
</form>
<iframe id="frm" src="http://localhost/jsrecipe/chap10/message_receive.html"
  height="200" width="300"></iframe>
```

```
let target = 'http://localhost';        // ターゲットとなるオリジン
let btn = document.getElementById('btn');
let frm = document.getElementById('frm');
let message = document.getElementById('message');
```

```
  // [送信] ボタンでメッセージを送信
btn.addEventListener('click', function (e) {
  frm.contentWindow.postMessage(message.value, target);  ❶
});
```

※太字の部分（http://～）は、サンプルを配置した環境に応じて変更してください。

指定したオリジンに対してメッセージを送信するのは、postMessageメソッドの役割です（❶）。

構文 **postMessageメソッド**

```
win.postMessage(message, origin)
```

win	送信先ウィンドウ
message	メッセージ
origin	送信先ウィンドウの生成元オリジン

メッセージの受信

メインページから送信されたメッセージを受信するのは、インラインフレーム内の以下のコードです。

●上：message_receive.html／下：message_receive.js

```
<div id="result"></div>
```

```
// メッセージを受信したときにページに反映
window.addEventListener('message', function (e) {
  let origin = 'http://localhost';
  if (e.origin === origin) {                                    ─┐
    document.getElementById('result').textContent = e.data;  ❸  ├ ❷
  }                                                             ─┘
});
```

postMessageメソッドから送信されたメッセージを受信するには、messageイベントリスナーを利用します。この際、意図しないオリジンからデータを受信しないよう、イベントオブジェクトのoriginプロパティで送信元のオリジンをチェックしてください（❷）。これによって、不特定多数のオリジンによって不正な操作が行われることを防げます（この例であれば、「http://localhost」からのメッセージだけを処理します）。

受信したデータはdataプロパティで取得できます（❸）。

COLUMN　ブラウザー搭載の開発者ツール（6）—— 通信のトレース

［Network］タブを利用することで、ブラウザーで発生した通信の内容をHTTPレベルで確認できます。特に、fetchメソッド／XMLHttpRequestオブジェクトによる非同期通信は確認が難しく、問題が起こった場合にも原因が特定しにくい傾向にあります。しかし、［Network］タブを利用することで、意図したリクエスト／レスポンスが行き来しているのかを確認できます。

図A　［Network］タブですべての通信を確認

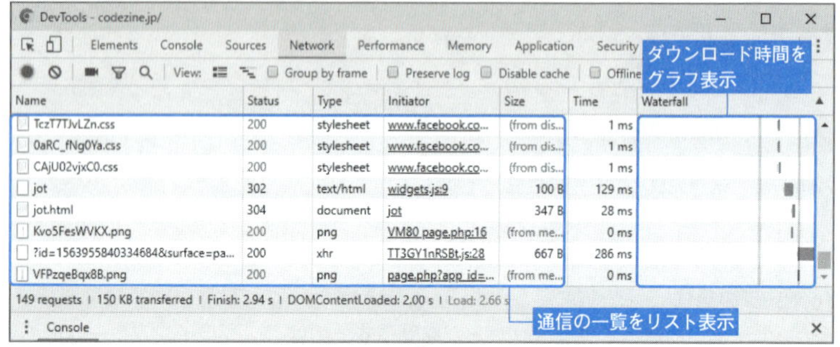

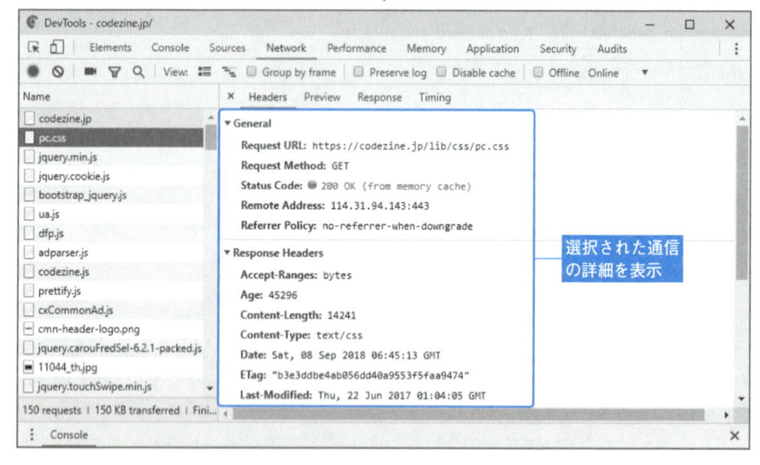

一覧から目的の通信をクリックすることで、通信の詳細（ヘッダーとコンテンツ本体）も確認できます。非同期通信で得たコンテンツをJavaScriptで加工している場合も、まずは通信で得たデータ本体を確認することで、問題を特定しやすくなるでしょう。

PROGRAMMER'S RECIPE

第 11 章

開発に役立つツール類

285 Node.jsのプロジェクトを準備したい

Node.js

関連	286 ES2015以降のコードをES5のコードに変換したい（babel-cli） P.516 289 モジュール構成のアプリを1ファイルにまとめたい P.521
利用例	JavaScript開発で利用するツールを実行したい場合

Node.jsは、JavaScript実行環境の一種です。近年、JavaScriptでフロントエンド開発を行う場合、Node.jsの利用はほぼ欠かせないため、ここで基本的な導入の手順を解説します。もちろん、Node.jsでアプリを実行するわけではなく、あくまでツールを実行するための環境です。本章で解説するBabelをはじめ、webpack、ESLintなどはすべてNode.js環境で動作します。

[1] Node.jsをインストールする

Node.jsのインストーラーは、Node.js本家サイト（https://nodejs.org/ja/）のページから入手できます。

ダウンロードしたnode-v*x.xx.x*-x64.msi（*x.xx.x*はバージョン番号）をダブルクリックすると、インストーラーが起動します（図11.1）。あとは、その指示に従って進めるだけなので、特に迷うところはないでしょう。本書では、執筆時点での最新安定版である8.11.3を利用しています。

図11.1 Node.jsのインストーラー

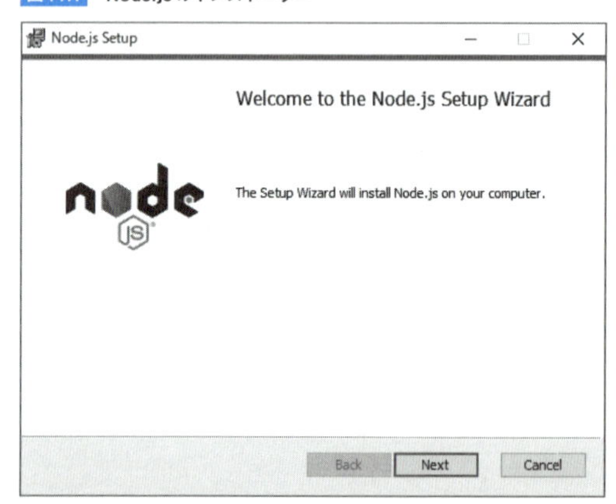

[2] プロジェクトを作成する

Node.jsを利用した開発では、アプリをプロジェクトという単位で管理するのが一般的です。ここでは、「c:¥data」フォルダー配下に「myapp」というフォルダー（プロジェクト）を作成しておきます。

また、プロジェクトフォルダーには、以下のコマンドでpackage.jsonを作成しておきましょう。package.jsonはNode.jsの設定ファイルで、アプリの基本情報、依存するライブラリなどを管理します。

```
> cd c:¥data¥myapp ←プロジェクトルートに移動
> npm init -y ←設定ファイルを生成
```

-yオプションは、すべて既定の値でpackage.jsonを作成しなさい、という意味です。-yオプションを指定しなかった場合には、設定ウィザードが起動するので、手動で値を入力することもできます。

既定で生成されたpackage.jsonは、以下の通りです。

●package.json（myappプロジェクト）

```
{
  "name": "myapp",          ←アプリの名前
  "version": "1.0.0",       ←アプリのバージョン
  "description": "",        ←アプリの説明
  "main": "index.js",       ←既定のファイル
  "scripts": {
    "test": "echo \"Error: no test specified\" && exit 1"
  },                        ←npm経由で実行できるコマンド
  "keywords": [],           ←キーワード
  "author": "",             ←著者情報
  "license": "ISC"          ←ライセンス情報
}
```

[3] ライブラリをインストールする

プロジェクトに対してライブラリをインストールするには、npmコマンドを利用します。npm（Node Package Manager）はNode.js標準のパッケージ管理システムで、ライブラリのインストール／アンインストール、そして、ライブラリ同士の依存関係を解決します。

たとえばjQuery（https://jquery.com/）をインストールするならば、以下のようにコマンドを実行します。jQueryは、文書ツリーの操作から非同期通信、イベント処理、エフェクトなど、フロントエンド開発を幅広く支援するライブラリです。

```
> npm install --save jquery
```

--saveオプションは、インストールしたライブラリの情報をpackage.jsonに記録しなさい、という意味です。たとえば、上のコマンドを実行した後は、package.jsonは以下のように変化しています。

●package.json（myappプロジェクト）

```
{
  "name": "myapp",
  ...中略...
  "dependencies": {
    "jquery": "^3.3.1"
  }
}
```

dependenciesパラメーターの配下に、アプリで利用するライブラリ（と、そのバージョン）が列挙されます。

NOTE

ライブラリの復元

package.jsonでライブラリを管理することで、あとから別の環境でアプリを実行する際にも、コマンド1つでライブラリ一式をまとめてインストールできます。具体的には、プロジェクトフォルダー直下で以下のコマンドを実行するだけです。

```
> npm install
```

[4] 開発ツールをインストールする

アプリ開発で利用するツール（＝実行に不要なライブラリ）をインストールするには、npm installに--save-devオプションを付与します。たとえば以下はJasmine（https://jasmine.github.io/）をインストールする例です。Jasmineは、単体テストを自動化するためのテスティングフレームワークの一種です。

```
> npm install --save-dev jasmine
```

--save-devは、--saveとほぼ同じ意味ですが、ライブラリ情報をdevDependenciesというブロックに記録します。

●package.json（myappプロジェクト）

```
{
  "name": "myapp",
  ...中略...
  "devDependencies": {
    "jasmine": "^3.1.0"
  }
}
```

これによって、あとから別の環境で「ライブラリを一括インストールしたい（でも、開発ツールはいらないよ）」という場合にも、以下のコマンドで実行のためのライブラリだけをインストールできます（＝devDependenciesで列挙されたライブラリは除外されます）。

```
> npm install --production
```

MEMO

286 ES2015以降のコードをES5のコードに変換したい(babel-cli)

Babel

関連	285 Node.jsのプロジェクトを準備したい P.512
利用例	IEなどのブラウザーでES2015のコードを実行したい場合

JavaScriptは日々進化していますが、特に2015年6月にリリースされたECMAScript2015(ES2015)ではclass構文の導入など、大きく機能が強化されています(P.110「ECMAScriptの歴史」参照)。ES2015以降の構文を利用するかどうかによって、JavaScriptプログラミングの難易度は大きく変化します。

もっとも、執筆時点(2018年8月)でも、ES2015以降の構文はすべてのブラウザーで完全にはサポートされていません。特にInternet Explorer 11はES2015のサポート率が低いにもかかわらず、まだまだ国内でのシェアが高いため、無視できません。

そこで、現時点でES2015以降の構文を利用するには、Babel(https://babeljs.io/)のような**トランスコンパイラー**(変換ツール)の利用が欠かせません。Babelでは、ES2015以降で書かれたコードを、ES5相当のコードに変換します。ES5のコードなら、現在よく利用されているブラウザーであれば、問題なく動作します。

Babelをコマンドラインから利用する

Babelを利用する場合の、基本的な方法です。babelコマンドを利用して、コマンドラインからコードをトランスコンパイルします。

[1] Babelをインストールする

レシピ285 の手順[1]~[2]に従って、Node.jsのプロジェクトを作成します(ここでは仮に「babel」というフォルダーを用意します)。プロジェクトフォルダーの配下で、以下のコマンドを実行してください。

```
> npm install --save-dev babel-cli babel-preset-env
```

babel-cliはBabelをコマンドラインから操作するためのツール、babel-preset-envはBabelでES2015以降のコードをトランスコンパイルするためのプリセット(プラグイン)です。

[2] Babelの設定ファイルを準備する

babel-preset-envを有効にするには、Babelの設定ファイルをプロジェクトルートに準備します。設定ファイルの名前は「.babelrc」で固定です。

●.babelrc（babelプロジェクト）

```
{
  "presets": ["env"]
}
```

presetsパラメーターで有効にすべきプリセットを列挙します。複数指定できるので、設定値は[...]でくくります。

> **NOTE**
>
> **その他のパラメーター**
>
> .babelrcではpresetsパラメーターの他にも、Babel APIで利用できるパラメーターをほぼすべて利用できます。詳しくは「API」（https://babeljs.io/docs/usage/api/）のページも参照してください。

[3] トランスコンパイル対象のフォルダー／ファイルを準備する

プロジェクトフォルダー配下に、図11.2のフォルダーを準備します。

図11.2 Babelを利用する際のフォルダー構造

```
/babel              ←プロジェクトルート
 ├──── /src         ←変換対象のファイルを格納
 └──── class_const.js  レシピ140
```

フォルダー名は変更してもかまいませんが、その場合は、以降のコマンドも読み替えるようにしてください。また、変換元（srcフォルダー）には必要に応じてサブフォルダーを配置することも可能です。

[4] Babelを実行する

Babelを実行するには、以下のnpxコマンドを呼び出します。npxはNode.js 8.2以降で導入されたコマンドで、プロジェクトローカルにインストールされたパッケージのコマンド（ここではbabelコマンド）を実行します。

```
> npx babel src -d dist
npx: installed 1 in 4.463s
...中略...
src\class_const.js -> dist\class_const.js
```

これで「/srcフォルダー配下のコードを変換し、その結果を/distフォルダーに保存しなさい」という意味になります。コマンドを実行した後、distフォルダーが作成され、その配下に変換済みのファイルが配置されていることを確認してください。

コマンドのエイリアスを定義する

ただし、トランスコンパイルのたびにオプション（対象のフォルダーなど）を指定するのは面倒です。そこでより実践的な開発では、npm scriptsを利用するのが一般的です。npm scriptsとは、任意のコマンドのショートカットを定義するための機能。たとえば上のコマンドをnpm run buildコマンドで呼び出せるようにするには、package.jsonを以下のように編集します。

●package.json（babelプロジェクト）

```
{
  "name": "babel",
  ...中略...
  "scripts": {
    "build": "babel src -d dist"
  },
  ...中略...
  }
}
```

以下のコマンドを実行して、確かに先ほどと同じく、トランスコンパイルが実行されていることを確認してください。

```
> npm run build
```

287 ES2015以降で用意されたオブジェクト／メソッドを利用したい

Babel

関連	286 ES2015以降のコードをES5のコードに変換したい（babel-cli） P.516
利用例	Map、Setなど、ES2015以降で追加されたAPIを利用したい場合

Babelが変換するのは、たとえばクラスやアロー関数、ジェネレーターといった言語構文が中心です。Map／Set、Promiseといった組み込みオブジェクト／メソッドを、旧来のブラウザーで利用するには、babel-polyfillを併用する必要があります。ポリフィル（Polyfill）とは、ブラウザーの実装で不足している部分を埋めるためのライブラリです。

babel-polyfillは、まずはCDN（Content Delivery Network）経由で取得するのが手軽です。該当するページに、以下の<script>要素を貼り付けてください。

```
<script src="https://cdnjs.cloudflare.com/ajax/libs/babel-polyfill/6.26.0/⏎
polyfill.min.js">
</script>
```

NOTE

Content Delivery Network

CDN（コンテンツデリバリーネットワーク）とは、コンテンツ配信のために最適化されたネットワークのことです。CDNでは、コンテンツが要求されると、ユーザーが利用しているコンピューターのネットワーク位置に応じて、最も近いサーバーを選択し、そこからコンテンツをダウンロードさせるようにします。これによって、特定のサーバーにアクセスするよりも高速に必要なコンテンツを入手できるというわけです。

また、一度読み込まれたファイルは、ブラウザー側でキャッシュされます。他のサイトで同じCDNを利用している場合には、キャッシュによる高速化も期待できます。

288 ブラウザー上でBabelを利用したい

Babel

関　連	286 ES2015以降のコードをES5のコードに変換したい（babel-cli） P.516
利用例	とりあえずES2015以降の最新JavaScriptに触れてみたい場合 Babelをインストールせずに、手っ取り早く動作を確認したい場合

Babel本家サイトで提供されている簡易インタプリターを利用します（図11.3）。インタプリターはブラウザー上で動作するので、特別な準備は不要です。

図11.3 Babelの簡易インタプリター（https://babeljs.io/repl/）

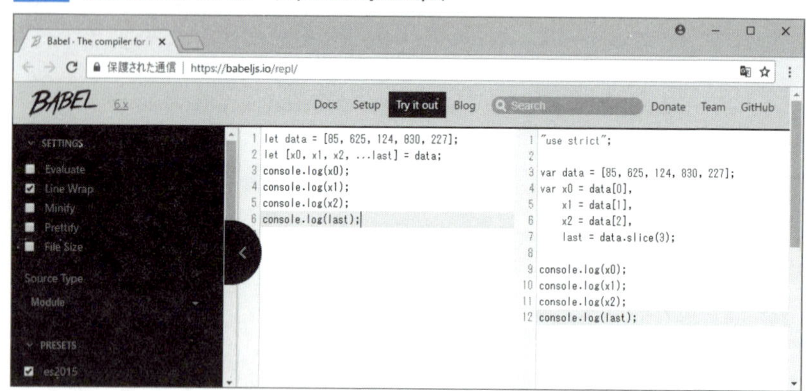

ウィンドウの左枠でコードを入力すると、右枠にトランスコンパイル済みのコードが表示されます。

左には設定のためのペインも用意されています。[SETTINGS] 欄の意味は、表11.1の通りです。[PRESETS] 以下は、適用するプリセット（プラグイン）などを表します。

表11.1 簡易インタプリターの設定項目

項目	概要
Evaluate	変更時にコードを実行するか
Line Wrap	コードを右端で折り返すか
Minify	コードを最小化
Prettify	コードを整形
File Size	変換前後のファイルサイズを表示

289 モジュール構成のアプリを1ファイルにまとめたい

webpack

関　連	153 モジュールを定義したい P.252 285 Node.jsのプロジェクトを準備したい P.512
利用例	複数のモジュールで構成される.jsファイルを1つにまとめたい場合

執筆時点では、JavaScriptのモジュール レシピ153 を現役のブラウザーがすべて解釈できるわけではありません。不特定多数のユーザーを対象とするならば、モジュール間の依存関係を解釈して、1つのファイルに束ねるモジュールバンドラーのお世話になる必要があります。

本書では、モジュールバンドラーとしてAngular、Reactなどでも標準的に採用されているwebpackを取り上げ、導入から実行までの手順を解説します。

[1] webpackをインストールする

レシピ285 の手順［1］～［2］に従って、Node.jsのプロジェクトを作成します（ここでは仮に「bundler」というフォルダーを用意します）。プロジェクトフォルダーの配下で、以下のコマンドを実行してください。

```
> npm install --save-dev webpack webpack-cli
```

webpackはwebpack本体、webpack-cliはwebpackをコマンドラインから実行するためのツールです。

[2] バンドル対象のフォルダー／ファイルを準備する

プロジェクトフォルダー配下に、図11.4のフォルダーを準備します。

図11.4 webpackを利用する際のフォルダー構造

```
/bundler                     ← プロジェクトルート
  ├── /src                   ← 変換対象のファイルを格納したフォルダー
  │     ├── index.js         ← レシピ153 のmodule_basic.jsをリネーム
  │     └── util.js          ← utilモジュール レシピ153
  └── /dist                  ← 変換済みのファイルを保存するためのフォルダー
```

src、dist、index.jsはwebpackであらかじめ決められたフォルダー／ファイルです。フォルダー／ファイル名を変更する方法については、レシピ290 も参照してください。

[3] webpackを実行する

webpackを実行するには、以下のnpxコマンドを呼び出します。

```
> npx webpack
npx: installed 1 in 2.923s
Path must be a string. Received undefined
C:¥data¥bundler¥node_modules¥webpack¥bin¥webpack.js
Hash: 95e18a5a3022c12ff2ff
Version: webpack 4.13.0
Time: 657ms
Built at: 2018-06-29 18:26:21
  Asset      Size  Chunks             Chunk Names
main.js  1.08 KiB       0  [emitted]  main
[0] ./src/index.js + 1 modules 454 bytes {0} [built]
    | ./src/index.js 132 bytes [built]
    | ./src/util.js 322 bytes [built]

...後略...
```

これで/srcフォルダー配下のindex.jsをエントリーポイントとしてコードが解釈&バンドルされます。バンドルの結果は/dist/main.jsに出力されます（本書の配布サンプル上は/dist/index.htmlからmain.jsを実行できます）。

当たり前ですが、実行に必要なファイルはmain.jsにまとめられているので、実行時には/srcフォルダー配下のコードは不要です。

> **NOTE**
>
> **エントリーポイント**
>
> この場合、バンドルに際して解析を開始するファイルのことを言います。webpackでは、エントリーポイントを基点として、import命令を順にたどって、依存するファイルを取得&バンドルします。

290 webpackの挙動を設定したい

モジュール | webpack

関連	289 モジュール構成のアプリを1ファイルにまとめたい P.521
利用例	変換元／先フォルダーをアプリ独自のフォルダーにしたい場合

プロジェクトルートに、設定ファイルとしてwebpack.config.jsを準備します。ファイル名は変更することも可能ですが、その場合は、以下のコマンドも読み替えるようにしてください。

たとえば以下は、エントリーポイントとバンドル結果の出力先を設定するためのコードです。

●webpack.config.js（bundlerプロジェクト）

```
module.exports = {
  mode: 'development',
  entry: './src/index.js',
  output: {
    path: `${__dirname}/dist`,
    filename: 'main.js'
  },
};
```

❶の「module.exports = {...};」は設定ファイルの外枠です。設定情報は、この中に「パラメーター名: *値*」形式で列記していきます。ここで指定しているのは、

- mode：実行モード
- entry：エントリーポイント
- output：出力先のファイル名

です。

outputパラメーター（❷）は、さらに

- path：出力先のフォルダー
- filename：ファイル名

から構成されます。${__dirname}（アンダースコアは2個）は、プロジェクトルートの

パスを表す予約変数です。
以上をまとめると、この設定ファイルでは「src/index.jsをエントリーポイントとして、ビルドした結果をdist/main.jsに出力しなさい」という意味になります。エントリーポイントのパスや出力ファイル名を変更したい場合は、太字の箇所を書き換えてください。

webpackの実行モード

❸はwebpackの実行モードを表すパラメーターで、development／productionのいずれかを設定できます。大ざっぱに言えば、developmentモードでは「よりデバッグに適したコードを高速に生成する」ことに重きを置いているのに対して、productionモードでは「不要なコードを削除し、できるだけサイズが小さく、実行効率の良いコードを生成」しようとします。用途に応じて、モードを切り替えるようにしてください（表11.2）。

表11.2 実行モードによる違い

モード	development	production
コードの圧縮	○	×
ビルド時間	○	△
ソースマップ	○	×
実行パフォーマンス	△	○

なお、modeパラメーターは本来必須です。執筆時点（webpack 4.13.0）では省略してもエラーにはならず（警告が通知されます）にproductionと見なされますが、設定ファイルでは必ず指定してください。

NOTE

ソースマップ

ソースマップとは、バンドル前後のコードをマッピングするためのファイルです。ソースマップを利用することで、デバッグ時にも、エラー箇所を（バンドル前の）オリジナルのソースコードによって参照できるようになるので、問題の特定がしやすくなります。

設定ファイル付きでバンドルする

設定ファイルを指定してバンドルを実行するには、以下のように--configオプションを利用します。

```
> npx webpack --config webpack.config.js
```

ただし、--configオプションの既定はwebpack.config.jsなので、この例であれば太字の部分を省略してもかまいません。

コマンドのエイリアスを定義する

--configなどのオプションを指定するようになると、毎度タイプするのも面倒です。また、webpack以外のビルドシステムを利用する場合でも、コマンドは共通して利用できたほうが便利です。

そこでより実践的な開発では、npm scriptsでコマンドのエイリアスを登録しておきましょう。たとえば上のコマンドをnpm run buildコマンドで呼び出せるようにするには、package.jsonを以下のように編集します。

●package.json（bundlerプロジェクト）

```
{
  "name": "bundler",
  ...中略...
  "scripts": {
    "build": "webpack --config webpack.config.js"
  },
  ...中略...
}
```

291

コードを変更したときに自動的にバンドルを実行したい

webpack

関　連	289　モジュール構成のアプリを1ファイルにまとめたい　P.521
利用例	開発時にコマンドを繰り返し実行する手間を減らしたい場合

アプリを本格的に開発するようになると、コードを修正するたびにコマンドを再実行するのは手間になってきます。そこで利用できるのがwebpack-dev-serverです。

webpack-dev-serverは、webpackと連動して動作する開発サーバーで、コードが変更されたときに自動で再バンドル&ブラウザーをリロードしてくれます。コードを頻繁に編集&再実行する状況では、実質欠かせないツールです。

以下では、具体的な導入から実行までの手順を解説します。

[1] webpack-dev-serverをインストールする

以下のコマンドを実行します。

```
> npm install --save-dev webpack-dev-server
```

また、設定ファイル（webpack.config.js）を編集して、開発サーバーを有効にしておきます。

●webpack.config.js（bundlerプロジェクト）

```
module.exports = {
  ...中略...
  devServer: {
    contentBase: './dist'
  },
};
```

開発サーバーの設定はdevServerパラメーターの配下に記述します。ここでは最低限、contentBaseパラメーターでコンテンツの基底パス（検索先）を宣言しておきます。

[2] ショートカットコマンドを定義する

開発サーバーを起動できるように、package.jsonでnpm scriptsを編集しておきましょう。--openオプションは、サーバー起動時にブラウザーも開きなさいという意味です。

●package.json（bundlerプロジェクト）

```
"scripts": {
  "start": "webpack-dev-server --open",
  "build": "webpack --config webpack.config.js"
},
```

[3] 開発サーバーを起動する

package.jsonのscripts—startは特殊なキーで、（npm run startではなく）単にnpm startで呼び出せます（もちろん、npm run startでもかまいません）。

```
> npm start

> bundler@1.0.0 start C:¥data¥jsrecipe-tool¥bundler
> webpack-dev-server --open
...中略...
Version: webpack 4.13.0
Time: 647ms
Built at: 2018-06-29 18:41:56
  Asset      Size  Chunks             Chunk Names
main.js  339 KiB    main  [emitted]  main
Entrypoint main = main.js
...中略...
i ｢wdm｣ : Compiled successfully.
```

▼結果　開発サーバーからページを実行

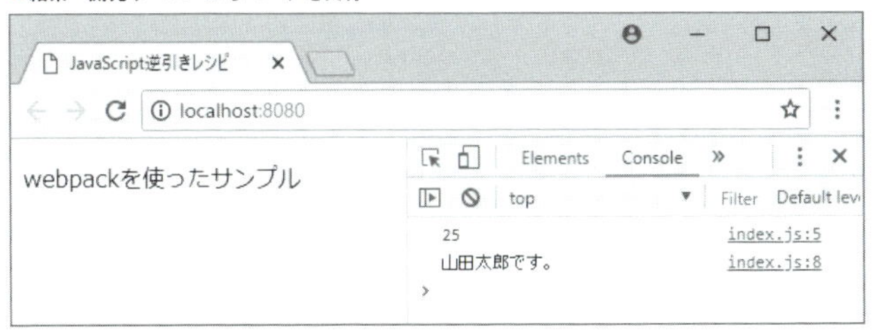

webpack

確かに、サーバー／ブラウザーが起動し、「http://localhost:8080/」が呼び出されることが確認できます。localhostは現在のコンピューターを表す特別な名前、8080は開発サーバー既定のポート番号です。

開発サーバーをそのまま利用するには、コンソールはそのままにしておいてください（他のコマンドを実行するには別にコンソールを起動します）。開発サーバーは、Ctrl＋Cキーで終了できます。

プロジェクト配下のコードを編集＆保存すると、確かにバンドルが再実行され、ページにも更新内容が反映されるはずです。

NOTE

結果はメモリー上で反映される

開発サーバーは、ビルドの結果をメモリー上で管理しています。そのため、コマンド実行によって生成された/dist/main.jsには再ビルドの結果は反映されません。ビルドの結果をファイルに保存したい場合には、npm run build（npx webpack）コマンドを利用してください。

MEMO

292 webpackとBabelを連携したい

webpack | Babel

関　連	289 モジュール構成のアプリを1ファイルにまとめたい P.521
利用例	バンドルのタイミングでBabelによるトランスコンパイルを実施したい場合

Babel レシピ286 は、モジュールをバンドルするための機能を提供しません。よって、モジュール機能を利用したコードをブラウザーで実行できるようにするには、モジュールバンドラーとの連携が欠かせません。

バンドル前にBabelによるトランスコンパイルを挟むには、babel-loaderを利用します。

> **NOTE**
>
> **ローダー**
>
> **ローダー**（loader）とは、バンドル対象のファイルを読み込み、webpackで処理できる形式に変換するためのライブラリ。本来、webpackではJavaScriptのモジュールしか処理できませんが、ローダーを利用することで（たとえば）スタイルシート、画像、フォントファイルなど、アプリで扱うあらゆるリソースをJavaScriptモジュールに変換し、バンドルできるようになります。
>
> また、babel-loaderのように、与えられたJavaScriptファイルをバンドル前にトランスコンパイルするような用途でも利用します。

webpackでbabel-loaderを利用するための手順は、以下の通りです。

[1] babel-loaderをインストールする

babelの本体（babel-core）とES2015以降のコードをトランスコンパイルするためのbabel-preset-envも合わせてインストールしておきます。

```
> npm install --save-dev babel-core babel-loader babel-preset-env
```

[2] ローダーを有効化する

ローダーを有効にするには、設定ファイルに対してmodule—rulesパラメーターを追加します。

● webpack.config.js (bundlerプロジェクト)

```
module.exports = {
  ...中略...
  module: {
    rules: [
      // .jsファイルを処理するローダー
      {
        test: /¥.js$/,
        use: [
          {
            // ローダー名を設定
            loader: 'babel-loader',
            options: {
              // プリセットの設定
              presets: [
                [
                  // ES2015以降のコードを変換
                  'env',
                  // モジュール構文の変換を無効化
                  { 'modules': false }
                ]
              ]
            }
          }
        ],
        // ローダーによる処理の除外対象
        exclude: /node_modules/,
      }
    ]
  }
};
```

module—rules(❶)配下では、「testに該当するファイルをuseで指定されたローダーで処理しなさい」のように、ローダーと処理対象のファイルとをひも付けます(個々のパラメーターの意味は、リスト内のコメントで確認してください)。testパラメーターは正規表現で表すものとし、この例であれば「拡張子が.jsであるもの」を意味します。

options—presetsパラメーターは、Babelによるトランスコンパイル時に適用するプリセットの設定です(❷)。env(babel-preset-env)は、ES2015以降のコードを

ES5相当のコードに変換するためのプリセット、modulesはモジュールをcommonjs（http://www.commonjs.org/specs/modules/1.0/）やamd（https://github.com/amdjs/amdjs-api/wiki/AMD）などの形式に変換するためのオプションです。webpack環境ではモジュール形式の変換は不要なので、false（無効）としておきます。

excludeオプション（❸）は任意ですが、/node_modulesフォルダー配下のファイル（npmでインストールしたライブラリ）は一般的に変換する必要はないはずなので、除外しておきます。/mode_modulesフォルダーの配下はサイズも大きく、処理時間を悪化させる原因ともなるので、不要であるならば、できるだけ除外しておくべきです。

NOTE

.babelrc

optionsパラメーターは、.babelrc（設定ファイル）として切り出してもかまいません。.babelrcについては、レシピ286も参照してください。

NOTE

その他のローダー

babel-loaderの他にも、webpackではさまざまなローダーを提供しています。その中でもよく利用するのは、以下のようなものです。

- css-loader／style-loader：スタイルシートをバンドル
- url-loader：画像／音声ファイルなどをバンドル
- html-loader：HTMLファイルをバンドル
- file-loader：一定サイズ以上のデータを別ファイルとして切り出す
- eslint-loader：バンドル前にESLintを実行

これらのローダーについても学びたいという人は、拙著『速習webpack』（Kindle版）などの専門書を合わせて参照してください。

293 JavaScriptの「べからず」な構文を検出したい

ESLint

関連	285 Node.jsのプロジェクトを準備したい P.512
利用例	コード内の望ましくない記述を判定したい場合

ESLint（https://eslint.org/）を利用します。ESLintは、JavaScriptのコードに含まれる「べからず」な記述を検出するためのツールで、**静的コード解析ツール**とも言います。構文エラーではないが、望ましくないコードを洗い出すことで、コードの可読性を高めると共に、潜在的なバグの原因となる要素を防ぎます。

[1] ESLintをインストールする

レシピ285の手順［1］～［2］に従って、Node.jsのプロジェクトを作成します（ここでは仮に「lint」というフォルダーを用意します）。プロジェクトフォルダーの配下で、以下のコマンドを実行してください。

```
> npm install --save-dev eslint
```

[2] 設定ファイルを準備する

以下のコマンドを実行することで、設定ファイル生成のためのウィザードを起動できます。

```
> npx eslint --init
npx: installed 1 in 28.595s
Path must be a string. Received undefined
C:¥data¥lint¥node_modules¥eslint¥bin¥eslint.js
? How would you like to configure ESLint? Answer questions about your style
? Which version of ECMAScript do you use? ES2018 ←ECMAScriptのバージョン
? Are you using ES6 modules? Yes                ←ES6のモジュールを使用するか
? Where will your code run? Browser             ←コードをどこで動かすか
? Do you use CommonJS? No                       ←CommonJSを使用するか
? Do you use JSX? No                            ←JSXを使用するか
? What style of indentation do you use? Spaces  ←インデントのスタイル
? What quotes do you use for strings? Single    ←文字列クォートの種類
? What line endings do you use? Unix            ←改行コードの種類
? Do you require semicolons? Yes                ←セミコロンを必須とするか
? What format do you want your config file to be in? JSON ←設定ファイルのフォーマット
Successfully created .eslintrc.json file in C:¥data¥lint
```

ウィザードを終了すると、関連するライブラリがインストールされ、最低限の.eslintrc.jsonが生成されます。ファイルを開いて、中身を確認してみましょう。

●.eslintrc.json（lintプロジェクト）

```
{
  "env": {
    "browser": true,                        ←ブラウザー環境を前提にするか
    "es6": true                             ←ES2015構文を前提にするか
  },
  "extends": "eslint:recommended",          ←適用するルールセット
  "parserOptions": {
    "ecmaVersion": 2018,                    ←ESバージョン
    "sourceType": "module"                  ←ESモジュールを有効化
  },
  "rules": {
    ...中略...                              追加のルール
  }
}
```

ESLintのルールは一から設定することもできますが、ルールの種類は無数にあり、手間です。そこでまずは、一般的なルールセットを参照し、そこからアプリ独自のルールを追加していくのが効率的です。ここではeslint:recommendedというルールセットを継承（extends）し、適用するものとします。eslint:recommendedは、ESLintが推奨する最も標準的なルールセットです。

[3] 分析対象のファイルを準備する

ここでは、ESLintの実行用に、/srcフォルダー配下に、以下のコードを準備しておきます。配列dataの内容を順に取り出して、ログに出力する例です。

●sample.js（lintプロジェクト）

```
let data = ['ぱんだ', 'うさぎ', 'こあら'];
data.forEach((v) => {
  console.log(v);
});
```

[4] ショートカットコマンドを定義する

ESLintを実行できるように、package.jsonでnpm scriptsを編集しておきましょう。これで/srcフォルダー配下のすべての.jsファイルをESLintで分析しなさい、という意味になります。

●package.json（lintプロジェクト）

```
{
  "name": "lint",
  ...中略...
  "scripts": {
    "lint": "eslint ./src/**/*.js"
  },
  ...中略...
}
```

[5] ESLintを実行する

npm scripts経由でESLintを実行します。

```
> npm run lint
> lint@1.0.0 lint C:¥data¥lint
> eslint ./src/**/*.js

C:¥data¥lint¥src¥sample.js
  3:1  error  Expected indentation of 4 spaces but found 2  indent
  3:3  error  Unexpected console statement                  no-console

✖ 2 problems (2 errors, 0 warnings)
  1 error, 0 warnings potentially fixable with the `--fix` option.
```

結果の意味は、「行番号:桁位置 種類 エラーメッセージ ルール名」です。この例であれば、

- エラー：スペース4つにすべきところ2つになっている（indent）
- エラー：デバッグ目的のconsoleは利用すべきではない（no-console）

という意味になります。

ルール名については、List of available rules（https://eslint.org/docs/rules/）もあわせて参照してください。ルールの詳細は、リンク先のページから個々のルール名をクリックすることで確認できます。

294 編集中にリアルタイムにコードを検査したい

ESLint | VSCode

関　連	293 JavaScriptの「べからず」な構文を検出したい P.532
利用例	コードを編集中に即座に望ましくないコードを把握したい場合

一般的には、コードを編集し終えた後にまとめて問題を検出するよりも、編集中にリアルタイムに問題を把握できたほうが、作業上も効率的です。そこでここでは、Visual Studio CodeのESLintプラグインを利用して、コード解析を随時実施&レポートするための方法を解説します。

NOTE

Visual Studio Code（VSCode）

マイクロソフトから提供されているコードエディターの一種です。Visual Studioとは銘打っていますが、統合開発環境であるVisual Studioと直接の関係はありません。Windows環境はもちろん、Linux、macOSとマルチな環境に対応しており、プラグインを加えることで、さまざまなプログラミング言語のためのエディターとして利用できます。

VSCodeは、Atom、SublimeText、Vimと並んで、プログラマーの間で人気の高いエディターです（図11.A）。VSCodeのインストーラーは、Visual Studio Code本家サイト（https://code.visualstudio.com/）から入手できます。

図11.A VSCodeのメイン画面

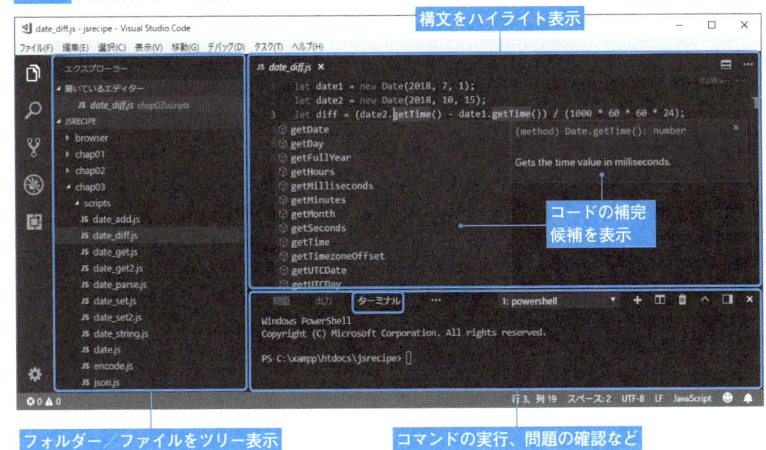

[1] VSCodeでプロジェクトフォルダーを開く

VSCodeのメニューバーから［ファイル］→［フォルダーを開く...］を選択し、レシピ293で作成した/lintフォルダーを開いてください。ESLintプラグインは、現在開かれたプロジェクトにインストールされたESLintを利用するので、ESLintはあらかじめ組み込まれていることが前提です。

[2] ESLintプラグインを導入する

ESLintプラグインを入手するには、VSCode左のアクティビティバーから（拡張機能）ボタンをクリックしてください。［拡張機能］ペインが表示されるので、上の検索ボックスから「ESLint」と入力します（図11.5）。

図11.5 ESLintプラグインのインストール

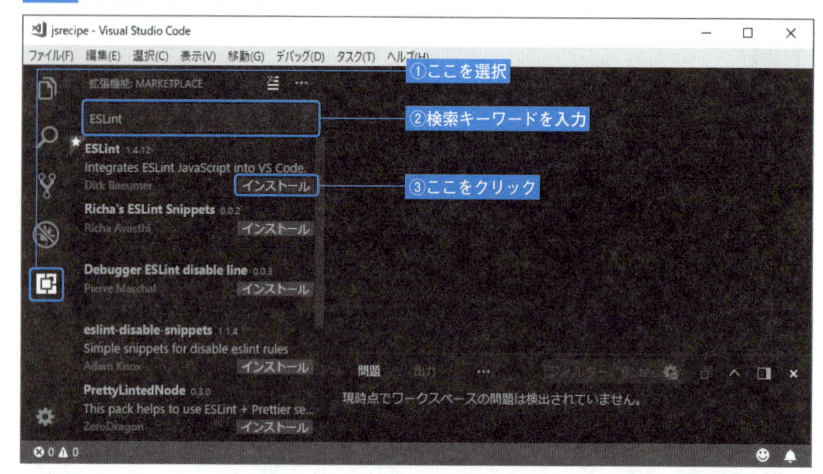

ESLint関係のプラグインが一覧表示されるので、「ESLint」欄の［インストール］ボタンをクリックします。インストールに成功した後、［再読み込み］ボタンをクリックすると、インストールを終了します。

[3] ESLintプラグインの動作を確認する

本書の配布サンプルとしてあらかじめ用意されているsample.jsを開いてみましょう。リアルタイムにコードが解析されて、問題のある箇所は波線でチェックが付きます。問題を一覧で確認したいならば、[表示] → [問題] を開いて、[問題] ウィンドウを参照します（図11.6）。

図11.6 コードの静的解析をリアルタイムに報告

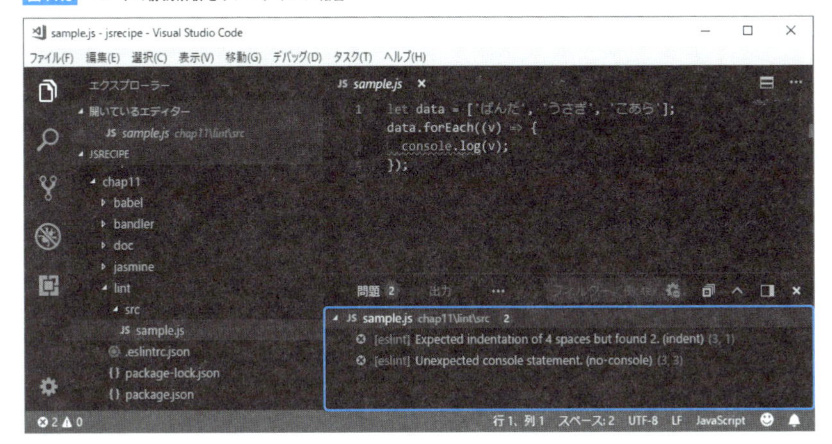

295 ESLintのルールをカスタマイズしたい

ESLint

関　連	293 JavaScriptの「べからず」な構文を検出したい P.532
利用例	ルールを追加したい、または既存のルールを無効にしたい場合

.eslintrc.json レシピ293 からrulesパラメーターを設定します。
たとえば以下は、

- no-consoleルールを無効化
- indentルールを半角スペース2つで有効化

する例です。

●.eslintrc.json（lintプロジェクト）

```
{
  "extends": "eslint:recommended",
  ...中略...
  "rules": {
    "no-console": "off",
    "indent": [
        "error",
        2
    ],
    ...中略...
  }
}
```

設定値の意味は表11.3の通りです。

ただし、indentのようにルールとしてオンオフ以外のパラメーターが必要な場合には、配列形式で[*オンオフ*, *追加パラメーター*, ...]のように表します。この例であれば「2」が追加パラメーターです。

なお、ここではルールの有効／無効を"off"／"error"で表していますが、0／2のように数値で設定してもかまいません。

表11.3 設定値の意味（.eslintrc.json）

設定値	概要
0、off	ルールを無効化
1、warn	ルールを警告として有効化
2、error	ルールをエラーとして有効化

296 コメントから手軽に仕様書を作成したい

JsDoc | ドキュメンテーションコメント

関連	005 JavaScriptのコードにコメントを書きたい P.011
利用例	関数／クラスライブラリのドキュメントを作成する場合

ドキュメンテーションコメントを利用します。

ドキュメンテーションコメントとは、クラスや関数（メソッド）の直前に記述し、その説明を記載するための、特定のルールに則ったコメントです。JSDocと呼ばれる専用のツールを介することで、自動的に必要な情報を取り出し、仕様書に整形できます。ドキュメントとソースとを一元的に管理できることから、メンテナンス性に優れ、両者に矛盾が生じにくいのが特徴です。

以下に、具体的な導入からドキュメント生成までの手順を示します。

[1] JSDocをインストールする

レシピ285の手順［1］～［2］に従って、Node.jsのプロジェクトを作成します（ここでは仮に「doc」というフォルダーを用意します）。プロジェクトフォルダーの配下で、以下のコマンドを実行してください。

```
> npm install --save-dev jsdoc
```

[2] コメント付きの.jsファイルを用意する

ドキュメンテーションコメントとは、/**～*/の配下に一定のルールでもって表したコメントのことです。以下に、ごくシンプルなPersonクラスで例を示します。ファイルは、/srcフォルダーの配下に保存しておきます。

●Person.js（docプロジェクト）

```
/**
 * メンバーに関する情報を管理します。
 * @author Yoshihiro Yamada
 * @version 1.0.0
 */
class Person {
  /**
  * @param {string} name 名前
  * @param {date} birth 誕生日
  * @throws {InvalidArgumentsException} birthが日付型ではありません。
  */
```

```
  constructor(name, birth) {
    ...中略...
  }

  /**
   * Personクラスの内容を文字列化します。
   * @param {Boolean} isDetails 詳細な情報を表示するか
   * @returns {String} Personクラスの詳細情報
   * @deprecated {@link Person#toString}メソッドを代わりに利用してください。
   */
  show(isDetails) {
    ...中略...
  }

  /**
   * Personクラスに関する詳細情報を表示します。
   * @returns {String} メンバーの詳細情報
   */
  toString() {
    ...中略...
  }
}
```

ドキュメンテーションコメントでは、表11.4のようなタグを使って、ドキュメント化すべき情報をマークアップします。

具体的なタグには、表11.5のようなものがあります。

表11.4 タグの種類

種類	構文	記法
スタンドアロンタグ	@tag ...	アスタリスク／空白を除いて、行頭で表すこと
インラインタグ	{@tag ...}	スタンドアロンタグの説明として埋め込める

表11.5 JSDoc3で利用できる主なタグ

タグ	概要
@author	著者
@constructor	コンストラクター関数
@copyright	著作権情報
@deprecated	非推奨
@example	用例
{@link}	リンク
@namespace	名前空間
@param	パラメーター情報
@default	既定値
@private	プライベートメンバー
@returns	戻り値
@since	対応バージョン
@throws	例外
@version	バージョン

[3] ショートカットコマンドを定義する

JSDocを実行できるように、package.jsonでnpm scriptsを編集しておきましょう。これで/srcフォルダー配下のすべての.jsファイルをJSDocでドキュメント化しなさい、という意味になります。-rオプションは、フォルダー配下のサブフォルダーを再帰的に処理しなさい、という意味です。

●package.json（docプロジェクト）

```
{
  "name": "doc",
  ...中略...
  "scripts": {
    "doc": "jsdoc src -r"
  },
  ...中略...
}
```

[4] ドキュメントを生成する

コマンドラインから以下のコマンドを実行します。

```
> npm run doc

> doc@1.0.0 doc C:¥data¥doc
> jsdoc src
```

/srcフォルダーと同列に/outフォルダーができるので、配下のindex.htmlを起動してください。画面右側のPersonリンクをクリックして、図11.7のようなページが表示されれば、ドキュメント化は成功です。

図11.7　JSDoc 3で自動生成したドキュメント

Class: Person

Home

Classes

Person

Person(name, birth)

メンバーに関する情報を管理します。

Constructor

```
new Person(name, birth)
```

Parameters:

Name	Type	Description
name	string	名前
birth	date	誕生日

Version: 1.0.0
Author: Yoshihiro Yamada
Source: Person.js, line 6

Methods

```
show(isDetails) → {String}
```

Personクラスの内容を文字列化します。

Parameters:

Name	Type	Description
isDetails	Boolean	詳細な情報を表示するか

Deprecated: Person#toStringメソッドを代わりに利用してください。
Source: Person.js, line 23

Returns:
Personクラスの詳細情報

Type
String

```
toString() → {String}
```

Personクラスに関する詳細情報を表示します。

Source: Person.js, line 31

Returns:
メンバーの詳細情報

Type
String

Documentation generated by JSDoc 3.5.5 on Sat Jun 30 2018 16:08:58 GMT+0900 (東京 (標準時))

INDEX

B

C

M

N

O

P

INDEX

Q

R

S

T

PROFILE

山田 祥寛（やまだ よしひろ）
静岡県榛原町生まれ。一橋大学経済学部卒業後、NECにてシステム企画業務に携わるが、2003年4月に念願かなってフリーライターに転身。Microsoft MVP for Visual Studio and Development Technologies。執筆コミュニティ「WINGSプロジェクト」の代表でもある。
主な著書に「独習シリーズ（C#・サーバサイドJava・PHP・ASP.NET）」「10日でおぼえる入門教室シリーズ（jQuery・SQL Server・ASP.NET・JSP/ サーブレット・PHP・XML）」（以上、翔泳社）、『改訂新版 JavaScript本格入門』『Angularアプリケーションプログラミング』『Ruby on Rails 5アプリケーションプログラミング』（以上、技術評論社）、『書き込み式SQLのドリル 改訂新版』（日経BP社）、「速習シリーズ（Kotlin・React・ECMAScript 2018・Vue.js・ASP.NET Core・TypeScript）」（Kindle）など。最近の活動内容は、著者サイト（https://wings.msn.to/）にて。

装　　丁　　宮嶋章文
D　T　P　　株式会社シンクス

JavaScript（ジャバスクリプト）逆引きレシピ 第2版

2018年10月15日　初版第1刷発行

著　　者　　山田 祥寛（やまだ よしひろ）
発 行 人　　佐々木幹夫
発 行 所　　株式会社翔泳社（https://www.shoeisha.co.jp）
印刷・製本　　株式会社 加藤文明社印刷所

ISBN978-4-7981-5757-3　　Printed in Japan

PROGRAMMER'S
RECIPE

PROGRAMMER'S
RECIPE